人 与 环 境 和 谐 共 存
人 与 经 济 和 谐 共 存
人 与 人 和 谐 共 存

PEOPLE LIVE IN HARMONY
WITH THE ENVIRONMENT

PEOPLE LIVE IN HARMONY
WITH ECONOMIC
ACTIVITIES

PEOPLE LIVE IN
HARMONY
WITH PEOPLE

编委会

生态新城规划实施
制度探索与实践

—— 以中新天津生态城为例

THE EXPLORATION AND PRACTICE ABOUT
THE PLANNING AND IMPLEMENTATION SYSTEM OF
ECOLOGICAL NEW TOWN
A CASE STUDY OF SINO-SINGAPORE TIANJIN ECO-CITY

叶炜 编著

同济大学出版社
TONGJI UNIVERSITY PRESS
上海 SHANGHAI

中新天津生态城彩虹桥鸟瞰图（资料图片） 摄影报道

中新天津生态城故道河鸟瞰图（资料来源：张孝奇摄）

序 一

对于城市空间的塑造与迭代，绵延于人类文明起源和繁荣的历史长河，也孕育和映照出漫长悠久的城市文化百态。经历了政治经济变革和社会制度变迁洗礼的中国人居环境聚落，融贯了传统的精髓与科学的内核，不仅在全球文化流动交融的今天焕发出崭新的生命力，也在不断吐纳更新探求下一个创新的突破口。

今天的中国城市已经全面开始握住可持续及高质量发展的价值取向，构建生态文明，发展生态城市。生态文明是相对工业文明的升级，是一种更高级的文明形态，也是针对我国在发展的道路上出现的新问题、新情况做出的必然选择。对于生态城市的诉求，概括来说就是指要构建经济高度发达、社会繁荣昌盛、人民安居乐业、生态良性循环的城市形态，四者保持高度和谐统一。生态城市是实现新发展生活理念的标志之一，也是建设美丽中国的重要载体。

"生态兴则文明兴，生态衰则文明衰。"

党的十八大以来，生态文明建设纳入了中国特色社会主义"五位一体"总体布局和"四个全面"战略布局中，我国生态文明建设取得了举世瞩目的历史性成就，是东方文明智慧对全球绿色发展的重要贡献。十九大报告中指出，"建设生态文明是中华民族永续发展的千年大计"。习近平总书记强调，我们要建设的现代化是人与自然和谐共生的现代化，既要创造更多物质财富和精神财富以满足人民日益增长的美好生活需要，也要提供更多优质生态产品以满足人民日益增长的优美生态环境需要。

在政治经济、社会文明和民众愿望的推动和感召下，我国生态城市理念的构建及实践正快马加鞭、扬帆而上。国内出现了若干"生态城"的规划建设尝试。毋庸置疑，生态型规划理念已不仅是规划学科中的一个流派，而是整个规划理念与方法转型的必然趋势。因此，作为"先行先试"的中新天津生态城规划，对国内外其他地区的规划实践也具有重要的示范意义。

中新天津生态城是中国和新加坡政府的第二个合作项目，是作为世界上第一个国家间合作开发建设的生态新城，以新加坡等发达国家的新城镇为样板，打造成一座可持续发展的生态智慧城市。这显示了中新两国政府应对全球气候变化、加强环境保护、节约资源和能源的决心，为资源节约型、环境友好型社会的建设提供积极的探讨和典型示范。

目前，在世界范围内涌现的生态城市大部分处于初始探索阶段，主要倾向于生态技术的集成应用，只有少数优秀项目在低碳产业和智慧社区等领域开始探索生态型的发展管理机制。叶炜先生编著的《生态新城规划实施制度探索与实践——以中新天津生态城为例》一书，以中新天津生态城为研究对象，作者全程参与了中新天津生态城从选址落户、规划设计、建设运营，直至成为首个"国家绿色发展示范区"的完整过程，经历10年的观察和思考，以国际视野和历史发展的眼光，立足生态新城规划实施制度，深入剖析了生态城市在规划实施工作中的目标意义、体系保障、现实困境、利弊得失、制度设计与执行效率等问题，通过梳理大量实践案例和经验教训，以理性思维进行辩证考量，提出了许多极富建设性的理论观点，这是在生态新城规划管理机制方面十分有价值的探索成果。

与叶炜先生相识10余年时间，共同作为中新天津生态城规划建设和运营的参与见证者，感悟良多。他以其独到视角引领我们去审视规划建设并运营好一座生态新城所不可或缺的体制机制保障，更加有力地证明了制度保障是生态新城规划建设和运营过程中的最为重要的要素之一。本书对于国内外研究、构建生态城市制度体系具有重要借鉴意义。同时必将启发更多的有识之士去探究生态新城发展的有关模式。可以预见，探索生态城市的宝贵经验必将是21世纪的中国献给世界人类城市文明的礼物。

杨保军

中国城市规划设计研究院院长

2018 年 8 月

序二

城市是人类文明的载体。文明的繁荣湮灭牵制着城市的一动一息，顺应着时代的洪流；资源的分配与利用已变为一切文明繁衍的根基，在此过程中，催生出错综复杂的各类关于社会的、技术的、经济的活动。其相互作用、彼此制约，映射在城市的一砖一瓦、人们生活的一举一动之中，演绎着文明的力量。

改革开放以来，在中国这片广袤热土上，也开始了旷日持久的经济腾飞浪潮和社会文明革新。中国的城市作为国人在各个领域开疆辟土的时代舞台，经历着始终高歌猛进的建设开发和扩张延展，也在各种经验教训的积累中不断淬炼出了更加具有前瞻性、科学性和可持续性的高质量发展模式——"生态"理念逐步从探讨和构想的维度被腾挪和实践到了现实之中。

2008年9月28日，中国和新加坡两国政府间合作项目——中新天津生态城正式动工，开始肩负起为中国探索城市生态文明的重任。当时在国内几乎无先例可循，无模板可考，我们要做一次从无生有的创造。也就是在这个项目中我与叶炜先生相识并一起工作了数年，叶炜先生对城市规划的尊重和对专业的追求给我留下了深刻印象。稍感意外的是叶炜先生长期在政府规划建设管理部门工作，对城市建设投资与企业经营管理也非常关注，并有了比较深入的研究，除了教育背景和工作经历之外，重要的原因是叶炜先生勤于思考、刻苦工作，善于把知识融入实际工作当中，并不断加以总结形成新的知识指导实践。毛泽东主席说过："实践、认识、再实践、再认识，这种形式，循环往复以至无穷，而实践和认识之每一循环的内容，都比较地进入到了高一级的程度。"借此机会也祝叶炜先生在新的工作岗位上再接再厉，结出更多丰硕的成果。

阅读此书，让我有机会系统回顾与思考十年间中新天津生态城的成长轨迹。本书以中新天津生态城开发建设历程为蓝本，记录了笔者从事生态城市规划研究的经历以及中国初代生态城诞生与发展的宝贵过程，探索了人与人、人与经济活动、人与环境和谐共存的先行模式，着墨用制度的方式实现生态文明，以期能在全国范围内实行、复制、推广，予同路人以前瞻性借鉴。

我本人作为中新天津生态城投资公司的一员，虽经历了中新天津生态城十年的发展历程，也仅仅是按照政府的规划从企业的层面参与了投资与建设和企业经营管理工作，有很多领导和同事更有发言权，但叶炜先生盛情难却，写下以上文字，仅供参考。

孟群

曾历任天津生态城投资开发有限公司总经理、董事长

2018年8月

序三

我因中新天津生态城的规划与叶炜结识，之后近十年的交往中，每次见面，他都提出若干问题与我探讨，印象中他是一位谦逊好学勤于思考的规划管理者。果然功夫不负有心人，叶炜根据参与中新天津生态城十年建设的亲身实践和跟踪研究写成了这本书，我有幸先睹为快。

叶炜在这本书中，不仅平和地阐述了一座良好新城的发展历程，凝练了这座城市的全景；而且通过对若干关键问题的发掘与探讨，深刻揭示了建设好一座新城应当建立的总体机制和主要策略，提供了一套系统的操作经验；尤其难得的是在中国众多新区新城的出版物中，不以宣传标榜为目的，而是以客观的态度和专业的视角进行反思研究，将中新天津生态城规划建设提炼成为具有较高研究与借鉴价值的实践案例。相信本书可以为规划教学和规划编制提供如身临其境的实施体验，更可以为众多新区新城的管理者提供改进操作的经验。

读罢书稿，我不禁为自己与叶炜讨论时的大言不惭感到窘迫，也真正感受到他的用心用功！他有规划编制的经历，有规划管理的体验，又超越规划技术而研究规划实施的机制，实践出真知，他的知识领域和实操经验令我大叹不如。在此，我只能在自己感受最强烈的三个方面对这本书加以推介：

首先，这是一本关于规划实施的专著。

城市建设工作中有句俗话，"三分规划，七分管理"。之所以称为俗话，因其简洁易懂但不严谨。严谨地说，应该为三分规划编制，七分规划管理。然而在规划专业书籍中，讨论规划编制的汗牛充栋，讲述规划管理的屈指可数。何也？

原因很多，制度为本。中国城市规划制度是以规划编制为核心的，决策者、管理者和编制者合作制订出未来15～20年城市发展的目标蓝图并将其"法定"，再向下分解为"法定"的地块开发条件，由规划管理者根据已定规划按图索骥"依法行政"。在这个过程中，"七分管理"似乎指的是工作量，在科学性、创造性和主动性等方面乏善可陈，因而没有多少内容可以探讨。

原因之二，工作细碎。实际上，规划管理工作并非如制度设计中的简单轻松。预先设定的规划条件在操作中总会面临来自各方面的挑战，需要及时协调、变通、修改和深化，将规划的严肃性和实施的现实性糅合起来。这样的工作繁杂而缺少系统性，也很难总结概括成书。

原因之三，对规划管理工作的理解。在前述两个原因时所说的规划管理，是被动地对开发申请批出规划许可的行政工作，符合大部分人的普遍认知，但属于狭义的规划管理，责任人是规划部门首长。然而城市规划建设与社会经济发展是交融互动的关系，要推动城市健康有序发展，需要调动多方面的资源，采取多类型的手段，以规划为核心，形成良好的管理机制，这是广义的规划管理，责任人是政府首长（市长、管委会主任）。"城乡规划法"建立了狭义规划管理的具体制度，而对广义规划管理只提了原则要求，各个新区新城在机构设置上大同小异，但运作机制五花八门，城市发展建设的系统性和协调性无法保证。更为严重的是学界也很少意识到"七分管理"的实质在于广义规划管理，相应的研究很少。

唯其如此，本书的价值凸显。叶炜的认知与我一致，将被动式的狭义规划管理和主动性的广义规划管理分开，为求明显区分，又将后者定义为"规划实施"。因此，本书是一本探讨规划实施的专著，既有整体系统性，又在主要环节和重要专项上重点着墨，十分难得。

第二，这是一本关于新城规划实施的专著。

改革开放以来，中国城市迅猛发展，主要的扩张方式有两个，一是原有城区的外延，二是具有相对独立性的多类型新区新城的设立与建设。前者延续了行之有效的"多统一"架构，管理机制基本一致。而后者则因设立的缘由不同、目标不同及路径不同，在发展与建设机制上显著不同，甚至因为性质职能的转变和主导者的更换而出现随意性、随机性。因此，许多新区新城并不成功，至少可以说大部分新区新城没有发挥应有的综合效益。

新区新城从无到有、从小到大、从简到繁，有其基本规律。早先的开发模式比较简单，规划—征地—基础建设—土地配置—功能建设，当时的需求强劲，而开发规模相对谨慎，都基本获得成功。之后新区新城规模越来越大，目标越来越高，简易开发模式越来越不适应。新的模式必须是严谨而协调的，阶段目标的制订，起步区的规模、功能与选位，财政收支能力预测与匹配，开发建设与运营方案，产业环境与生活环境营造，人口导入，后续发展的格局等，都需要在规划前、规划中和规划后加以考虑并做到动态平衡。天津滨海新区采取了多个独立单元开发方式，生态城能够鹤立鸡群，显示了精准规划科学实施的价值。

新区新城又因其发展条件、发展目标和发展方式的差异而需要在遵循规律的前提下确定其特质。中新天津生态城，顾名思义，探索生态城市建设是应有之义。与此同时，还需审时度势确立发展定位、产业方向和社区特色，如何做好相应的工作，需要建立贯穿于新城开发过程中涉及决策、政策、执行和推进的综合机制。

遵循普遍规律，突出特色要求，新城规划实施机制是复杂的，工作是浩繁的，叶炜在书中进行了清晰的梳理，并且平和地娓娓道来。

第三，这是一本关于生态新城规划实施的专著。

中国现代化建设进入新时代，生态文明成为国策，也是城市发展面临的重大课题。过去的城市建设模式一方面追求表面形象的浮华"亮点"，一方面忽视自然生态系统的呵护，城市污染问题严重。在新时代的要求下，既要还清已有建设的生态环境欠账，又要在新的建设中建立生态保育机制。

国家已经开展了一批生态城市建设试点工作。作为一座全新城市，中新天津生态城得以有条件将生态建设放到新城开发的整体工作之中，取得了良好效果，积累了有益经验。首先在总体规划中充分考虑生态格局，与建设布局形成相辅相成的友好关系，在控制性详细规划落实并深化到地块规划设计条件；其次探索建立生态建设指标体系，并逐一落实到各专项系统的具体操作中，建立了从决策到执行、从政策到财政、从公共建设到市场开发、从居民行为到社会风尚等方面的综合机制；再次是尝试了生态修复与生态化建设的适用标准、实用技术和操作办法，形成了全面而系统的生态城市建设经验，为广泛推广做出了积极贡献。

当然，中新天津生态城规划的实施过程并非一帆风顺。理想的规划需要在建设中作出现实性的调整，严谨的制度设计在使用中需要不断打磨实用，系统的实施机制也应该根据实践效果和发展需求适时改善，具体的措施办法也在不断地推陈出新。这些，都在书中不加修饰地表达出来，客观地展现了一座新城真实而生动的发展历程，也使本书的价值更加实在地体现出来。

此外，叶炜在书中对中新两国合作情形做了白描似的交代，未加评论，我则从其中体会到了国际合作为规划实施所创造的一个重要的有利条件——持之以恒。中新天津生态城的规划、目标和实施路径等，经双方商定而成为共同遵守、相互制约的契约，得到严格的执行；即便有所修正也属微调，并经双方按约定程序加以认可，为执行部门和市场主体提供了比较稳定的政策环境；包括了阶段目标、财务收支、项目协调和执行主体的年度计划，保证了规划得以完整有序的实施。与此相对照，许多新区新城过于频繁地调整规划，规划实施中政出多门、朝令夕改，导致建设效果不佳，应当引以为戒。

王富海
深圳市蕾奥城市规划设计咨询有限公司 董事长
2018 年 8 月

前言

回顾人类城市的发展历史，从农业文明到工业文明，再到曙光乍现的生态文明，城市随着科技和艺术的进步亦不断自我完善。在生态文明时代，城市发展出了互联、智能、低碳、可持续的生态特质。但是，在工业文明的黄昏与生态文明的黎明交割期内，生态城市还将面临漫长的等待和发展。在当前，我国的生态城市发展还处于初级阶段，结合实际情况，称之为生态新城更为合适。生态新城虽然要比常规新城建设标准更高，内涵更丰富，但是同样面临着新城人口导入和社会发展不确定等问题。这需要树立切合实际的规划目标，营造切合实际的规划实施条件，除了人才的培养外，制度保障是最为重要的因素。

从当前单项条件看，虽然技术、资金和规划水平等都不是问题，但从实施效果看，我国同类生态新城项目的规划目标、定位和内容都能够顺利实施的并不多，实施效果差别很大，一些项目甚至陷入停滞状态。这主要是由于我国生态新城项目普遍还未建立起相对完善的规划实施制度。

在国际环境上，随着可持续发展理念深入人心，随着低碳经济环境逐渐完善，随着智能化、低碳化、互联网技术的不断发展，生态城市的探索正在积累更强大的力量。生态城市是人类社会从工业文明时代迈向生态文明时代的必然产物。在国内环境中，中国传统文化中自古就有天人合一、和谐共融、格物致知的生态城市理论基因，因此，中国能够天然地接受生态城市的发展理念。在中国探索生态文明和新型城镇化的进程中，由于经济、社会、科学、技术等条件限制，我国结合自身资源条件限制和发展方向，对生态城市的探索以一种初级阶段的形态表现出来，开展了一大批生态新城项目。这批生态新城项目肩负着探索我国新型城镇化发展道路的职责。对于今后我国增量型的新型城镇化项目，当前这批已开展的生态新城所积累的宝贵经验对其有借鉴作用，这些经验也会对旧城整治这类存量型的新型城镇化项目起到积极的借鉴作用。

本书写成于中新天津生态城建设10周年之际，笔者深入参与了中新天津生态城从选址、规划、建设到运营的全过程。书中所涉及的各方面，都是对中新天津生态城近年的规划实施经验的归纳总结。反思当前同类项目现状，中新天津生态城规划实施效果较好，其规划实施的制度体系值得深入研究，从中提炼经验得失，真正实现能实行、能复制、能推广的"三能"目标，进而实现人与自然、人与经济、人与社会的"三和"目标。

当前，中国生态新城的实践研究刚刚起步，相对于大多数城市有百年以上的生命周期，对于中新天津生态城短短10年时间的观察研究仅仅是对中国生态新城研究的一个初始片段，还需要在更长的时间，更广的范围对其实践和理论加以总结提升。虽然我国当前城市化进程逐渐放缓，形成了一批城镇建设存量需要时间予以消化，但是相对于发达国家85%以上的城镇化率，我国的城镇化增量还有很长的一段路需要走完。可以预见，探索生态城市的宝贵经验必将是21世纪的中国献给世界人类城市文明的礼物。同时，也希望本书可以为我国的生态新城项目探索新型城镇化道路的重任积累宝贵经验，对我国新型城镇化发展的方向和内涵产生积极深远的影响。

叶炜

2018年5月

V

目录

CHAPTER

生 态 新 城 发 展 历 程

CHAPTER 1

第 1 章

中新天津生态城彩虹桥夜景

从农耕文明到工业文明的城市发展过程中，我们早已看到人类城市发展的目标：一方面创造更加优良的环境，凸显人类社会的潜能和复杂性；另一方面，进一步释放人类社会的潜能并凸显其独特性，以形成一个有意识、有思想的社会，使得大量的社会力量不断参与到城市建设中来。

人类反思工业文明这一路以来的发展历程，其结论就是可持续发展，是人类为解决所有环境以及经济问题，尤其是大量的生态破坏、环境污染所进行的理性抉择。在城镇化速度越来越快的当下，城市发展要满足可持续发展的需要，一定要让城市经济、资源以及社会实现综合可持续发展。

学者们提出需要有与物质载体相配套的政治经济秩序、行政管理模式和社会组织形式来保障和促进城市的进一步发展。为了达到城市发展的目标，城市的政治制度、经济制度都需要进行不断的完善。改革的目的就是通过不断地完善制度来实现社会的发展。这些思想先驱的城市理想和价值观中蕴含了生态城市的思想萌芽。

进入知识经济时代，科技力量成为继政治力量、经济力量和社会力量后推动城市发展的第四种力量，城市愈发需要更加高效的内部协调机制和管理水平来引导政治力量、经济力量、社会力量和科技力量形成合力。随着城市信息采集和信息反馈能力的日益加强，城市管理系统的网络化特征也日渐明显。城市在发展模式上逐渐显现出复杂的自适应系统特征，具有了"生态化"的倾向。与旧城的生态化改造不同，近30年来世界上许多新城从建设开始就在尝试"生态城市"的发展模式。由于这些是具有"生态化"倾向的新城项目，因此称之为生态新城更为恰当。虽然目前各界对"生态城市"的认识和标准尚不统一，但笔者认为在世界范围内涌现的"生态城市"，大部分还处于初始探索阶段，主要倾向于生态技术的集成应用，只有少数优秀项目在低碳产业和生态社区等领域开始探索生态型的发展管理机制。从实践效果看，在生态新城的初始发展阶段设定的城市管理机制，将直接决定后续的规划和建设品质。生态城市并非是一种标准化建设模式，而是一种趋势，是一种有明确方向但没有具体目标的发展趋势，生态新城的发展必将印刻在人类城市发展历史进程当中。

1.1
生 态 新 城 规 划 理 论 的 变 迁

1.1.1 在历史发展中反思城市价值观——生态萌芽

城市是人类社会发展的必然产物，是社会走向现代化的必然阶段。芒福德（Lewis Mumford）曾经说过："城市实质上就是人类的化身——城市从无到有，从简单到复杂，从低级到高级的发展历史，同样反映着人类社会、人类自身的发展过程。"并提出，城市主要功能的实现与其社会制度有着密切的联系。他认为："城市的主要功能是化力为形，化能量为文化，化死物为活生生的艺术造型，化生物繁衍为社会创新。为了充分发挥城市的这些正面积极功能，首先需要创造出新的社会制度和整顿组织，使之能够应付现代人类所掌握的全部巨大力量。"经济力量、政治力量和社会力量是改造城市的三种基本力量，而引导这三种力量协调发展的则是社会制度。

古希腊是整个西方文明的起源地，它以祭神活动为中心，同时逐步吸收和积累外国优秀文化，建造了一批文化新城，如米利都城、雅典卫城（图1-1，图1-2）等。同时也发展了建筑、艺术、诗歌、戏剧、体育以及哲学、科学事业，使得希腊在不到200年的时间内，涌现出苏格拉底、西塞罗等一大批思想家、军事家、政治家和艺术家，创造了一个繁荣昌盛的文化时代。同时，古希腊三面环海的地理位置，以及多丘陵、少平原的地貌条件

图 1-1 雅典卫城（资料来源：维基百科，Carole Raddato 摄）

图 1-2 雅典卫城的帕特农神庙（资料来源：维基百科，Steve Swayne 摄）

决定了它的农业难以发展，此时古希腊人通过农产品的交换，逐步形成了地中海地区繁荣的贸易往来。古罗马与古希腊所处环境相似，但其发展模式与古希腊却截然不同，是靠着侵略、扩张和掠夺的方式，来建造新城并满足其各项城市的发展需求。无论是从城镇化还是精神文化的角度，古罗马都遭受了巨大的压力。在古罗马的发展史中，曾多次发出过危险警示，包括人口过度密集、居民生活环境差、城市房价过高、人性贪婪暴虐等，这些因素破坏了环境的平衡和生态的和谐。当罗马浴场流尽了最后一滴水，当雅典学院关闭的时候，追求健康科学发展的古希腊文化得到推崇。在现存的欧洲文化中，留存的是充满生机的古希腊精神，它与古罗马文化不断地此消彼长，对之后西方社会的城市文化和发展方向产生了深远影响。

公元 10 世纪，欧洲城市开始从城市聚落向自治新城演变，并通过提供特殊的市民权益吸引了大批工匠和商人前来定居。这类新城构建了一种社会契约——农奴除享有军事安全和法律保障外，如果在某法人城镇连续居住一年零一天，他的农奴身份便可以被免除。这使得中世纪的新城涌入了一大批来自乡村的富有创造精神与挑战精神的工作者，城市因此注入了大量新鲜血液进而得到发展壮大，新城中的职业团体也凭借自身技能与其他市民进行社会交往。这使得封建制度面临着双重考验：一方面，自由发展的城市有了充足的资金来源；另一方面，创新精神的发展也使得封建制度面临着威胁。

18 世纪工业革命期间，新城在城市规划和城市布局上趋于简单化和标准化。在不惜代价获得发展的环境下，欧洲和美国城市卫生状况明显恶化，产生了芒福德所说的"世界上迄今为止最糟糕的城市环境"（图 1-3）。1810 年，纽约婴儿死亡率占新生儿的 12% ～ 14.5%，到 1870 年急剧上升为 24%，这主要是由于生活条件的恶化造成的。饮食、卫生、儿童养育、劳动条件、工资、教育等综合反映了同期城市的经济社会生活状况。在之后的 100 年中，西方社会逐渐认识到城市应该为市民提供良好的生活、工作环境，同时还应该具有丰富的文化和美学内涵。与此同时，也有一些西方城市成功跳出了工业发展的负面影响，一如既往地保持着它的魅力，例如阿姆斯特丹。这类城市的开发是在社会制度有序管制和社会各界的共同努力下开展的，市场经济中的能动力量几乎都不由自主地以公共目的为导向，在这种发展模式下，国有企业和私营企业相辅相成，制度管理在发展中起了主导性作用。

同期，霍华德（Ebenezer Howard）对田园城市（图 1-4）展开了积极的探索，他的新城实践引领了 20

图1-3 工业革命时期的伦敦（资料来源：www.citymetric.com）

世纪欧美新城建设的大潮。霍华德在《明日的田园城市》（Garden Cities of To-morrow）中再次把古希腊关于任何集体或组织的生长发展都有其天然限制这一概念重新引入到城市规划中来，并在其设想的城市规模中对人类尺度理论进行了研究。通过引用动态平衡理论和有机平衡理论，使城市生活和乡村生活结合起来，在更大的环境范畴中使城市生活和乡村生活得到平衡。城市发展必须在人口数量、居住面积及密度等方面得到控制并取得平衡，否则一旦某一环节突破限制，必将发生城市的无序扩张。社会城市是霍华德田园城市理论的最高目标。社会城市是一个田园城市群，旨在以"城市群"的方式限制城市的增长规模，或者用城乡一体的小城市群来逐步取代大城市。这种增长极限的思想一直贯穿于霍华德新城理论的实践之中。

我国农业文明时期的城市建设思想中，多处体现了朴素的自然观和生态学思想。西周时期的《周礼·考工记》记载"匠人营国，方九里，旁三门，国中九经九纬，经涂九轨，左祖右社，前朝后市，市朝一夫"（图1-5），确定了城市营造的制度。战国时期的《管子·乘马篇》记载"高毋近旱，而水用足；下毋近水，而沟防省。因天材，就地利，故城郭不必中规矩，道路不必中准绳"，充分打破了城市单一的周制布局模式，从城市功能出发，将理性思维以及自然环境和谐的准则确立起来，反映了我国古代以自然为导向的城市建设思想。但在后来的汉长安、唐长安、宋汴梁、元大都的城市规划中，从都城到州府城市，都是在既定的儒家思想影响下进行建设，更多的是体现封建政治的意志，强调集权和等级。虽然中国历史上人才辈出，但纵观整个历史周期，在相当长的一段时间里，缺乏鼓励

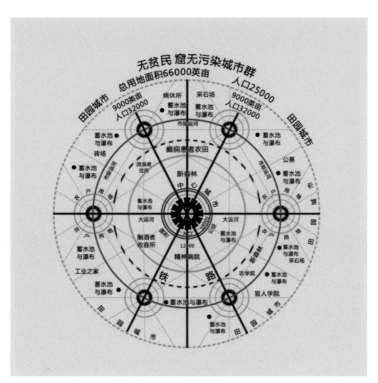

图 1-4 霍华德的田园城市构想

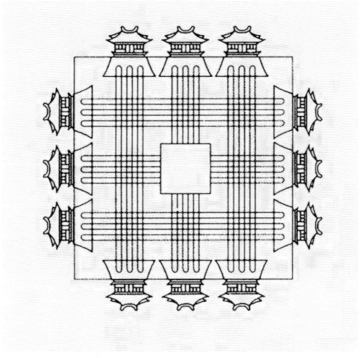

图 1-5 根据《考工记》绘制的中国古代城市平面图（资料来源：中国数字科技馆）

科学和积累才智的制度积累，城市规划建设和管理也存在同样状况。虽然中国近代也出现了优秀的新城实践案例，如张謇的南通城、阎锡山的太原府等，但终究在中国城市建设历史大潮中昙花一现，虽可借鉴，但不可复制。

从农耕文明到工业文明的城市发展过程中，我们早已看到人类城市发展的目标，一方面创造更加优良的环境，凸显人类社会的潜能和复杂性；另一方面，进一步释放人类社会的潜能并凸显其独特性，以此形成一个有意识、有思想的社会，使得大量的社会力量不断参与到城市建设中来。为了达到城市发展的目标，城市的政治制度、经济制度都需要进行不断的完善，改革的目的就是通过不断地完善制度来实现社会的发展。

工业文明之前的生态新城建设思想总体向有机状态靠近，具体内容包含：①创造必要条件，开发人类智慧；②让家庭、邻里单位、小城镇在新形势下焕发新的生机；③生态规划形成网络发展态势，并以沿河流域作为重点规划单元，与周边独立城镇实现紧密联系；④中心区发展用于居住的花园城市；⑤构建均衡发展的经济模式；⑥复兴城市历史文化，使历史成为传统观念与生活理想兼具的载体；⑦引进、发展人性化的生态新技术。

这一时期，只有芒福德等少数学者强调了需要有与物质载体相配套的政治经济秩序、行政管理模式和社会组织形式来保障和促进城市的进一步发展。这些思想先驱的城市理想和价值观中蕴含了生态城市的思想萌芽。

1.1.2 在资源约束中思考可持续发展——环境意识

20 世纪 60 年代，西方发达国家开始关注环境保护问题。一些国家政府提出了相关环境保护议题，环境保护组织纷纷成立，公众也意识到环境问题与自身息息相关。1962 年，美国的海洋生物学家蕾切尔·卡逊（Rachel Carson）出版的《寂静的春天》（*Silent Spring*）一书，引导了这一时期的理论思潮。

20 世纪 70 年代，全球性问题愈发受到重视，如粮食与人口问题、生态平衡与资源问题等。1972 年 6 月 12 日，联合国在斯德哥尔摩举办了人类环境大会，会上各成员国发表了人类环境宣言，环境保护日益受到重视。1968 年，罗马俱乐部创立，并于 1972 年发布《增长的极限》（*Limits to Growth*）。罗马俱乐部的三十多个学员对当时和未来人类所面临的困境进行了分析和研究，并组建了米都斯小组。米都斯小组提出了影响全球系统的五大因子——经济、环境、人口、资源和粮食。其中，经济和人口按照指数模式发展，是无制约的体系；而其发展依靠的资源、粮食以及环境却是按照算术模式发展的，是有制约的体系。因此，经济失控以及人口的快速增长必然会造成很多问题，例如资源匮乏、粮食稀缺以及环境污染，这些问题又会反过来对人口和经济的发展带来重大影响（图1–6）。

米都斯小组认为，全球性环境发展问题之所以成为一个整体，是由全球系统的五个因子之间存在的反馈环路决定的，这样就使问题越来越严重。反馈环路是一个封闭的线路，它联结一个活动和这个活动对周围状况产生的效果，而这些效果反过来又作为信息影响下一步的活动。在这套环路中，一个因素的增长，将通过刺激和反馈连锁作用，使最初变化的因素增长得更快。全球系统无节制地发展，最终将向其极限增长，并陷于恶性循环之中。例如，人口的增长要求更多的工业品，消耗更多的不可再生的资源，造成全球环境污染越来越严重。达到增长的极限以后，还将出现投资跟不上折旧、工业基础崩溃的前景。工业的增长使环境自然吸收污染的能力负荷加重，死亡率将由于污染和粮食缺乏而上升。人口增加后，由于粮食生产已经达到极限，导致人均粮食消耗量下降。随着人口和资本的指数增长，必然会带来经济社会的全面崩溃。米都斯小组认为要改变这种增长的趋势就要建立稳定的生态和经济条件，这需要使社会向均衡状态前进。在均衡状态中，技术进步是促进社会发展所必需的，但需要经过生态化的调整。最终他们提出，向全球均衡状态的努力是现阶段人类面临的挑战，并且应该在当代解决掉的问题，不应该传给下一代。

1987 年，挪威首相布伦特兰（Gro Harlem Brundtland）在联合国世界环境与发展委员会上发布报告——《我们共同的未来》（*Our Common Future*）。

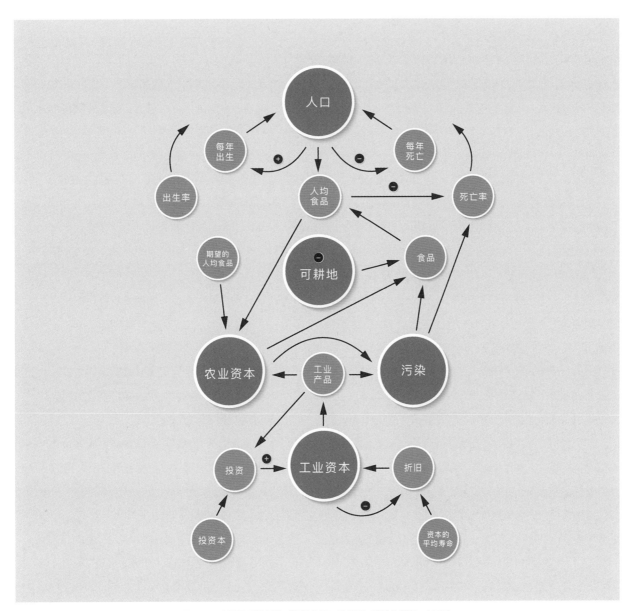

图 1-6 五大因子反馈环路（资料来源：米都斯 . 增长的极限，2006）

报告中正式提出持续发展的理念，包含三项内容，分别是共同的挑战、共同的问题以及共同的努力，将目光锁定在人类居住、工业、人口以及生物物种上，认为"在以前，我们重视的是经济发展影响生态环境的程度，而现在，我们开始认识到生态压力影响经济发展的程度。所以，我们一定要有一种新的发展方式，这个方式是一直到今后都可以推动全球人类发展的方式，而不是只在某些城市促进人类发展的方式"。该报告对可持续发展的含义进行了界定：它是不仅能实现当代人的需求，同时又不影响后代人需要实现的发展。可持续发展的目标有：恢复经济增长，改善增长质量，满足人类基本需求，确保稳定的人口水平，保护和加强资源基础，改善技术方向，在决策中协调经济与生态关系。可持续发展包含多个内容，主要是经济社会、管理机制以及自然环境。

1992 年，联合国环境与发展大会颁布《关于环境与发展的宣言》（*Rio Declaration*）以及《21 世纪议程》（*Agenda 21*），进一步调整了可持续发展的范畴、特征、内容以及含义。其中，《21 世纪议程》提出了推动现状不可持续的经济发展方式，向维护经济发展所依靠的环境资源等有关活动进行转变。连续与公正性以及相同性准则就是可持续发展的基本准则。详细来讲，社会、经济以及生态上的可持续发展共同组成了可持续发展。伦理学理论（财富代际公平分配理论、资源永续利用理论等）、生态学理论（人地系统与人口承载力理论等），以及经济学理论（知识经济、外部性、体制经济等理论）就是可持续发展的理论根基。人类反思工业文明这一路以来的发展道路所产生的结果就是：可持续发展，是人类为解决所有环境以及经济问题，尤其是大量的生态破坏、环境污染所进行的理性抉择。在城镇化速度越来越快的当下，城市发展要满足可持续发展的需要，一定要让城市经济、资源以及社会实现综合可持续发展。主要反映为：从传统的经济发展方式转为社会、经济以及环境相结合的发展方式；科学调

控人口数量；培养低碳可持续的经济增长点、解决就业、满足居民基本需求；提供高效质的公共服务、设备以及居住环境，推动知识以及文化的累积；避免资源损耗，借助高科技来促进发展。

1.1.3　在气候变化中催生新经济模式——低碳经济

1992 年，《联合国气候变化框架公约》（UNFCCC）在联合国环境与发展大会上通过，成为全球首个为全面控制二氧化碳等温室气体排放、应对世界气候变暖给人类经济和社会带来负面影响的国际公约，也是国际社会在应对世界气候问题上进行全球合作的基本框架。

自 1995 年起，缔约方大会每年举办一次。1997 年，第三次缔约方大会在日本京都举办，并通过了《京都协议书》（*Kyoto Protocol*）。2000 年，第六次缔约方大会于海牙举办。美国作为全球最大的二氧化碳排放国，提出对减排指标进行调整，使得会议被迫中止，直到次年 7 月在波恩重新召开。之后，分别于 2002 年、2005 年、2007 年、2009 年、2010 年举办缔约方大会，会议期间，成员国提出每年展开世界气候变暖问题的公投，并提议成立国际气候法庭，对落实《联合国气候变化框架公约》的情况实行监督。

虽然《联合国气候变化框架公约》的多边谈判举步维艰，但世界各国政府和财团都看到了其中蕴藏着的巨大经济利益和商业机会。围绕着低碳减排这一新型经济社会行为，世界各国将孕育出一个新兴的巨型经济增长点，其中定价机制最重要的方式就是碳排放交易方式。

在 20 世纪经济学专家提出的排污权交易概念基础上，引出了碳排放权交易这一概念。市场经济国家必不可少的一个环境经济政策就是排污权交易，美国是最早

将其应用到河流和大气污染管理中的国家。之后澳大利亚、德国和英国等很多国家也陆续施行了排污权交易的政策。排污权交易最常见的做法是：政府部门确定不同区域在环境承载力范围内的排放污染物数量，同时将其划分成多个份额，每个份额对应一份排污权。在排污权一级市场上，政府利用拍卖和招标等方式将排污权向排污者进行转让，排污者购买排污权后，便能在二级市场上进行转卖。

国际上认为，虽然 1997 年荷兰和世界银行就率先开展了碳排放权交易，但是全球碳排放市场诞生的时间应为 2004 年。其交易方式是：按照《京都协议书》的规定，协议国家承诺在特定时间内达成特定的碳排放减排目标，各个国家再将自身的减排目标向国内企业进行划分。当某国无法在规定时间内达成减排目标时，可以从第三世界国家购买配额，或借助排放许可证来实现自身的减排目标。在一个国家内，无法在规定时间内达成减排目标的企业也能从具有排放许可证的企业购买配额，或者通过排放许可证达成自身的减排目标，因此便有了排放权交易市场。

欧盟在推动碳排放权交易方面处于世界领先位置，目前已制定了可以在欧盟各成员国之间使用的排放交易方案。通过对特定范围内上万套装置的温室气体排放量进行认定，在市场中引入减排补贴，进而达到降低温室气体排放的目的。在欧盟碳排放市场进行交易之后，交易金额以及数量都有了明显提高。从 2004 年开始，以不同排放配额为核心的交易与减排项目为标的的买卖逐渐增加，已形成了一个交易额达 1 180 亿美元的世界性碳排放交易市场。

通过温室气体排放交易，我国企业以及其他国家的交易商都获得了相应的权益。化工厂降低对氢氟烃气体的排放，从而提高碳排放信用。在全球碳排放交易市场上，这种信用的出售单价为 5 ~ 15 美元。通过调查数据了解到，用在降低氢氟烃气体排放的洗涤塔装置安装成本非常少，大部分工厂的安装成本都是在 1 000 万 ~ 3 000 万美元。对这种装置进行安装，能形成非常高的碳排放信用，所以作为一种温室气体，HFC-23 的效力明显高于 CO_2。发达国家政府是购买碳排放信用额度的主体，现阶段，他们已接受根据《京都协议书》的相关内容降低其温室气体排放。这种方式非常科学，通过碳排放信用交易，很多工程以及交易商都获得了大量收入。

目前，北京、上海、天津排放权交易所是我国最重要的三家碳排放权交易所。尽管我国并未承担限制温室气体排放的职责，但从 2009 年 6 月起，以上三家排放权交易所也已开始实施自愿减排。其中，上海环境能源交易所借助世博会这个契机，举办了世博自愿减排活动，为公众参与世博自愿减排活动提供了重要的平台，首笔个人自愿减排随之产生。随着碳排放权交易的兴起，"低碳产业开始成为一种新兴的经济发展模式，并以"低能耗、低污染、低排放"作为运行衡量的标准之一。低碳产业和技术不仅逐渐改造着电力、交通、建筑、冶金、化工、石化等工业部门，也开始对城市的生产方式和生活方式产生深远影响。以资源的高效利用和循环利用为目标，循环经济（Cyclic Economy）也逐渐在城市生产和生活领域发展和丰富起来。

1.2

国 外 生 态 新 城 实 践 案 例

　　1984年，联合国教科文组织发起的"人与生物圈（MAB）计划"发布关于生态城市规划的报告中，提出了生态城市规划的五项原则：①生态保护策略；②生态基础设施；③居民生活标准；④历史文化保护；⑤将自然引入城市。这些原则是对生态城市规划核心内容的总结，也是日后生态城市理论发展的重要根基。20世纪初，英国新城发展的先驱霍华德提出的新城公司管理模式，为后来市场经济环境中的新城一级开发开创了范式，但其并未提供新城发展管理的范式。"二战"以后，从以公共发展为导向的英国新城，到由政府给予适当资助、私人发展公司统一承担建设任务的美国新城，英美新城发展模式在西方国家影响广泛。20世纪70年代以来，欧美各国新城在相互借鉴的基础上，开始探索适合自身特点的城市发展管理模式。其发展的共同经验可以总结

为如下三点：一是制度的保障，各国都制定了专门的法律法规和管理条文；二是持续充足的资金保障；三是综合的新城规划，城市规划充分适应经济社会发展目标。

　　20世纪70年代以后，结合当代"生态城"技术和理论，世界范围内出现了一批"生态城"项目，其建设得到了各国政府的大力支持。这些"生态城"在常规新城发展经验的基础之上，融合生态技术，开始探索"生态城市"的管理机制和发展模式。生态城市发展最为突出的国家和地区包括欧盟、日本、中国等，涉及的重大政策计划包括欧盟"科技框架计划"、日本"生态镇计划"、英国"生态镇计划"、法国"生态区计划"以及中国国家级和省级创建计划等，都在相当程度上推动着世界范围的生态城市建设运动（图1-7）。

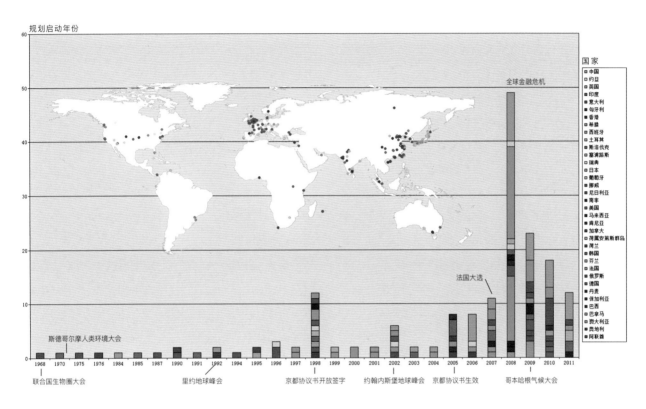

图 1-7 全球生态城市的建设发展历程回顾（资料来源：邹涛绘）

1.2.1 社团组织的微型实验——环境保护

随着可持续发展理念深入人心，环保低碳思想催生了多种社会实践活动，并成为新城实践领域的指导思想。欧洲一些社区自发开始了对生态城市的探索。在初期实验性阶段，主要是对社区规模的生态村、生态镇和生态社区的自发探索。后期这些运动的影响力逐步增强，使得地方政府和环保基金组织参与进来，实践规模得到扩大（图 1-8）。

1970 年末，生态城市建设的含义在生态城市规划的五项准则基础上有所拓展，迈入了新的阶段。美国生态学家理查德·瑞杰斯特（Richard Register）发起了全球生态城市运动，在他的引导下，城市生态学研究会在美国伯克利举办了很多生态城市的建设活动。他们以可持续发展为目标，在城市建设中引入对生态学的思考，进而产生了生态伯克利城市建设标准——尊重当地自然特色，以生态多元化保护为基础展开建设；构建慢行道路系统，以步行尺度为基础划定城市的核心商业区；注重保护和传承历史文化遗产；实施紧凑的发展方式，围绕重心展开开发，支持高强度开发和土地综合应用；提倡节能减排，促进新能源利用及开发，推行节能技术。以上标准在很大程度上促进了伯克利的快速平稳发展，也因此拥有了"全球生态城市"的称号，并对其他生态城市的建设产生了促进作用。

德国的埃朗根（Erlange）、弗莱堡（Freiburg）等城市以环境保护为出发点，发起了生态城市建设。这些城市有一定的历史和文化发展基础，从环保和振兴地方经济的角度出发，推动了城市的生态化更新，使城市面貌焕然一新。同时又结合自身制度文化，对城市发展管理进行了多领域的有益探索。

埃朗根市结合当地环境社团的力量，在政府的组织下，开展了各类推广绿色理念的活动。由于埃朗根市在历史上已经形成了较好的公众参与制度，因此市民构成了城市的"智力资源库"，许多社区组织都能为城市的可持续发展献计献策。德国埃朗根市也因此成为最早实施《21世纪议程》相关决议的城市，通过多种节能、节地以及节水的方式，对生态体系进行修复，展开综合生态规划，在德国属于生态城市发展的先锋城市。

埃朗根市位于德国南部的努恩博格地区，距离慕尼黑约200km，总面积77km²，总人口约10万人，是著名的大学城、"西门子城"和生态城市，也是现代科研和工业中心。实施生态城市规划后，就业机会从5万个增长到了8万个，居民收入和人均居住空间都得以增长。目前的就业人口中，2.5万人在西门子工作，1万人在大

学城工作，2万人在医学医药领域工作，其余就业人口分布在其他领域，如服务业等。由于其经济动力和城市吸引力，埃朗根市周边的人口增长了4万。

埃朗根市的整体规划以景观环境规划为基础，重点体现了对河谷、森林以及其他重点生态区的保护，并提出城市应打造大量的绿地，让绿地渗透到城市中去。以上规划理念贯穿于整个规划，以此引领、推动经济社会环境的协调发展。并以合理的开发密度为前提，减少对自然生态用地的占用。

另外，埃朗根市也开展了交通规划，目标是从以小汽车为核心的城市交通发展模式向鼓励步行、自行车和公共交通出行的发展模式转变（图1-9）。规划建立的慢行通道将城市绿地联系起来，使得从埃朗根市的任何一个地方到绿地只需要5～7分钟，绿色通道给市民休闲活动创造了良好的条件，并增加了慢行出行的比例（图1-9）。埃朗根市拥有5万多辆小汽车和8万多辆经常使

图1-8 全球代表性的生态城市分布图（资料来源：叶炜、邹涛绘）

用的自行车，自行车出行率已达到 40%，可以说是一个"自行车城"。城市大力发展公共交通，减少小汽车的使用，在城区设立混合型的步行区域以禁止汽车进入，一些停车场已经迁离至城区之外。在所有的居住区和城区实施缓制交通，限速 30km/h，有效地减少了交通事故、噪声和空气污染。

为了将对土壤、大气和水资源等造成的影响降到最低，该市积极推行节能节水和资源的循环利用。城市污水处理系统的建设完善，下水道系统的实施，使得河流变得清澈；市民环保意识的提高，使得家庭废物和城市垃圾得到了控制。

1991 年，丹麦创办了生态村组织——大地之母信托投资基金。该基金会指出，生态村是在城市及农村环境中可持续的居住地，重视及恢复在自然与人类社会中四种组成物质——土壤、水、火和空气循环系统的保护。之后，欧美国家开展了大量的生态村建设运动。

1996 年，世界居住地第二次各国首脑会议在联合国的组织下，于伊斯坦布尔举办，推动了全球范围的生态村（社区）研究和建设。传统的生态村（社区）一般位于城市外围自然环境良好且较容易实现自给自足的地区，规模较小，从几户至上百户不等，主要采用自建的方式。

西方发达国家的生态村（社区）实践还有很多，其本质都是对现代生活方式带来的社会与生态问题的一种社区团体应答，有别于大规模的新城实践，生态社区的居民大部分属于中产阶级，他们经济独立，掌握了成熟的科学技术，社会组织效率相对完善，拥有高效的制度管理经验。社区居民参与程度高，能自行完成大部分工作，具有相同的生活习惯并彼此认同，在长期的社区生活中，能够建立起独有的社区精神和文化。由于其规模较小，经济来源充足，包含社区个人资助、公益基金、企业捐款等，建设中经济压力较小，可实施程度较高。

1.2.2 跨国财团的经济驱动——技术试验

进入 21 世纪后，气候变化问题受到各国的普遍关注，发展低碳产业逐渐成为跨国公司的经济发展战略之一。诸多跨国公司纷纷开始关注这一新兴经济增长点，涉及领域包含可再生能源（光电、风电设备研发制造等）、节能电器、新能源汽车、新型交通设施、低碳互联技术等。这些跨国财团认识到通过生态城市建设这个载体，将会拓展出非常具有潜力的低碳经济市场。基于低碳产业经济的发展需求，企业集团推动了低碳技术在多个项目中的集成应用，如英国贝丁顿零能耗发展项目（BedZED）、阿布扎比马斯达尔（Masdar）城等。这类项目的特点是规模中等，强调新型生态科技的应用，资金投入量较大，更像是跨国企业推动的技术试验。

随着越来越多的城市将"低碳"概念引入生态城的建设，许多实力雄厚的财团纷纷联合地方政府，以专项科技资金以及能源类基金为支撑，对生态城市建设的相关问题展开研究。例如，澳大利亚怀阿拉市（Whyalla）创办了能源替代研究中心，对常规能源的取代和保护进行研究；美国克利夫兰市（Cleveland）创办了生态可持续研究中心；日本大阪在研究构建生态实验住宅的过程中，利用了众多高科技以实现生态住宅目标，如热能转换设备、太阳能外墙板等；德国弗莱堡集合了众多太阳能研究机构，使之成为"太阳城"（图 1-10）；美国通用电气（GE）、英国石油公司（BP）、德国西门子公司（SIEMENS AG）、美国能源基金会（The Energy Foundation，EF）、加拿大木业协会（Canada Wood）等跨国企业、基金组织和行业协会也纷纷开始行动。在企业的推动下，政府也逐步参与到生态城市研究中来，例如，澳大利亚怀阿拉资助成立了干旱地区城市生态研究中心；美国克里夫兰市政府创办了生态城市基金会，建立了生态城市建设基金，针对该市的生态城市发展展

图 1-9 埃朗根（资料来源：维基百科，Benutzer:Roehrensee 摄）

图 1-10 弗莱堡（资料来源：http://blog.163.com）

开研究。另外还有很多国家为本国的生态工业、生态农业及生态建筑的研究和发展提供了充足的资金支持，例如丹麦、英国和以色列，进一步促进了生态城市的快速发展。

英国贝丁顿零能耗发展项目在采用生态技术集成技术方面非常有名。该项目位于伦敦附近的萨顿市（Sutton），由英国著名生态建筑师比尔·邓斯特（Bill Dunster）主持建设，占地面积为 16 500m²，居住面积约为 2 500m²，项目竣工时间为 2002 年。该项目通过减少建筑热损失、充分利用太阳热能和清洁能源，在一定程度上实现了能源的自给自足。通过建筑布局和外观设计来保证建筑最大程度获得太阳热能，通过建筑材料和建筑细部设计来保证建筑的保温性能。建筑采用自然通风系统将通风能耗最小化。热交换模块利用废气中的热量预热室外的新鲜冷空气，减少了 70% 的通风热损失。利用一台 130kW 的高效燃木锅炉为贝丁顿住宅区提供电和生活热水，利用的木材大多源于附近地区的木材废料。建筑材料尽可能就地取材，使用环保建材及再生材料，减少建筑材料生产和运输过程中的能源消耗。大力发展公共交通和私家车共享模式，并以光伏电板产生的电力为能源。贝丁顿的目标是在未来的 10 年，私人小汽车的化石燃料消耗量减少 50%。该项目中采用了多种节水工具，建立了雨水收集系统和污水处理系统。雨水和处理后的中水用于冲厕或回渗到土壤中，实现对水资源的充分合理利用。此外，还鼓励居民自己种植农作物，构建退台式的屋顶，为大多数住户提供了屋顶花园。入住第一年后的统计显示，社区较普通住区的热水、采暖能耗分别节省 57% 和 88%，耗电量减少 25%，用水量减少 50%，小汽车行驶里程减少 65%。

另外一个著名项目是位于阿拉伯联合酋长国的马斯达尔生态城（阿拉伯原文意思为"能源"），面积为 5km²，而人口则达到了 50 000 人。它是沙漠中矗立着的一片绿洲，全球第一座实现零污染的城市，由阿联酋阿布扎比未来能源企业负责打造，合作机构包括美国麻省理工学院（MIT）、世界自然基金会（WWF）以及英国福斯特建筑事务所等，初始计划投入为 220 亿美元。负责设计的是英国著名设计师诺曼·福斯特（Norman Foster），他从交通、建筑以及供水三方面着手，目标是建立全球首个完全由可再生能源供电的碳中和、零废弃物城市。太阳能是该城市发展的重中之重，其产生的电能还可以供海水淡化加工厂以及制冷系统使用。除此之外，也充分利用了波斯湾的风能、红树提供的生物能。并提出，城市建筑不超过 5 层，全部建筑均以太阳能薄膜电池作为顶部和外墙材料。此外，还鼓励废弃物的循环利用，包括城市垃圾、城市废水的再利用。交通方面的发展策略包括：建设一条轨道交通实现与阿布扎比的连接；打造方便快捷的公共交通系统；公共交通均利用清洁能源以实现低碳环保；打造 200m 步行可达的生活圈，进而减少小汽车的使用；路网布局注重空气流通。

马斯达尔生态城自 2006 年起开始建设，分六个工作阶段，原计划于 2016 年建设完成（图 1-11）。2006 年阿布扎比与瑞士信贷银行、科信萨斯（Consinsas）商业集团合伙投资 2.5 亿美元，设立了马斯达尔清洁技术基金（Masdar Clean Tech Fund）。同年，成立阿布扎比未来能源公司（Abu Dhabi Future Energy Company），并先后聘用 500 多名全球一流的管理人员和相关专业的专家。2006 年，未来能源公司宣布成立可再生替代能源研究网络机构，并与麻省理工学院签署合作协议，共建阿布扎比马斯达尔科技学院，还计划投资 3.5 亿美元建立一座太阳能发电站，生产能力高达 500MW。该项目在规划初期雄心勃勃，由于追求采用高昂的科技产品，投资规模巨大，在 2009 年金融危机中，建设资金链的断裂使得项目遭遇到了毁灭性的打击，建设进程在 2010 年停滞，后于 2011 年起缓慢恢复并继续推动。

图1-11 马斯达尔生态城（资料来源：www.maonanly.com.cn）

图1-12 马斯达尔生态城（资料来源：careers.masdar.ae）

跨国财团参与生态城市实践的热情更多是因为低碳经济是未来的新兴经济模式，全球化环境中的低碳经济市场潜力巨大，蕴藏着丰厚的经济利益。谁在这一领域占领了科学的主导权和技术标准的制定权，谁就能在新一轮的经济竞争中占领相对垄断的地位，独占未来市场。

1.2.3 国家战略的生存需求——资源倒逼

日本、新加坡这类国家属于海洋岛国，对外交通联系受到制约，自身资源有限，无法自给自足，除水产资源较为丰富外，大部分生产生活资源都依赖于进口，因此对资源节约、集约和循环利用的需求较为迫切。为了减轻资源压力，它们在资源约束的环境下积极开展了生态城市的实践。

日本北九州市面积约 485km²，最初是以制造业和钢铁产业为核心，是日本重要的重型工业基地之一。钢铁产业促进了北九州市的快速发展，同时也带来了很多污染问题。但经过生态城市的成功转型，北九州市已经从之前的重工业城市转变为一个环境产业城市。城市转型策略为"3R"政策——Reduction（减少）、Replacement（替代）和 Refinement（优化）的简称。

由于日本土地及自然资源较为稀少，无法采取资源消耗型的经济发展模式，因此其建设生态城市的核心任务是减少废弃物排放，加强废弃物循环利用。其建设生态城市的发展目标是推动环保产业快速发展，使循环经济成为城市新兴产业；充分利用社会力量（包括企业和市民），促进物质的循环使用；通过协调不同利益相关方（包括地方政府、研究机构、商业团体、市民等），促进合作共赢，共同实现生态城市的发展目标。

新加坡作为城市土地资源高效应用的典范，在土地资源管理、城市规划与开发中积累了丰富的经验。新加坡地少人多，缺少自然资源的现实促使政府针对科学高效地城市规划及开发进行了有益的探索。

首先，新加坡制定了不同层面的土地利用规划，并保持着动态调整。其土地利用规划与综合交通系统、住房、商业、公用设施等多个领域的规划融为一体，有着明显的"多规合一"和综合性规划的特点。

第二，新加坡受约束的发展基础决定了它无法通过拓展国土面积来满足日益增长的交通需求，唯有充分发挥土地资源和交通设施的使用效率才能引导交通需求的合理增长。新加坡通过构建分散式的城市布局，搭建高服务水平的轨道交通系统，一方面从源头上减少了出行次数，另一方面引导市民出行向集约化方式的转变。此外，新加坡作为首个实施拥堵收费政策的国家也取得了显著的成效，降低了小汽车的出行，增加了公共交通出行比重。

第三，新加坡建立了土地信息公开和动态调整体系，构建了非常著名的新加坡综合土地信息服务体系。该体系使得用户可以通过互联网方便地获得各种土地信息，包括土地用途、开发强度、售地计划、租赁金额、开发费等，并会保持动态更新和调整，可以及时反映国内外经济形势和土地供求变化趋势，引导城市空间优化和产业转型升级，进而促使土地使用效率有了明显提升。

第四，新加坡在土地利用过程中十分重视与环境保护相结合。例如，废物处理遵循"就近原则"，即就近回收处理，既可以降低垃圾运送产生的交通压力，又可以减少对环境的影响。由于新加坡土地资源的局限，进而发展出一套科学合理的土地利用模式。例如，在市民密集区建设地下蓄水池；在距离居住地较近的地区创办电子等轻工业，在距离较远的郊区发展普工工业园区（例如航空），在偏远地区设立重工业园区，进而降低了各类工业所需的缓冲区面积；在地铁站附近建设容积率更高的高层楼房，以方便市民乘坐轨道交通；通过建设地下污水处理厂，提高土地使用效率。

中国在生态城市的实践活动中，一方面正在学习、汲取发展先进的国家／地区的成功经验，包括城市规划管理、城市交通发展模式、市政景观发展方向；另一方面也在积极探索适合我国国情的城市发展方式，以实现城市和农村的协调发展。

1.2.4 持续完善的政策驱动——制度创新

制度创新型城市是最具发展潜力的城市之一。无论是发展中国家还是发达国家，凡是以制度创新为切入点、不断创造性地完善自身制度并获得政策驱动的城市和地区，都具有持续的发展动力。巴西的库里蒂巴市（Curitiba）就是一个典范。库里蒂巴1960—1990年进行了生态城市的实践探索，并取得了举世瞩目的成绩。它是全球首个应用快速公交（BRT）进而解决了交通问题的城市（图1-13），首批与温哥华、巴黎、罗马和悉尼共同入选联合国"最适宜人居的城市"，同时有着"巴西生态之都""城市生态规划样板"之称，是为数不多的成功解决了人口膨胀、交通拥堵、环境污染等发展难题的城市。

在20世纪60年代之前，库里蒂巴与许多巴西城市一样，在居住、经济、就业以及环境方面都面临着巨大的压力。1964年，库里蒂巴成立了自己的城市规划研究所（IPPUC），开始了生态城市的探索之路，并于1968年通过了"库里蒂巴总体规划"——提出严格控制城市扩张，减少市中心区交通量，保存历史街区，建立方便实惠的公共交通系统等。

1974年，全球第一个BRT系统在库里蒂巴创建，并大获成功。规划的倡导者勒纳认为地铁和轻轨建设成本高昂，因此探索得到了一种更适合库里蒂巴的快速公交发展模式。目前，库里蒂巴一体化快速公交网络全长1 100km，有245条线路，覆盖了整个城区以及临近的城镇，包含快速线、直达线、小区联络线和接驳线。BRT系统的升高平台系统，票价单一化等措施，使得公共交通运行效率有了大幅提高。公共交通吸引力的提升，使得小汽车出行逐步向公共交通转变，目前库里蒂巴人均燃油消耗量比巴西同等规模的其他城市低25%左右，城市空气质量也有所提升。

库里蒂巴将土地综合利用与公共交通的发展进行了充分的结合。从一开始，库里蒂巴就明确了富有战略意义的以公共交通为导向的开发模式（TOD），鼓励混合土地利用开发，总体规划以城市交通轴线为中心，对所有的土地利用和开发密度进行了分区，在公交线路主干线周边街道进行密集型开发。另外，库里蒂巴在绿地系统中建设了连续的步行道和非机动车道，提高了慢行交通的出行比重，同时提高了临近空间生活性服务设施的活力。

1989年，库里蒂巴启动了垃圾兑换计划。项目内容是鼓励市民利用经过分类的可回收的袋装垃圾来兑换食物或公交系统车票，并获得了政府的资助。由于该项目在资源节约和环境保护方面起到积极作用，联合国能源规划署以及国际节约能源机构都对其进行了褒奖。

库里蒂巴将洪泛区改造成了湿地公园，为市民提供了休闲娱乐空间。目前，库里蒂巴共有28个公园，人均绿地面积达52 ㎡，是联合国推荐标准的4倍。优美的城市景观不仅解决了洪水泛滥的问题，保护了谷底和河岸，还产生了极大的社会效益。

库里蒂巴通过制定精明的城市发展规划策略，及时转化为城市管理政策，将其长期贯彻执行，提高了城市的土地价值和城市吸引力，并进一步实现了经济效益和质量的同步增长，使得城市获得了高质量的飞速发展。

1-13 库里蒂巴 BRT 系统（资料来源：维基百科，Mario Roberto Duran Ortiz Mariordo 摄）

1.3

中国生态新城规划
实施动力及制度探索

1.3.1 中国生态城市建设的现状——理论多于实践

由于资源禀赋和历史文化等原因，从古至今，内生型的城市发展模式一直根植于中华原生文明之中。中国关于生态城市的理论研究自 20 世纪 70 年代起就与世界保持同步。20 世纪 80 年代以来，我国主要从两个方面对生态城市的理论开展了研究。一方面对经济、社会以及自然三个子系统设定了相关的指标，并得到了广泛应用。例如，2003 年，国家环保总局提出《生态县、生态市、生态省建设指标（试行）》；另一方面，对城市生态系统从结构、功能以及协调度等角度进行了综合研究。20 世纪 90 年代，学术界从复合生态系统、可持续发展、生态足迹、循环经济、知识经济、低碳经济等多个角度进行了大量理论研究，学科横跨生态、环保、经济、管理、规划、建筑、景观、市政、交通等多个领域。当时中国

城镇化发展虽已开始加速，但由于历史原因，城镇发展水平不高，生态新城的实践尚属空白。由于理论研究缺乏实证研究支撑，这一时期生态新城理论虽形成多角度、多理论共存的局面，但并未达成统一认识。在这一时期，吴良镛、周干峙等国内学者首次提出了"人居环境"学科群的概念。20 世纪 90 年代初，我国制定了引导国民经济和社会发展的主导型文件，该文件对中国 21 世纪的人口发展与环境发展进行了研判。进入 21 世纪以后，党中央国务院非常重视生态文明建设。习近平总书记在党的十九大报告中指出，"加快生态文明体制改革，建设美丽中国"。生态文明建设已成为我国的发展战略之一。

2005 年以后，为了探索新阶段中国城镇化发展道路，我国拉开了一场以生态城市为主题的新城建设运动的序幕，如中新天津生态城、曹妃甸生态城、广州知识城等。

中华人民共和国住房和城乡建设部于 2013 年 3 月

表 1–1　　　　　　　　　　　　　　　　　　　国家级生态示范区

地区	数量/个	地区	数量/个	地区	数量/个	地区	数量/个
江苏	64	北京	11	广西	26	新疆	3
黑龙江	49	吉林	11	辽宁	22	重庆	3
山东	41	贵州	11	安徽	17	上海	1
河南	37	内蒙古	10	四川	16	海南	1
浙江	36	云南	10	山西	16	宁夏	1
湖南	33	天津	7	江西	15	甘肃	1
陕西	32	湖北	7	福建	12	合计	528
河北	30	广东	6				

资料来源：中国环境保护部自然生态保护司官方网站 . http://sts.mep.gov.cn/stsfcj/

制定发布了《"十二五"绿色建筑和绿色生态示范区发展规划》，提出绿色生态城区规划目标是：到"十二五"末期，实施 100 个绿色生态城区示范建设，选择 100 个城市新建区域（规划新区、经济技术开发区、高新技术产业开发区、生态工业示范园区等）按照绿色生态城区标准规划、建设和运行。目前，经过考核审查批准设立，全国已有 25 个城区获批国家绿色生态示范城区（图 1–14）。

截止到 2016 年，国家环境保护部已经正式授予命名七批国家级生态示范区，颁布年份在 2000—2012 年，共计 528 个国家级生态示范区（表 1–1，图 1–15）。

总体上，中国当前生态新城的规划标准普遍较高，但在规划实施方面均遇到了各种各样的阻力和困难，最终的实施效果差强人意，这一现象的产生亟需反思并细致梳理其中的原因。另外，虽然我国许多新城发展项目亦纷纷冠以"生态城"的头衔，但至今还没有一个"生态城市"的实践得到社会各界的一致认可，其根本原因是当前生态新城是套用国内既有的新城建设发展的管理思路，还没有建立起适用于生态新城的管理体制机制和管理模式，导致生态科学技术、人力物力和资源等配置水平不尽如人意，规划建设成果还有继续优化的空间。而中新天津生态城作为众多生态新城项目中的坚持到最后的成功者，对其规划实施情况进行评估和反思，从管理制度的体制和管理模式出发，深入分析，为中国生态新城的发展提供参考和借鉴，对推动我国生态新城向着更高品质、更高水平发展具有重要的意义。

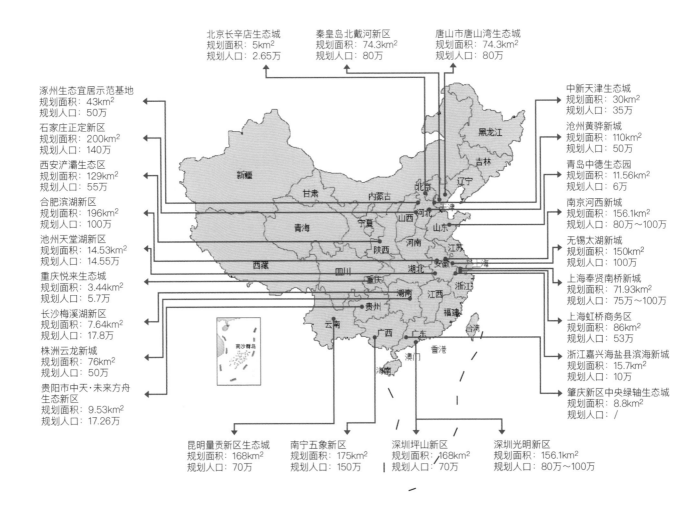

北京长辛店生态城
规划面积：5km²
规划人口：2.65万

秦皇岛北戴河新区
规划面积：74.3km²
规划人口：80万

唐山市唐山湾生态城
规划面积：74.3km²
规划人口：80万

涿州生态宜居示范基地
规划面积：43km²
规划人口：50万

石家庄正定新区
规划面积：200km²
规划人口：140万

西安浐灞生态区
规划面积：129km²
规划人口：55万

合肥滨湖新区
规划面积：196km²
规划人口：100万

池州天堂湖新区
规划面积：14.53km²
规划人口：14.55万

重庆悦来生态城
规划面积：3.44km²
规划人口：5.7万

长沙梅溪湖新区
规划面积：7.64km²
规划人口：17.8万

株洲云龙新城
规划面积：76km²
规划人口：50万

贵阳市中天·未来方舟
生态新区
规划面积：9.53km²
规划人口：17.26万

中新天津生态城
规划面积：30km²
规划人口：35万

沧州黄骅新城
规划面积：110km²
规划人口：50万

青岛中德生态园
规划面积：11.56km²
规划人口：6万

南京河西新城
规划面积：156.1km²
规划人口：80万～100万

无锡太湖新城
规划面积：150km²
规划人口：100万

上海奉贤南桥新城
规划面积：71.93km²
规划人口：75万～100万

上海虹桥商务区
规划面积：86km²
规划人口：53万

浙江嘉兴海盐县滨海新城
规划面积：15.7km²
规划人口：10万

肇庆新区中央绿轴生态城
规划面积：8.8km²
规划人口：/

昆明量贡新区生态城
规划面积：168km²
规划人口：70万

南宁五象新区
规划面积：175km²
规划人口：150万

深圳坪山新区
规划面积：168km²
规划人口：70万

深圳光明新区
规划面积：156.1km²
规划人口：80万～100万

图1-14 绿色生态示范城区分布格局（资料来源：邹涛绘）

图 1-15 中国生态示范区、生态工业示范园与生态城市县区分布图（资料来源：《中国统计年鉴》（2000—2011））

1.3.2 生态城市建设的强大动力——体制机制创新

生态城市是在生态学、经济学、低碳技术和信息技术等的影响下，在人类社会发展到更高阶段时的聚落表现。在其内部，物质资源的利用更加经济，物质、能量、信息等资源可以实现高效利用和良性循环；在其外部，与自然环境协调发展，实现对环境的影响最小，实现可持续发展，并改善现有环境。生活在其中的市民身心健康，人的基本价值和尊严能够得到有效保障，人类潜力能够不断得到激发。生态城市的发展及其自我调节能力更接近于一个有机生命体。为了实现上述目标，中国生态新城的实践亟待在制度体系和管理模式上实现长足发展。

制度管理和科学技术是耦合关系，二者缺一不可。目前建设生态新城的单项科学技术已相对成熟，但是从应用层面看，缺乏整合协同技术。除此之外，如果透过现象看本质，会发现是因为缺乏有效的制度体系和管理模式，导致技术实施层面遇到了种种困难。这种制度与技术不平衡发展的状态，就像一个肌肉发达但是神经控制系统薄弱、平衡协调能力低下的人，虽然看起来结实，但实际运动并不灵活。目前各界对"生态城市"的认识和标准尚不统一，笔者认为在世界范围内涌现的"生态城市"，大部分还处于初步探索阶段，大多数倾向于生态技术的集成应用，在低碳产业和生态社区等领域，只有少数优秀项目开始探索生态型的发展管理机制和模式。因此，生态城市应该通过开展体制机制的顶层设计构建一系列优化成熟的制度体系和管理模式，来对社会运行和经济运作进行协调管理。

从实践的效果看，在这些生态新城的发展阶段，初始设定的城市管理制度和管理模式，将直接决定规划的实施品质和成效。中国在快速城市化道路上必须要坚持符合自身特点的生态新城发展模式。既不能像阿布扎比马斯达尔新城那样追求高成本的技术集成，也不能无视我国能源资源的约束环境，盲目按照北美西欧诸国的生态城市发展模式，而应当在我国历史基础上，探索一条以人为本、智慧永续、文化繁荣、法度有道、技术适宜、宜居优美的中国生态新城道路。而发展有中国特色的生态城市道路，也必须结合适应中国发展的制度体系和管理模式，来引导生态新城更好地发展。

1.3.3 中新天津生态城的实践探索——总结与思考

中新天津生态城是生态新城，而非生态城市。目前社会各界对"生态城市"的认识和标准尚不统一，我国关于"生态城市"的研究也已从环境保护领域拓展到城市规划建设领域。当前世界范围内涌现的"生态城市"，大部分还处于初始探索阶段，大多数倾向于生态技术的集成应用。由于这些是具有"生态化"倾向的新城项目，称之为生态新城更恰当。本书讨论的中新天津生态城属于生态新城范畴。

通过对中新天津生态城（后文统称生态城）开展综合规划评估和实施评估，发现规划与实施成效并不成必然的正态关联（图1–16～图1–18）。纵观生态城的规划实施和取得成效，对生态城的发展历程大致总结如下。

1. 规划适度超前，实施效果较好

部分领域规划编制体系完整，规划实施制度设计较为完善，实施成效较好。例如生态城的公屋，在总体规划指标体系中，对经济适用房、廉租房的比例作出了要求，在实际执行的过程中，生态城开展了住房政策研究，发布了《中新天津生态城公屋管理暂行办法》，设立建设局公屋署专门负责公屋的管理，由公屋公司代建和管理，总体管理机制较为完善，实施成效较高。

图 1-16 中新天津生态城基地在天津市域内的位置（资料来源：EDAW. 天津生态城景观概念设计）

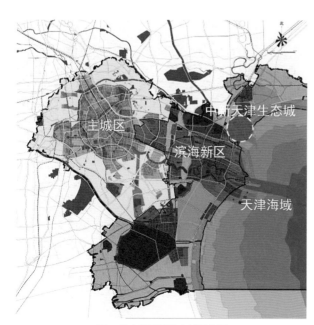

图 1-17 中新天津生态城区位图

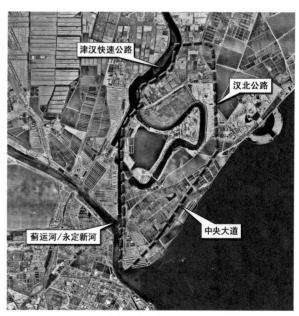

图 1-18 中新天津生态城规划用地范围

图1-19 中新天津生态城起步区

2. 制度设计工作超前，规划实施效果实现超预期

部分领域实际执行过程会超出规划内容。在社会和谐方面，公共服务的水平及范围超出了总体规划及社会经济发展规划。总体规划指标体系中只是对于文体设施可达性、保障性住房比例进行了约束，但在实际执行过程中，为进一步提升生态城吸引力，提高居民生活品质，生态城除了实现文体设施规划建设外，在教育、医疗、社区服务等方面开展了大量工作，建设了高品质的学校和医院，以及较为完善的社区服务体系，社会和谐目标实现程度显著。在起步区内（图1-19），生态城内建立了多层次社区服务体系，包括特色社区中心、儿童活动场地、社区家庭医疗服务等。总体上，规划建立了分层级、标准化的社区体系，构建了基于社区中心的400m生活圈。在社区服务中心，建有小型图书馆、棋牌室、书法教室、儿童活动室等，服务人群约3万人。每个社区内都按照规划配建有"邻里之家"，可作为居民休闲、娱乐、交流的场所，总体实施成效较好。作为生态城的一站式综合服务中心，社区中心承担着商业服务、公共服务和公共交往中心的职能。菜市场、24小时便利店、餐饮、洗浴等商业配套，社区卫生服务中心、社区管理服务中心和社区文化活动中心等汇聚于此，功能的集聚和高品质的空间环境，为社区周围居民提供舒适的公共服务和活动环境。此外，生态城同国内外优秀教育机构联合办学，先后建立了优质的幼儿园、小学和中学，与天津医科大学合作建设了综合医院，并施行"综合医院—社区卫生服务中心"的两级卫生服务体系"双层双向转诊制度"。另外，生态城建立了完整的社会工作运行体系，包括社会工作用人机构、社会工作服务机构（即"社工师事务所"），社会工作行业管理机构和社会工作行政管理机构。生态城社会局下属社区服务中心，向社区中心和小区内的邻里之家派驻社工，为居民提供服务。高水平的公共空间设计，高品质的教育资源、医疗资源，以及周到的社区服务，对提升生态城吸引力、集聚人气起到了重要的作用。更重要的是，在将规划技术文件具化为公共政策和机制保障后，极大促进了社会和谐。

3. 规划实施制度尚未建立，导致规划无法实施

生态城的指标体系，在后续执行过程中遇到一定的问题，部分指标不适应实际情况，需要调整或者待研究，有的甚至无法实施。在规划指标体系中，部分指标对子目标的指示意义不足，例如"管理机制健全"子目标对应的指标是"经济适用房、廉租房占本区住宅总量的比例"，虽然这项指标在一定程度上能够反映社会福利政策的成效，但是仅以此指标表征管理机制目标较为片面。"单位 GDP 碳排放强度"指标是一个综合反映生态城碳排放水平的资源类指标，与自然环境中的碳汇存在一定关联，但是与建筑、产业、交通等社会经济发展因素关系更为紧密，将其与"自然环境良好"子目标对应，尚不够贴切。对于单位 GDP 碳排放强度、非传统水源利用率、绿色出行比例等后评估类指标，尚未建立起统计体系。区域协调方面的定性指标也没有明确的考核标准体系，不利于全面评价生态城的相关工作实施进展，制订针对性提升方案。2009 年，生态城管委会环境局与御道公司合作，开展了生态城市指标体系的任务分解工作。该项工作的初衷是落实指标体系的目标，进一步将各项指标进行逐层的分解，把指标这一工作目标最终分解为工作任务，并落实到具体经办委、局甚至科室身上，形成责任到户的目标。但是由于按照线性思维的方式梳理工作，没有认识到管理模式的复杂性和责任交叉重叠部分无法落实等问题，使得这一工作在形成研究成果后即搁置。下一步应在此基础上，结合生态城规划实施的制度框架进一步归纳总结，结合明确的规划实施主体和实施机制，在时间轴上分解成为年度工作目标和计划，结合每五年的经济社会发展规划，与现实情况进一步校核后，调整落实规划。

4. 规划和规划实施的制度保障工作双重不足

由于规划对管理实施考虑不足，且后续管理没有跟上，导致一些规划的实施成效较弱。在区域协调方面，由于总体规划中定性的规划目标不够明晰，后续执行过程中生态城与周边区域缺乏协调机制保障，因此职住平衡、联

合治污等方面实施成效不够理想。在建筑设计管理方面，后期较为混乱，一方面对于控规、城市设计要求城市公共建筑遵守不够严谨，经常有侵占慢行通道、破坏城市连续界面的问题发生；另一方面在建筑形态方面缺乏明确的指导原则，欧式、中式和现代风格建筑杂陈其中。

在生态保护方面，目前自然湿地零损失线未能守住。在自然生态环境，尤其是自然湿地保护方面，提升空间较大。生态城位于蓟运河和永定新河入海口东侧，是内陆生态湿地系统向滨海滩涂湿地转换的重要节点，也是天津北部蓟县自然保护区、中部大黄堡—七里海湿地连绵区连接渤海湾的唯一通道，生态功能重要度较高（图 1-20）。为体现对生态系统的保护，生态城在总体规划中明确规

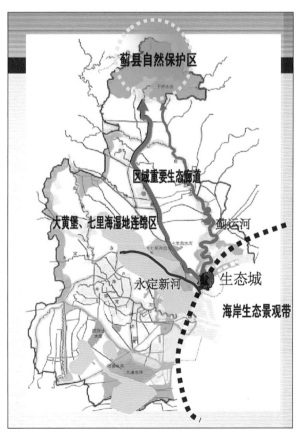

图 1-20 中新天津生态城区域生态结构

定，区内自然湿地净损失为零。总体规划中明确并扩大了原始湿地保护范围，规定蓟运河故道及两岸生态缓冲带，蓟运河及左岸生态缓冲带，永定新河以东、中央大道以北的永定洲河口湿地为禁建区，总计约 8.7km²，严禁任何与生态修复、湿地和岸线保护无关的建设行为。在控制性详细规划中，严格落实总体规划，划定生态绿地 4.07km²，不计入总建设用地范围。但是在规划实施过程中，对于自然湿地的规划管理不够严格。约有 50% 的自然湿地土地性质改为人工痕迹过重的公园绿地（图1-21），建设了永定洲公园和生态城文化主题公园等。这类公园本地植物品种较少，后期维护成本较高，且公园中存在不同程度的经营性房产项目，超出了一般配套的标准。永定洲河口附近，开发了大量别墅等地产项目。起步区范围的蓟运河故道两侧生态绿地进行了市政景观绿地建设，种植了大量树木（图1-22）。开发建设行为和绿地建设改变了自然湿地的原始状态，必然对自然湿地的生态服务功能产生重大影响。

图 1-21 中新天津生态城公园景观

　　总结生态城近年的规划实施效果，可以得出制度保障极为重要。在 2008—2009 年，由于尚处在规划编制和规划管理阶段，规划实施工作还没有渗透到城市各个部门和团体中去，生态城的很多工作人员的注意力还集中在如何进行技术创新。但在后续工作中，当这些技术工作论证成熟后，在不缺乏资金的情况下，仍在实施过程中遭遇了重重困难，造成事倍功半。于是，在起步区建设过程中，生态城开始思考关于制度保障的问题，这些思考需要有战略思维和创新思维能力。在此过程中，思路逐渐清晰，生态城的规划实施在体系化的制度保障下逐步顺利开展起来（图1-23）。从上述规划实施与制度保障的关系看，需要优先在行政管理、城市开发和社区治理三大领域形成能够落实规划的制度体系，这将是本书后面三个章节重点阐述的内容。

图 1-22 中新天津生态城故道河公园水岸

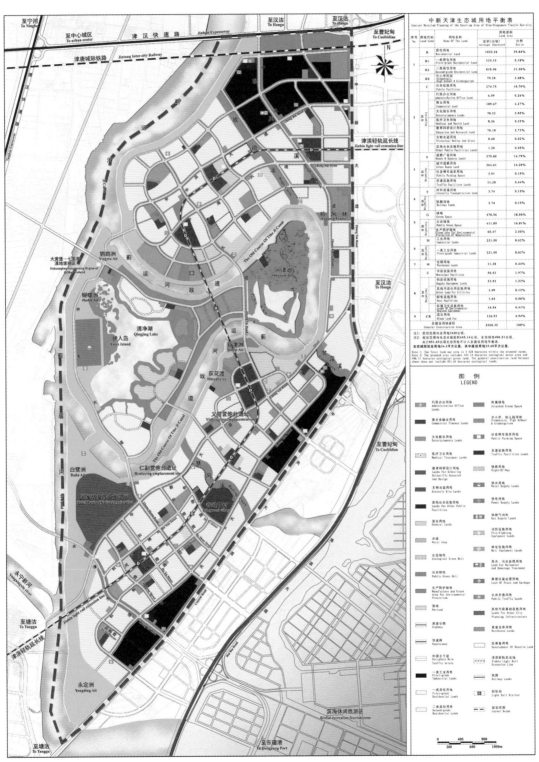

图 1-23 中新天津生态城用地规划图（资料来源：中新天津生态城总体规划（2008-2030））

CHAPTER

决策高效：
生态新城规划实施行政制度

CHAPTER 2

第 2 章

中新天津生态城彩虹桥

制度就是一种规则，是为了更高效率完成人与人的相互交往而设计的。它既可以是法律法规、规章条例和管理办法等正式规则，也可以是由风俗、习惯等影响产生的非正式规则甚至是潜规则。制度体系受到文化的影响，不同的文化环境孕育相应的制度体系。生态新城的规划实施制度就是当前中国在追求生态文明道路上，为落实综合发展规划而形成的一整套规则体系、管理模式。它受到可持续发展、和谐社会等生态文化环境的影响，正在动态的完善中。生态新城从规划实施角度，目前初步形成了一定的制度体系，但是由于生态新城的经验需要进一步总结，其制度体系虽形成了主干，但仍较为初步，所以还处于制度框架搭建阶段。

政府是生态新城规划实施的第一推动者。在起步阶段，政府的核心工作就是要尽快建立起决策高效的规划实施体系，同时为人口导入和社会管理奠定基础。行政制度决定了规划的实施效率，这就需要一个高效率的政府组织，为生态新城的建立配置好相关资源。中国生态新城政府需要借鉴发达国家行政管理发展的有益经验，大胆改革以适应市场化发展的需要，在体制机制上要适应决策权和审批权的适度分离，日常行政管理机构要借鉴企业化机构的高效率运转，并强化政府的决策和监管能力。转型重构的生态新城政府为保障规划高效顺利的实施，还要做好两方面核心工作：一是要建立可持续的财政平衡制度，前期将生态城的开发投入产出等经济测算做好，在常规项目上积极拓宽融资及专项资金渠道，在生态低碳增量成本方面能合理争取国家层面扶持；二是建立新城政府的企业化管理制度，培养企业式的职能部门，借助市场服务力量创新简化审批模式，加强事前引导和事后监督。

当前，在中国的生态新城发展模式中，生态新城政府是启动生态新城规划、建设和运营的核心部门。通常，新城政府会以筹备组的形式先于生态新城成立，在生态新城启动规划和建设的初期，需要新城政府的全方位引导和推动，这一阶段只有生态新城政府有能力和权力来启动与协调规划、土地、市政、水务等一系列的公共事务；

与此同时，生态新城的一级开发企业虽然也在快速组建过程中，但由于其对外工作的基础往往涉及经济利益，要实现其自身工作的迅速推进往往需要政府走在其前面解决并协调各种矛盾。因而，该时期的行政政策方面的协调往往比经济利益方面的协调更为频繁和重要。

在生态新城发展初期，生态新城政府的工作往往是多头平行推进的。例如产业方面，为了今后的财政税收和经济发展，招商工作面临着寻找定位，并力争实现零的突破；建设方面，则要找准发展方向，划定起步建设区，集中力量在短时间内，为第一批管理者、建设者提供工作和生活服务的场所，并要向来访者展示项目的良好形象和面貌。随着起步区建设工作的开展，在形成一定建设规模后，社会服务方面的供给数量和品质将进一步决定是否能持续吸引新进人群，并引导他们长期留在这里居住、工作与学习。这些方面，是生态新城初创时期必须经历的初始动作。生态新城政府将行使一系列的法定权力，如经济、社会发展和城市规划制定权、决策权、审批权、监督权等，并需要提供一系列的公共服务。由于生态新城建设是一项规模浩大的社会集体协作行为，既要实现生态、低碳、可持续等宏观发展目标，又要让来这里工作生活的人们得到充分发展，这就需要生态新城政府必须具备更好的学习能力、创新能力和执行能力。

生态新城政府的组织效率、决策能力和监管能力将直接决定生态新城最终规划实施的效果和品质。在组织构架、工作模式、工作重点等方面，其构架形式和内部机制直接决定了生态新城的发展方向和发展质量。因此，在探索创新我国生态新城行政制度转型时，需要重点关注的三个方面：顺应市场经济的发展需求，建立行政分权制度，强化政府的决策和监管能力；建立可持续的财政平衡制度，将先试先行的生态技术增量成本融入复合循环的财政支出收入计划中；建立政府企业化管理制度，培养企业家式的职能部门，借助市场服务力量创新简化审批模式。

2.1

生 态 新 城 行 政 制 度 转 型

2.1.1 中国行政体制发展趋势 —— 大部制和行政分权

　　行政体制又称为政府体制、政府管理体制或行政管理体制，主要包括行政机关的组织设置、职权划分、人事制度及运行机制等。随着我国市场经济体制改革的不断深化，行政管理体制改革作为政治体制改革的重要突破口，一直在稳步推进。特别是中国共产党十七大至十八大以来，全国范围内都在积极推广行政管理体制的改革，改革的核心内容是简政放权和"大部制"。

　　所谓"大部制"，或称"大部门体制"，就是在政府的部门设置中，将职能相近、业务范围趋同的事项相对集中，由一个部门统一管理，最大限度地避免政府职能交叉、政出多门、多头管理，从而提高行政效率，降低行政成本。

　　改革开放以来，为与国务院机构改革相适应，中国共经历了 7 次大的政府机构改革（图 2-1）：1982 年着重提高政府工作效率，实行干部年轻化；1988 年着重转变政府职能；1993 年着重适应建设社会主义市场经济的需要；1998 年着重消除政企不分的组织基础；2003 年着重进一步转变政府职能；2008 年实行职能有机统一的大部制改革（图 2-2）；2014 年，力推政府面向市场简政放权，构建服务型政府。

　　其中，在 2007 年的中共十七大提出，应当整合机构，形成统一协调的部门制度，促进部门间的协调。随后，

图 2-1 中国政府机构的 7 次改革

十七届二中全会推出的《关于深化行政管理体制改革的意见》文件指出：应通过实行多权、多部门监督的制度，以统一效能原则明确职能的转变，明确职责关系，对现有组织机构进行优化，规范制度与组织机构设置，建立健全有机的部门体系。这次改革具有以下三个重点：一是强化宏观调控作用，推动科学发展；二是探索建立统一完善的部门体系；三是改善人民生活水平，为人民的生活提供保障，增进公共设施的建设，提供更多公共服务。在此基础上，也促进了一批行政权限的下放。同时，在国务院机构改革完成后，中央推出的《关于地方政府机构改革的意见》指出：改革政府机构的重点在于政府职能的改变，对现有组织机构进行优化，规范制度与组织机构设置等。中央对机构具体设置形式、名称、排序等，不统一要求上下对口。

从 2008 年 10 月到 2009 年中，从上海开始，以探索实行大部制体制为特征的省级政府机构改革基本完成。并在此基础上，进行了市县级层面政府的体制改革，全国有 800 多个县正在积极向"省管县"过渡，以减少行政层级。在最新的地方政府机构改革上，各区域政府厅局级机构获得了一定改善，共精简机构超过 80 个。

这次机构改革虽然从中央到地方的主线都是"大部制"，但是各地仍然结合自己的实际，各有侧重地进行了多方面的改革探索。以广东为例，2008 年底，广东同时启动深圳和顺德的行政体制改革试点，随后又利用开发珠海横琴新区的契机，积极探索粤港澳合作新模式，为中国地方行政管理体制改革做出了积极探索，其理念和做法值得借鉴。

1. 深圳模式——"大部制"中的"行政三分"

深圳在"大部制"中试点"行政三分制"。2009 年 7 月

31 日，《深圳市人民政府机构改革方案》由中央编委和广东省委省政府批准。两个月内，实现了政府部门的精简工作及调整工作，大幅"退减、合并、转变"职能部门（考虑教育等部分部门的特殊性，暂时不予以调整），其他的市政部门及地方机构都实施了调整工作，从原先的 46 个政府部门缩减至 31 个，实现了部门数量的大瘦身；同时，600 多项的行政审批事务精简至 200 项左右。

这种行政改革的特点在于政府的执行权、决策权、监督权分开，以"委""局""办"的形式，将政府职

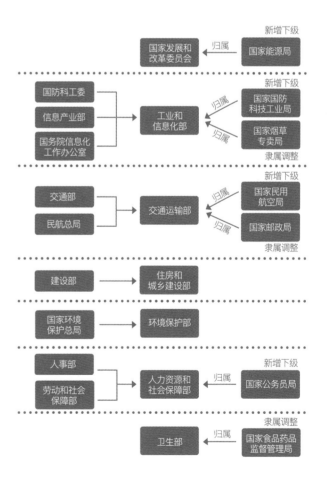

图 2-2 国务院 2008 年大部制改革方案示意图

1 早在 1992 年，顺德便是"综合配套改革实验市"。

能部门划分为决策部门、执行部门、监督部门三大板块,称为"行政三分制"。其中,"委"即"委员会",是决策机构,还原了"委员会"其应有的职能内涵,包括人居环境委、卫生和人口委、国土和规划委、财政委、科技工贸委、发展和改革委、交通运输委总共7个委员会;"局"即执行机构,包含了文体旅游局、人力资源和社保局、市场监督管理局、住房建设局等19个局;"办"即办公室,是办事机构,不具备对外管理职能,包括应急管理办公室、法制办公室、金融服务办公室等5个办公室。新的体制下,"委"从各部门集中同一领域的抉择职能,"局"则明确互相交叉各机构执行职能,通过"局"与"委"之间的联系,实现分离、执行、监督、决策等多方的相互协调与制约。另外,深圳加强了政府部门应当承担的责任,增加直接涉及群众切身利益、关系国计民生的部门职责73项。

2. 顺德模式

顺德进行了以转变政府职能为核心的改革,"顺德模式"也因此闻名。2009年9月14日,《佛山市顺德区党政机构改革方案》获广东省委省政府批复,其特点主要在探索行政三分制的基础上,实现了力度最大的"大部制"整合。在数量最小化的"大部制"机构中,还形成了"决策上移、执行集中、监督外移"的"顺德版"行政三分。

机构精简幅度大,部门领导配置减少。改革将区委区政府原有的41个党政部门砍掉将近2/3,只剩16个部门,其中设置1个纪律检查委员会机关,5个党委工作部门和10个政府工作部门(图2-3)。部门最多配置"1正5副",不少在改革前担任局长的人员不得不"屈尊"担任副局长或相应级别的其他职务。

党政部门交叉合并。顺德在"大部制"改革过程中,将一些职能相近的党委及政府部门进行合并,例如将区

委办公室与区政府办公室合二为一,区委政法委与区司法局合署办公,这样有利于精简机构,实现人力资源的有效整合(图2-4)。

以转变职能为中心,削减和下放不必要的审批权限。在社会主义市场经济日益繁荣的今天,政府更应重新定位自身角色,管好该管的事,理清政府与市场的关系。顺德区的改革,在省政府的大力支持下,及时清理了500多项不合理的审批事项,并首次实行商事登记改革,降低各类市场主体准入门槛,极大激发了市场活力。

总体来看,2010年以后,中国政府基层行政体制改革趋势是:将以往交叉重叠的权力管理机构进行重新组合,按照合并同类项的原则,将现有部门中交叉重叠的职能部门进行合并;同时按照权力制衡的原则,探索"行政三分"的模式,即实现行政管理范畴内的决策权(委)、执行权(局)和监督权(办)的分离。

2.1.2 新加坡、美国经验借鉴——服务型和企业化

在西方发达国家的城市,城市行政管理更贴近于服务市场。从新加坡和美国城市行政管理的特点能够看到随着市场经济的不断发展,城市政府运行模式亦将随之发生变化。

1. 新加坡模式——小政府大服务

新加坡政府采用的是独具特色的"小政府大服务"式的政府机构体系,以及公务员监督与管理模式。新加坡将西方行政管理制度与东方"儒家价值观"和谐相处,市场经济和权威管理的"天然合璧",这种融入当地国情的地方模式,对中国在探索中国特色社会主义模式下的生态新城行政管理制度具有启发性。新加坡政府机构

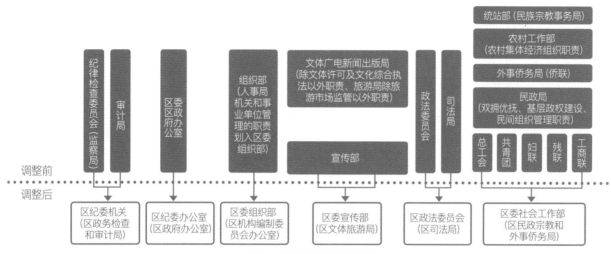

图 2-3 顺德区党委机构调整图

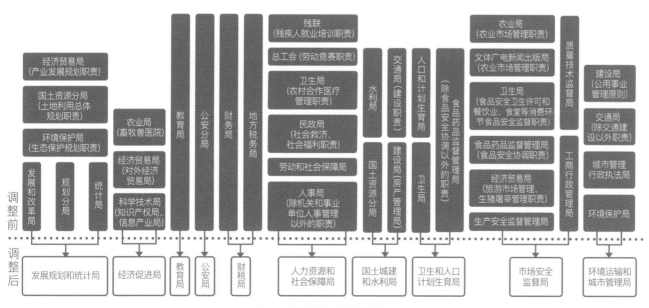

图 2-4 顺德区政府机构调整图

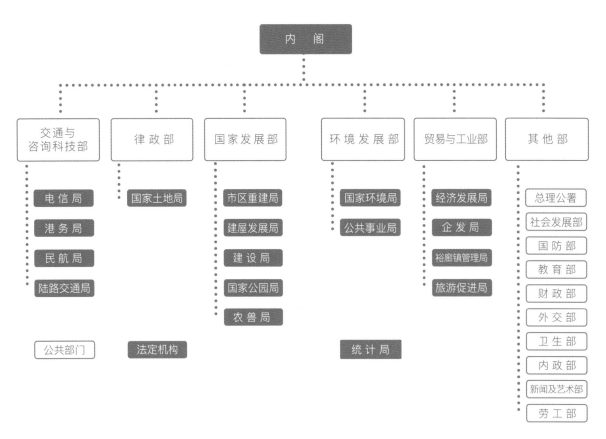

图 2-5　新加坡政府机构结构图

设置体系特点如下：

1）机构设置精简高效

新加坡只设中央一级政府，仅由 15 个部门组成（图 2-5）。另设有东北、东南、西北、西南和中区 5 个社区发展理事会为地方行政机构。

2）实行行政部门与法定机构分权的管理体制与运作机制

目前，新加坡政府共设有 83 个法定机构，由部委管理，负责具体事务的组织实施，如国家发展部下属的市区重建局（URA）、建屋发展局（HDB）等（图 2-6）。法定机构由国会立法批准设置，具备专业管理职能，在形式上隶属于政府各部，但又具有相对的独立性，比政

府部门享有更大的自主权和灵活性。这些法定机构代表政府行使部分行政管理的权力，同时也是企业化的自主经营、自负盈亏的独立经济核算单位，其工作人员并不列入政府机关的编制。新加坡公用事业的主要投资者和监管者普遍采取法定机构的形式。政府把执行权交给法定机构，同时强化政府部门决策权，让其集中精力研究宏观政策，研究体制性问题，作出重大决策。

3）新加坡行政官员和公务员在部门间有多项兼职

行政官员和公务员在行政部门、法定机构、国有控股企业间流动任职情况相当频繁，前者如新加坡国家发展部兼教育部高级政务部长傅海燕，内政部长兼律政部长尚穆根，贸工部兼人力部政务部长李奕贤等；后者如

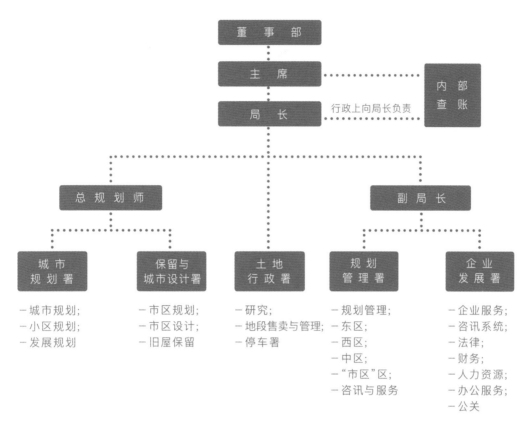

图 2-6 新加坡市区重建局（URA）机构设置图

中新天津生态城投资开发有限公司新加坡方高管，普遍都有在新加坡政府机构、法定机构和国有企业任职的经历。派驻生态城的新加坡办事处官员也有多人轮换。

2. 美国模式

1）市长—市议会制（Mayor-Council System）

这是一种移民时期政治首领和政治机器结合的管理模式，后期经过改良，一直延续到 1976 年芝加哥市长理查德·戴利（Richard Daley）的执政期。城市政府作为社会管理机构理应承担解决社会问题的责任。

19 世纪初，美国城市政府体制采用"市长—市议会制度"（图 2-7）。这种政体中，市议会既是立法组织，

又是行政组织，议会除了任命政府官员，市议会成员甚至也会担任一些行政官职。由于各个部门相互独立且不受市长管辖，实际上形成了一种"弱市长—强议会"的模式，而这种模式使政府部门不可能协调一致地对解决社会问题的采取统一行动，容易被职业政客通过党派势力把控城市管理权力而造成腐败和混乱。这些腐败政客会凭借自身职位便利滥用职权，即使表面上没有担任显赫公职，其实也会处在要职者身后控制政权，因而被称为"城市老板"（City Boss）。

2）城市委员会制（Commision System）

19 世纪末，新兴的工商产业阶级发起了行政改革运动，主张采用科学管理的方式，借鉴企业管理模式，实

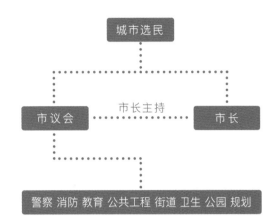

图 2-7 市长—议会制

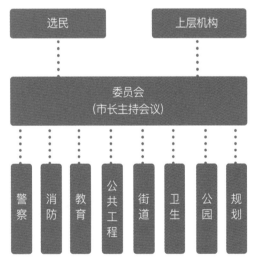

图 2-8 城市委员会制

学的管理知识来处理问题，但这也造成城市委员会难以平衡才能与政权斗争的问题。这种过于平等的委员会关系，权力分散，不易集中进行管理，而委员又集立法和行政于一身，易于揽权，在几个委员周围容易形成互不统属的政府（图 2-8）。

3）市议会—市政经理制（Council-Manager System）

20 世纪初，著名改革理论家理查德·奇利斯（Richard Chiles）开始进行地方政府的结构革新，形成了市议会—市政经理制。这一制度在 1915 年由代顿市（Dayton）首先执行，并在全美迅速传开。该制度是基于超党派按区划选或普选形成小型市议会，多为 7～9 人，负责政策法律的制订，以及年度预算的批准等。通过议会聘用市政经理，负责起草市政年度预算及行政管理事务，授予市政经理任命行政官员，并实施奖惩制定；负责市议会的召开，由市议会根据其政绩确定其任期（图 2-9）。

由于历史原因，目前美国城市同时存在上述三种城市管理制度。规模较大的城市往往选择"市议会—市政经理制度"和"市长—市议会制度"，规模较小的采用"城

施政府工作的改革，成为有经济效能的企业政府，建立城市委员会制度，从而有效避免政权腐败的现象。德克萨斯州盖尔斯顿市（Galveston）在 1900 年便使用城市委员会制度，是全球首个使用该制度的城市。城市委员会制度是委员由市民选举，而非党派选举，通过城市委员会手握立法权与行政权，来解决城市问题。通常出现的城市问题多是复杂难解的问题，从而需要执政者以科

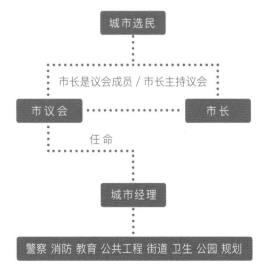

图 2-9 市议会—市政经理制

市委员会制度"。据国际城市管理协会（ICMA）不完全统计，居民在 2 500 人以上的美国城市（镇）中，大约有 3 000 余个采用市议会—市政经理制度，近 3 000 个采用市长—市议会制度，其余的 500 余个采用城市（镇）委员会制度，由此可见"市议会—市政经理制度"已经主导了美国的城市管理模式。

美国市政史上最富意义的变革便是市议会—市政经理制度，通过学习企业管理经验，吸收学术研究及实践成功成果，避免城市委员会制度的缺陷，将市政管理及企业管理有机融合，开启了市政管理科学化的道路。这种制度大大适应了美国当时工业时期迫切城市化发展的需要。市议会—市政经理制度具有以下三大特征：①分离立法与行政，保障全民参与的公平性与民主性，同时行政权的集中保障了行政工作的执行效率；②超党派召开的市议会选举能够避免利益集团与政党影响市政决策过程；③通过聘用具备专业实力与经验的经理，即市政经理，保障其行政工作能力同时隔离其他政权的干扰。不过，在具体问题上，该制度依然存在其局限性，如不宜在大都市或有色族裔聚集地区施行等，但在目前美国城市管理体制中，仍不失为比较科学、富有蓬勃生机的市政管理制度。

图 2-10 中新天津生态城管委会办公楼（资料来源：张洋摄）

2.1.3 创新生态新城行政制度框架——待孵化的企业型政府雏形

科学合理的行政管理体制是高效能政府的组建基础。生态新城一般位于全新开发区域，没有历史包袱，可以轻装上阵。因此有条件在行政体制上进行大胆创新，率先建立起适应现代市场经济和市民社会要求的公共行政管理服务体系和服务型、法治型、责任型、效能型的行政机关，这就需要积极探索我国生态新城的行政管理体制改革。

以中新天津生态城为例，该项目是中国与新加坡两国政府间的合作项目，既具有学习借鉴新加坡先进经验的有利条件，又具有滨海新区综合配套改革先行先试的政策空间，作为中新两国政府新时期重大合作项目，生态城的行政管理体制创新具有内在需求，这项工作也为探索滨海新区综合配套改革做出了重要贡献。

在框架协议下，中新双方联合委员会成立副总理级的"中新天津生态城联合协调理事会"和部长级的"中新天津生态城联合工作委员会"，共同研究确定生态城开发建设的重大事项。目前，中新双方已经召开 5 次联合协调理事会，确定了生态城可持续发展的目标，并召开 4 次中方协调理事会议，协调推动国家相关部委赋予生态城财力补助、建设绿色发展示范区等系列支持政策；召开了 5 次联合工作委员会，分别审议通过了生态城指标体系、总体规划、起步区修建性详细规划、城市设计、指标体系分解方案，确定了生态城开发建设系列重要文件。2008 年1 月，天津市组建生态城管理委员会（图 2-10）。同年 9 月，天津市政府第 13 号令颁布《中新天津生态城管理规定》，授权生态城管委会代表天津市政府对生态城实施统一行政管理（图 2-11）。自成立以来，生态城管委会在行政管理体制上探索了"小政府、大社会"和"大部制""扁平化"等先进理念，在起步时期发挥了良好的带动作用。在初期，制定的《中新天津生态城管理规定》明确了管理权限，获

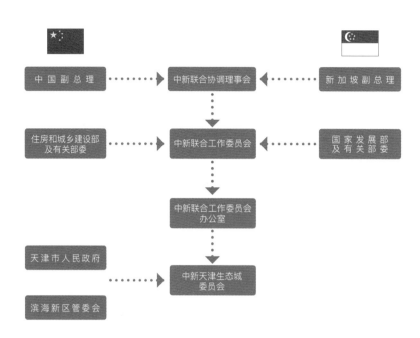

图 2-11 中新天津生态城顶层政策管理结构图

得了天津市政府和滨海新区政府的一系列行政授权，为后续行政管理的创新奠定了工作基础；同时，按照"不予不取"的就地平衡原则，生态城除了国税上交外，地方税费留在原地，这也保证了建设初期充足的财政收入，为生态城的建设运营夯实了基础。

按照大部制的管理思路，生态城管理委员会的初始构架包括了综合办公室、建设局、商务局、环境局、财政局、法制局、社会局和人事局等 8 个职能部门（图 2-12）。

其中，综合办公室是管委会的综合事务管理、服务、协调部门，协助管委会领导开展工作，完成管委会领导交办的任务，主要负责综合事务管理、文秘、人事、外宣及公关接待等工作；建设局是生态城规划建设综合行政管理部门，负责规划、国土、房管和建管工作；商务局是生态城产业招商和注册的行政管理部门，主要负责生态城内产业布局规划和管理、招商、外商投资企业审批、工商行政管理、商业设施、网点的规划管理等工作；环境局主要包括生态城市环境局的治理工作及关于环境保护相关的行政管理部门工作，主要承担生态城的环境

卫生、环境保护、水务等管理责任；财政局是城市经济的行政管理部门，作为综合性经济管理部门，承担着城市的财政资源配置、收支、财务核算、会计事务管理以及财政监督等工作责任；法制局则是法制工作、政策研究部门，帮助管委会根据城市情况、城市发展战略制定政策法规，承担着组织起草、审改规范性文件草案，协调、服务城市的法制工作，并进行规划、监督，同时实施城市的综合性研究，制定城市未来的发展规划与战略。另外，驻区管理单位还有公安分局、交警中队、消防中队、工商分局和税务分局。随着后续实际工作的需要，有了城市管理综合执法的需求，于是管委会将各行政管理部门的执法权相对集中，按照"大城管"思路，成立了综合执法大队。

但 2010 年以来，随着生态城开发建设进入新的阶段，原有机构设置及职能定位逐渐呈现宏观决策权和执行权混杂、技术审查和行政审批兼具、部分岗位和职能不全的局面，影响了生态城的推进效率。需要在此基础上进行机构改革，按照"决策、执行、监督"行政三分的思路，

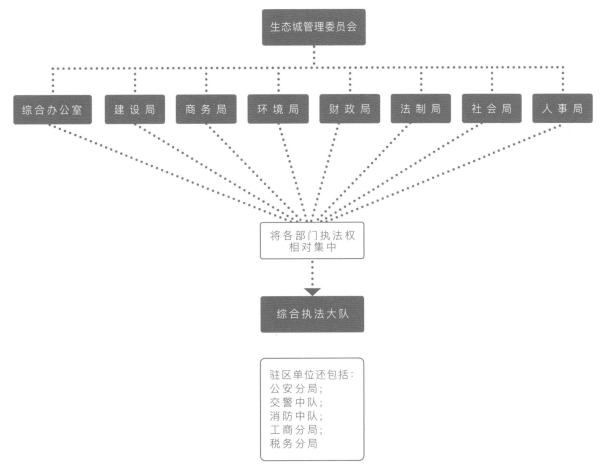

图 2-12 2008—2010 年中新天津生态城行政管理构架图

在理念上强化服务型政府的建设，政府职能向社会管理和公共服务转变。进一步做好职能划分，对职能予以新一轮的梳理、整合、强化、完善，为生态城在"十二五"和"十三五"期间的城市运营建设打下高效的行政管理服务基础。

因此，生态新城的行政体制改革应该继续完善执行层面的行政管理制度，开展决策、执行、监管分离的大胆尝试。在巩固"大部制"的成果和继续执行四方会协调会、部长级联合工作委员会和副总理级的联合协调理事会制度的基础上，机构设置上要减少行政层级，实现扁平化。可结合自身需求，突出地方特色，不用追求机

构上下对应，而是强调实用为主。这就需要在争取上级政府的支持和授权的基础上进行改革，允许生态城的行政机构改革单位进行先行先试，探索决策高效，精准发力的行政管理机制，建议的初步方案如下。

首先是专业委员会。作为研究和决策部门，主要职能是规划、决策和事项审议。内设机构可分为：①产业发展委员会；②社会发展委员会；③国土规划与建设交通委员会；④城市管理与环境保护委员会。这些内设部门由理事长负责统一协调，由理事直接管理。可内设办公室负责人事、财务和预算审批等。"专业委员会"可以下设或内嵌研究机构，有关研究工作还可按照服务外包

的方式操作。每位理事在对应的"专业委员会"里主持工作，常设 2 ～ 3 名工作人员，所有专业委员会人员按照公务员编制管理。专业委员会对相关政策、规划、年度建设计划和年度财政预算等具有决策权，例如审议五年经济社会发展规划、城市法定规划编制、城市设计导则、绿色建筑设计评价标准、城市管理条例和办法等。在行使决策权时，经过提前公示并修改完善后，管委会可采用联席审查会集体投票决策，投票成员应由生态城行政管理人员、外聘行业专家、生态城城市公司代表和利益相关的生态城企业代表四方面组成，人数比例应保持在 2：2：2：1，由理事长和相关理事主持，人数共计 9 人，采用匿名投票的方式，票数过 5 即可通过。以上专业委员会领导成员可按竞争上岗结合公开招聘形式由上级党委组织来确定。

其次是管理委员会。作为执行部门，主要职能是组织、协调和行政审批等。管理委员会主任应由专业委员会集体投票任命，其副手则由主任推荐任命。同时，围绕生态城的发展目标和工作任务，应对原有"局"的概念进行重新定义，将其作为行政审批的特设机构——"专业局"，隶属于管理委员会。管委会主任负责统一协调工作，相当于市政经理，可通过专业委员会组织的民主推荐、公开选拔产生。副主任则由主任推荐产生，分管各"专业局"。这种"专业局"兼有新加坡法定机构和中国事业单位的公共服务职能，与"科"相比工作性质上更偏重于执行。

"专业局"的人员既可以是行政编制，也可以是事业编制，具体人员按照企业化的模式进行管理，办事员可面向社会招聘。"专业局"应具有一定的独立性和灵活性，级别上可以由正处级或副处级（甚至副处级调研员）主持工作。由于各"专业局"工作面相对集中，事务量较大，工作人员数量应区别于一般科室的 3 ～ 6 人，一般控制在 10 ～ 20 人。由于"专业局"是准行政层级，在编制上

应实行动态管理，采取常任和聘用相结合的办法，开展企业化管理，加强考核和管理，调动人员的积极性。这样既避免了地方政府在公职人员数量上的限制，新城发展过程中可以得到大量政府辅助岗位的人力资源；同时，这些人员也不会造成行政管理机构臃肿，在生态新城发展中后期，由于他们具有良好的工作历练，往往是企业、社会机构争相聘请的对象。对于政府雇员，应按照有利于工作协调和人才培养的思路，在几个工作性质密切相关的局室之间，轮岗兼职培养（图 2-13）。

通过以上行政制度改革，就能形成绩效管理、责权明确的局面。专业委员会具有重要事项的决策权和否决权。管理委员会具有执行权和副主任以下的人事任免权。避免了以往决策权、任免权和执行权捆绑在一起，执行过程中不具备执行能动性，易受干扰，一旦出现责任后，又容易将执行人作为全权承担人的现象。

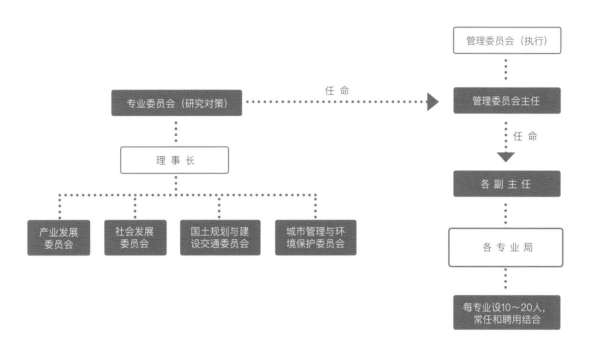

图 2-13 生态新城行决策与政管理架构设想图

2.2

生态新城经济平衡与财政预算制度

2.2.1 生态新城的投资测算和计划

在生态新城策划阶段，整个项目的投资规模和投资计划是一切后续工作的重要依据。无论是项目争取方（地方政府、地方财团等），还是项目投资方，只要能准确测算投资规模并拟定投资计划，就能够直接推算出资金和利润的平衡点，因而就能在多方谈判中掌握先机。

2007年下半年，在全国4个城市开展中新合作生态新城选址时，天津市政府就在争取这个项目落地的同时，开始组织进行经济投入和产出的测算。这项工作为天津市政府和新加坡吉宝集团商务谈判时提供了经济依据。由于总体规划当时尚未启动，双方在短期内既要争分夺秒地进行经济测算，又要投入相当精力进行公关和商务谈判。因此，中方采取的是针对模拟方案框算的粗估模式。经过反复商谈，双方基本同意了新方提出的关于可开发用地比例的要求：用地构成比例为住宅用地40%，产业用地10%，商业加公建用地5%，可开发净地占总建设用地的55%。这项谈判内容后来纳入两国签订的合作框架协议当中，并进一步在总体规划中落实。由于经济效益的驱动，经过进一步投资估算，新方紧接着在总体规划编制阶

段提出了住宅建筑不少于1440万平方米的要求，虽然这一要求后来并未纳入双方共同签署的正式合作协议当中，但作为双方约定，中新联合规划设计组在后来的控制性详细规划中予以了落实。新加坡谈判组在徐保华先生的带领下，在总投资规模估算和利润平衡点方面盯得很紧，工作也较为超前，谈判过程中赢得了一定的主导权，上述用地比例和住宅建筑面积的最终确定皆由新方主导确定。

由于谈判初期较多从建设规模反推投资规模和利润平衡点，以及从新加坡合资公司利益视角考虑偏多，多停留在二级开发层面的经济平衡；而从中国利益视角方面，谈判期间未从城市一级开发角度进行经济平衡测算，同时对生态和社会效益的权衡不足，加上为了优先促成招商的思路，当时对新方提出的建设规模没有进行过多的还价。2008年，中新天津生态城起步区基础设施全面开工后，围绕"不予不取，自我平衡"的要求，生态城管委会和中方投资公司开始逐渐关注自身的财政平衡和投资平衡问题，由于在整个建设周期内无法实现自身财政

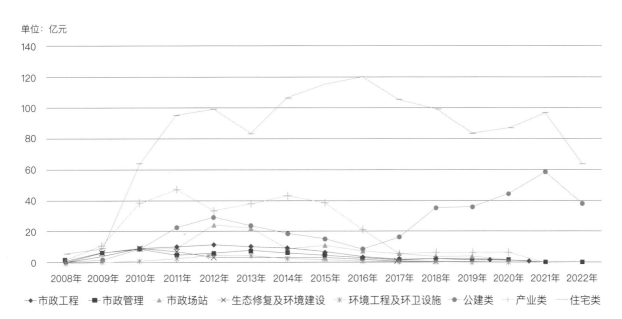

图 2-14 中新天津生态城项目年度投资图

平衡，便开始着手策划向西拓产业区的计划。然而，由于当时新区政府要求生态城在开发建设方面要执行"就地平衡、积极平衡、动态平衡"的经济平衡原则，因此向西拓展的 17km² 的产业用地申请计划最终被否决了。至此，生态城开始转向挖掘建设投入产出潜力的尝试，对自身总体的建设资金投入进行认真测算。

同期，随着国务院及各大部委对这个国家级生态新城的积极关注，财政部、科技部等 8 家国家部委开始考虑对中新天津生态城进行政策和财政的支持；同时，生态城也积极开展加入"金太阳"计划、接受世界银行 GEF 赠款等工作。在 2010 年下旬，由于生态城控制性详细规划已进行了反复地提炼和细化，生态城规划部门着手进行了一次仔细地固投测算，建立了生态城建设项目数据库，测算的结论是在 34.5km² 建设范围内，未来 15 年左右的投资规模将达到约 2 300 亿元。与生态城财政局协同合作，对生态城财政税费（主要为土地出让金、建设税费和产业税收三大类）进行测算比较后，发现截至 2020 年末，生态城建设投资将出现 80 亿元的资金缺口。由于这一差额

是在进行生态技术、设备和工程方面的增量成本，对于这些生态城实验型的探索项目，国家财政部决定对生态城未来十年生态技术的增量成本给予 50 亿元的补贴，以今后每年 5 亿元的额度进行划拨。至此，生态城基本形成了投资测算的基本框架，同时对建设项目库、年度建设计划、五年发展规划等内容进行了逐一充实（图 2-14）。

首先是建设项目库。基于相对稳定准确地控制性详细规划，利用 GIS 软件，将 CAD 文件的矢量信息转化为数据信息，对所有的开发建设项目逐项梳理。所有矢量信息可划分为点、线和面三种。按点统计的有环境监测设施、电信设施、小型市政场站、桥梁等，只统计其等级、规模和单方造价等信息；按线统计的有道路、市政管线等，只统计其长度、断面宽度、单位造价等信息；按面积统计的有绿化用地、大型市政场站、产业、公建和住宅用地等，只统计其用地面积、建筑面积、土建成本等。全部建设项目可进一步按属性划分为环境治理、市政交通、产业、公建和住宅五大类（图 2-15）。最终可以计算出生态城城市建设的总体投资规模。例如，道路、绿化和

图 2-15 中新天津生态城建成项目枚举图

建筑类项目可按照单位面积参考已经开展的招投标价格进行测算,场站和桥梁可以参照个体工程规模按照招投标价格进行类比测算等(图 2-16)。

其次是年度建设计划。年度建设计划是生态新城发展的硬指标,每年应按期完成,如出现结转项目,应及时总结原因,并及时对次年建设计划的工作量进行修订。建设项目库的项目,可根据其矢量信息,结合城市规划

文件,形成开发时序,只要在建设项目上标注建设年度的属性,即可梳理出年度建设计划。但是由于部分开发建设工作存在动态调整的需要,还应结合五年经济社会发展规划调整建设项目库的任务时限,形成动态的五年发展规划。

总之,结合总体规划的开发周期、社会经济的建设思路、社会管理部门信息、历史建设项目规划及对应的实施反馈情况、近期产业等信息,可以对各个设施地块及建设

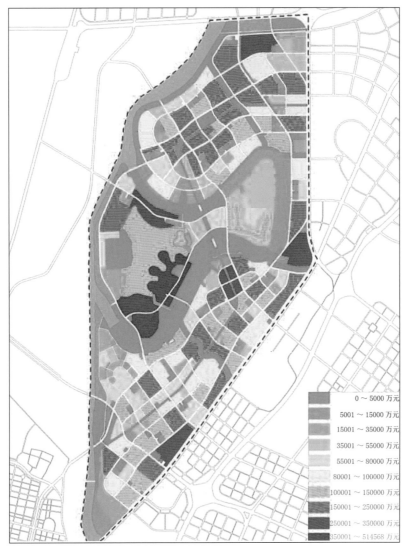

图 2-16 中新天津生态城投资强度分布图

项目建立对应的数据库，并且把建设时间与经济规模情况共同纳入规划指标数据库中。这样就可以基于规划方案，在管理过程中，遵循土地最优地位的原则，考虑最不利的发展情况，对城市开发实施进行具体的经济测算，得出典型城建项目所需投入及产出。然后根据市场导向，调整相关经济技术指标的需求，在城市具体建设、管理、规划过程中不断优化调整经济效益等变量因素。

2.2.2　生态新城的财政收支和预算

在"不予不取"的原则下，中新天津生态城建设和运营的资金来源总共有两块：一块是外部的市场投入，如入驻企业和房地产开发税费；另一块则是政府税收。城市的一级运营主要在初期取得资金平衡，主要依靠政府财政税费返还的形式。政府财政税费收入来源有以下三大方面：一是土地出让费，按照两国政府合作框架协议，生态城可建设用地注入合资公司，共计约12km²（18 000亩）净地，每亩约62万元，总值约112亿元，政府将从中抽取土地交易税、转让税等；二是建设期间配套费、人防异地建设费、电力通信费用等；三是营业税，包括建设单位、房地产开发单位、驻区企业经营税收和个税；另外，通过对生态城的先试先行，还将获得国家（如财政部、科技部等）和国际（如全球环境基金、美国能源基金会）等经费支持。

经初步测算，生态城建设期内总的建设运营支出约为2 108亿元，其中社会投资1 796亿元，政府支出565亿元，上缴中央税收80亿元。到2020年，生态城的GDP约为380亿元。建设期（2008—2020年）内生态城地方财政收入为455亿元，其中税收地方留成部分389亿元，配套费收入66亿元，地方财政收支缺口达到110亿元。将生态城建设期分为"十一五""十二五""十三五"这三个阶段，地方财政收支及缺口情况见表2–1。

1. "十二五"期间生态城投入产出测算

投入测算：总建设运营支出约1 077亿元，其中政府支出约283亿元（表2–2）。

收入测算：地方财政总体收入预计为173亿元。其中非税收入（大配套费）30亿元，税收收入地方留成部分总计143亿元（表2–3）。综上两项测算，"十二五"期间，生态城地方财政总体收入预计173亿元，政府支出预计283亿元，资金缺口约110亿元。

2. "十二五"期间上划中央收入测算

生态城主导产业主要包括金融服务、科技研发、文化创意、软件、高端制造业和生态住宅等。根据产业用地规划和国内现有园区单位建筑面积产值，对各产业年收入及增加值进行估算，预计2015当年增加值约为221亿元。

根据各个产业的营业额和增加值进行的测算显示，生态城在"十二五"期间，可以上交中央税收约30亿元。其中，相关产业上交中央税收约7亿元；绿色建筑产业上划中央税收入23亿元。

3. "十三五"期间投入产出测算

投入测算："十三五"期间，生态城建设总投入为833亿元，其中，政府支出220亿元，地方财政收入263亿元，当期盈余43亿元（表2–4）。

表2–1　　中新天津生态城地方财政收支测算表（单位：亿元）

项　目	合计（2008—2020年）	"十一五"（2008—2010年）	"十二五"（2011—2015年）	"十三五"（2016—2020年）
建设运营总支出	2108	198	1077	833
地方财政支出	565	62	283	220
地方财政建设支出	362	53	209	101
城市运营维护（含融资成本）	203	10	74	119
地方财政收入	455	19	173	263
地方财政当期收支净额	−110	−43	−110	43
当期累计收支净额		−43	−153	−110

资料来源：中新天津生态城财政收支预测

表 2-2   "十二五"期间中新天津生态城生态城投入产出测算（单位：亿元）

序号	内容	投资额
1	基础设施（含道路、市政场站管网）	122
2	环境工程	约21
3	可再生能源	约43
4	公共设施（含智能化）	约109
5	产业项目	约196
6	生态住宅开发约650万平方米	计划投资512
7	城市维护和运行费用	约39
8	建设期间融资成本	约35

资料来源：中新天津生态城财政收支预测

表 2-3   "十二五"期间中新天津生态城生态城财政总体收入测算（单位：亿元）

序号	类型	总体收入	具体收入
1	建筑业	23	其中商品房建设营业税11亿元、商业设施（含产业园区建设）营业税4亿元、基础设施建设营业税6亿元、城建税及各项附加税合计2亿元
2	房地产业	93	其中销售商品房营业税32亿元、销售商业设施营业税5.4亿元、土地增值税8.5亿元、企业所得税地方留成部分15亿元、城建税及附加3.8亿元，契税23.9亿元，城镇土地使用税4亿元
3	其他产业	27	其中文化创意7.7亿元、科技研发（含软件）13亿元、其他服务业3亿元，制造业0.9亿元，此外各产业企业产生的个人所得税1.7亿元

资料来源：中新天津生态城财政收支预测

表 2-4   "十二五"期间中新天津生态城生态城投入测算（单位：亿元）

序号	内容	投资额
1	基础设施（含道路、市政场站管网）	约39
2	环境工程	约4
3	可再生能源	约4
4	公共设施（含智能化）	约140
5	产业项目	约48
6	生态住宅开发约6.1km²	约480
7	城市维护和运行费用	约109
8	融资成本（建设期间）	约10

资料来源：中新天津生态城财政收支预测

产出测算：预计"十三五"生态城地方财政收入为263亿元（表2-5）。

综上，"十三五"期间，生态城地方财政总体收入预计263亿元，政府支出预计220亿元，当期盈余43亿元，建设期间累计缺口110亿元。

2.2.3 建设资金保障措施

为支持生态城的开发建设，天津市政府给予了"不取不予，自我平衡"的财政政策，同时加快建设生态城周边的津汉快速路、滨海新区中央大道、塘津高速路、津滨轻轨延长线等基础设施，并将天津市与文化部合作的国家动漫产业综合示范园以及与国家新闻出版广电总局合作的国家3D影视园安置在生态城，以此支持生态城

表2-5　　　"十三五"期间中新天津生态城生态城财政总体收入测算（单位：亿元）

税收收入地方留成部分总计233亿元		
建筑业	商品房建设营业税	10
	商业设施（含产业园区建设）营业税	1
	基础设施建设营业税	3
	城建税及各项附加税合计	1
	合计	15
房地产业	销售商品房营业税	33
	销售商业设施营业税	6
	土地增值税	8
	企业所得税地方留成部分	16
	建筑税及附加	4
	契税	24
	城镇土地使用税	4
	合计	95
其他产业	其中文化创意	37
	科技研发（含软件）	64
	其他服务业	15
	制造业	4
	各产业企业产生的个人所得税	2.8
	合计	123
非税收入（大配套费）总计30亿元		

资料来源：中新天津生态城财政收支预测

产业发展。在天津市积极支持的基础上，生态城也采取了多种积极措施，以确保项目资金需求。

1. 创新投融资体制，采取市场化运作，最大限度地利用社会资金

积极引进社会资金，通过政府推动和项目带动，有效激活社会投资，实现投资主体多元化。坚持政企分开、市场主体的开发运营模式，支持投资公司发挥好金融杠杆和资金运作的作用，有效整合优质资源上市融资；坚持市场化运作，采取 BT（建设一移交）、BOT（建设一运营一移交）、DBO（设计一建造一运营）和 DBOO（设计一建设一拥有一经营）等建设模式，切实解决重点项目融资问题。通过合资公司积极引进新加坡企业到生态城投资发展，利用新加坡国际金融平台地位，吸引海外资金参与生态城开发建设，并强化财务风险控制，建立严格的资金借用管还体系。

2. 充分利用部市合作优势，做大做强产业项目，筹集建设资金

根据生态城的产业规划，发挥中新合作优势，在文化创意、科技研发、生态环保、水资源循环利用和智能电网等方面，大力引进附加值高、税收贡献大的龙头企业，尽快形成区域可持续发展的有力经济支撑；建设良好的公共服务体系，打造优质的投资环境，充分发挥产业促进的吸附器和稳定器的作用。

3. 合理安排开发时序，妥善处理先为后为的关系，做到紧张平衡和动态平衡

科学测算生态城整个建设期间的投入产出，形成资金筹措总体安排。建立节约型政府，合理安排政府投入，按照公共财政的要求，提供与经济社会发展相适应的公共产品和服务，在有效满足公众需求的基础上，尽可能

地节约财政投资。坚持专款专用，配套费和城市维护资金，全部用于区域内公共配套设施建设。从自身条件和实力出发，在纵向上把握开发建设的节奏和时序，最大限度地节约财务成本，加快资金周转，规避市场风险，合理安排重大项目建设时序，确保重大项目建设资金顺利到位。制定并严格执行资金使用制度，严格管理资金，提高资金周转效率、使用效率和配置效率，确保在有效融资的基础上"节流开源"，节约财务成本。

4. 积极沟通协调，努力取得国家政策支持，有效缓解建设初期资金紧张局面

积极主动地与市有关部门沟通联系，争取市有关部门的支持，共同向国家各部委汇报沟通，取得国家部委的理解和支持。尽快落实国务院赋予的 8 项政策，以取得财政部每年的专项资金补贴为重点，确保该项政策在十二五初期就落实到位。进一步争取基础设施贴息、保险资金投资基础设施、公积金投资保障房建设等政策尽快取得突破性进展，降低融资成本，拓宽资金渠道。深化转变经济发展方式，落实综合示范区、绿色建筑政策奖励示范区、智能电网示范区等政策内涵，提升政策含金量。总之，要充分利用好生态城作为国家重大项目的特殊地位，努力形成国家部委均有支持生态城重大政策措施的良好局面。

由于产业面积较少，在目前税费征收的模式下，在未来的 20 年，生态城的财政收入将呈现先盈后亏的状态。2010—2020 年，由于处于房地产建设的高峰期，生态城财政税收将处于持续的高收入阶段。以住宅 1 万元／平方米销售价为例，政府将从中抽取 4 000 元左右的税费。但是 2020—2030 年，由于生态城将从城市建设周期全面转入城市运营周期，如果没有税费体制改革（如房产税等），政府税费来源将仅限于企业税收。届时，面对生态城的高成本市政运行费用，生态城政府在财政方面

将面临难题。

因此，政府作为城市管理者，应使用合理手段，综合调控城市开发建设中各方的经济利益，就如级差地租现象。运用政府的宏观调控手段，在城市规划阶段，对土地的用途、开发强度等作出不同的控制。对于要使用低碳技术的区域，要从更大范围去做平衡工作，尤其是二次分配领域。通过经济税收和补贴的方式，由政府对低碳产业进行鼓励和引导。在 2010 年，生态城就探索生态技术增量成本申请国家补贴，获得了国家财政部 50 亿元的经费补贴，分 10 年拨付，当年就拿到 5 亿元。

根据以上经验，在生态城实际建设运营的这十年间，依据实际操作经验认为，生态城的财政预算还可以进行进一步调整：一是要保障足够的前期规划设计费用。为了强化城市建设运营的品质，应通过强化整体规划设计的方式，提升净地出让的品质，根据实践经验在每笔出让土地费用当中，最低应按照不少于 0.5‰（1% 更为理想）的比例用于地块的前期规划、模拟设计和规划设计条件编制。二是有意识地塑造龙头产业核心，进行技术输出，

促进财政税收。在政策上，可以通过加强绿色建筑、绿色交通的财政支持，提升这类与城市建设相关的低碳产业，从而优先在生态城形成龙头产业核心，进而可以通过技术输出甚至标准输出，形成强大的税收来源，反哺城市建设运营。例如，在绿色建筑中推行精装修中的节能家电大宗采购，引导绿色家电区域销售总部的税收落地。三是大力发展文化创意产业，促成生态城服务产业的发展。可以通过对生态城社区的文化特色培育，提升居民生活品质，培养形成多元文化，在优质的居住生活环境中，将生活性服务业和生产性服务业相辅相成地发展起来。例如，可通过政府采购制度（文教体卫、公建、设计招标）、市场化服务（蓝领公寓等）、基础设施养护、日常运营，来促进底层经济和活力。四是拓宽低碳产业的融资通道。通过对产业基金、碳排放交易、行业标准制定和认证等一系列金融投资领域的低碳化产业培育，引导风险投资的介入，搭建规范稳定的低碳产业孵化平台和生态城市建设资本融资平台，为生态城驻区企业未来的外向型拓展服务。

2.3

生 态 新 城 企 业 化 管 理
的 规 划 实 施 行 政 制 度 实 践

2.3.1 行政审批和技术审查分离

在生态新城建设初期，行政管理的工作处于框架搭建阶段，工作上可谓千头万绪，工作量大，工作要求高。以深圳为例，可以看出我国的规划管理机构的日常工作量较其他国家来说，更为繁重（表2-6）。生态城建设初期频繁地规划编制和管理工作任务，给管理工作带来一定挑战。[2]

除了工作量大以外，中新天津生态城存在行政许可业务与专业技术审查混杂办理的情况。以城市规划管理为例，2008—2011年，生态城实行的是"经办人"制度。即一个经办人对应一个项目规划审批手续，经办人全程负责该项目的规划审批流程。由于规划管理岗位需要招聘具有规划编制和管理经验的专业管理人员，但生态城管委会普通辅助岗位的工资待遇按照行政编制待遇，上限只有4 000元，同期市场上普通的规划编制技术人员一般在5 000～8 000元不等，因而管委会只能降低专业技术标准，招收仅具有相关专业知识背景的行政管理人员。这就造成了专业技术较弱的技术人员进入了规划行政管理部门基层工作，这些人员一般具有初级规划技术知识，但其行政审批和技术审查业务需要从零开始积累，从中国规划教育到规划管理人事全程进行转变。虽然通过充分地锻炼和培养，加上个人努力，行政管理人员在专业素质上能够得到明显提高，行政审批方面能迅速适应工作要求，但是在审查内容的定夺方面，存在天然短板。于是，在对规划编制文件审查过程中，就经常会出现"小学生"审查"老教授"的现象，规划管理灵活性的一面因此被扼杀。目前，在施工图审查中，生态城已经形成了针对规范、安全性等方面的专业审查机制，出现了专业审图公司；但是，生态城初始阶段的常规施工图审图工作，还需要进一步优化其责任负责制度，并且考虑生态技术方面的需求，如绿色建筑设计的审查需求。

在生态城，规划技术审查除了要对修详规、建筑总平面、施工图审查复核以外，还要对这三部分的绿色建

---

[2] 仅2008—2009年1年时间，生态城规划管理部门审批行政许可达290多件，当时天津地区承诺这类审批件6天办结，生态城承诺3天办结。但当时整个规划管理部门只有3人。

表 2-6 规划管理人力资源和工作强度对比表

城 市 名 称	中 国 深 圳	中 国 香 港	新 加 坡
规划部门在编人数（人）	350	798	1 200
年建设用地增长量（km²）（2000-2004）	65	8	2
2004年建设用地规模（km²）	727	243	430
办文数量（件）	39 895	2 989	1 987

筑设计部分进行统一地审查核对。因此该项工作不仅工作量大，而且专业性强。这需要将技术审查工作从行政审批工作中平行剥离出来，让专业的人做专业的事。

为应对这一发展趋势，生态城在 2011 年成立了绿色建筑研究院。这是一个由生态城管委会参股的规划设计咨询公司。用一种市场化服务的方式，将项目的规划设计中与行政审批对应的技术审查内容拆解出来，由绿色建筑研究院完成。一方面缓解生态城规划管理部门人员专业度较低，从事行政审批之余技术审查力不从心的问题；另一方面，形成了生态城在地服务的规划设计企业，这一市场空间能够让其自给自足，技术审查的服务相当于一种政府采购的服务。另外房地产开发企业在地有关生态规划设计领域的咨询需求，也为绿色建筑研究院提供了基本市场的保障；同时，由于还能承担和组织一些政府科研课题（如承接"十二五"专项课题），科研经费也可以支撑其基本运营。

生态城这种规划管理部门和绿色建筑研究院运作的制度组合实践，既将行政审批和技术审查工作进行了高效的分离，又将行政管理的成本难题用市场服务的方式解决了，可谓一石两鸟。

2.3.2 过程引导和事后评价并行

除了行政审批和技术审查等行政许可工作外，如何保证行政许可的内容在事后仍然按照报审内容落实，也是一项非常重要的管理环节。常规城市规划管理通过证后管理这一程序，一般由规划局的法监处负责监察并组织相关部门进行验收。但是，为了推行绿色建筑的全覆盖，生态城则面临对现有规划管理工作内容和方法的创新。

以推行绿色建筑全覆盖为例，生态城要实现绿色

图 2-17 美国 LEED、英国 BREEAM、新加坡 Green Mark 标志

公建的建设是政府投资，生态城建设局规划部门更是不遗余力地推动，如教育、医疗和行政办公等建筑都达到了生态城绿建标准的最高级别，政府项目在其中起到了带头示范的作用（图 2-18）。

因而，生态城建设局规划部门首先在绿色建筑评价标准的基础上，形成了绿色建筑设计标准，并要求从修建性详细规划到施工图都要按照绿色建筑要求进行设计，并组织本地的天津市建筑设计院有关专家开展了绿色建筑图纸审查。生态城建设局也积极地从事绿色施工过程的监管方法。这样，生态城的绿色建筑推广就从事后评价转移到了过程控制上来。

2010 年，以公屋管理中心为转折点，生态城绿色建筑还在设计方法上产生了转变，主要是引入了模型搭建和模拟能量输入耗能计算的方式。这要求绿色建筑设计的过程是一种一步到位的三维模拟过程设计，而不再是从二维平、立、剖面推导三维空间的设计过程。这一时期，部分设计单位已经开始使用 BIM（Building Information Modeling）作为设计工具。这种三维设计工具不仅可以解决设计阶段的公众协调问题，而且对能耗和日照模拟测算、工程造价控制、产品招标采购、施工进度控制等有诸多好处，提高了设计、建设和管理的效率和质量。这也为绿色建筑的推广提供了技术支撑，使设计阶段的工作能够通过有效信息传递，渗透到建筑全寿命周期内。

未来生态城的建筑产业化将进一步演变为绿色建筑产业化。建筑工地将被建筑工厂所取代，钢结构、轻钢预制、钢筋混凝土预制等将在快速城市化后期发挥主要力量。目前，国内建筑企业如万科（探索钢筋混凝土预制）、宝业（探索轻钢结构预制）等一大批民营和外资企业在竭力推动这方向的革新。根据建设领域的新动态，生态城的规划建设行政管理也在开始探索这方面的管理办法，其核心就是将绿色建筑的事后评价转化为行政审批的过程管理，并对具体办法进行了探索性推广。

建筑 100% 覆盖的目标，2008 年在起步区开工前，管委会着手编制了《中新天津生态城绿色建筑评价标准》（DB29—192—2009），但规划管理人员意识到这远远不够，需要对中国当前整个规划、设计、施工和运营体系的管理和工作方法都进行革新。当前无论是美国的 LEED、英国的 BREEAM 和新加坡的 Green Mark 都属于事后评价体系（图 2-17），而绿色建筑的设计、建设和评定都属于建设单位的自由意愿行为。如果想在生态城范围内，全部按照绿色建筑的标准进行实施，除了政策规定外，还需要整个行业进行集体学习。由于绿色建筑的要求，在经济成本上的增量基本能控制在 5% 左右，住宅开发商可以接受，绿色建筑在生态城推行初期就得到了积极响应。由于低碳产品的探索本身就是开发商在未来 10 年中甩掉竞争对手的重要武器，其中具有战略思维的房地产商（如万科、万通等）更是积极行动。由于

图例

■ 高端生态技术

■ 中端生态技术

□ 经济型生态技术

图 2-18 中新天津生态城生态等级示意图

2.3.3 形成准入制度和注册制度

生态城建设的招投标工作主要包括设计标、监理标和施工标三种。民营企业投资的建设项目，一般不受招投标工作的管理，但要求进行备案。其质量则由具体利益主体负责，随着民营企业的发展，其设计建设的整体水平稳步提高，质量低劣的一小部分企业，逐渐被市场筛选淘汰。

生态城建设项目主要有四大类，包括基础设施、公园绿化、公共建筑和经营性房产。这些项目的招投标管理工作由生态城管委会建设管理部门牵头组织。项目的规划建设质量除了依仗城市开发公司的项目管理团队外，选择优秀的设计建设单位至关重要。在市场化尚未健全的时期，项目招投标过程中，投标单位往往鱼龙混杂，非市场化的竞争方式时有发生，使得一些工程项目，有实力胜任工作的单位很难入选。例如，在评标工作过程中，参与评选的专家信息很容易就被提前传出，入围单位很容易提前对相关标书制定单位、专家、相关管理人员进行公关，这些公关工作存在非市场竞争嫌疑；而且，在政府监管部门和国资企业当中，容易发生"委托—代理人"现象，政府部门中容易发生"权力寻租"现象。一旦专业素质低的设计、监理和建设单位参与并中选招投标项目，项目质量将难以保证，社会成本会非常高昂。为了抑制这种现象，除了进一步加强现有招投标制度当中的管理环节，如形成专家库及筛选方法、公正监察办法等，还应建立公开公正的诚信体制，将信息及时地以固定渠道向社会透明公布，让这些活动在阳光下接受公众监督；并且，除了优化招投标工作这一中间环节以外，还要在前期引入准入制度，形成良好的参与环境，在后期建立注册制度，形成全寿命周期的责任追查制度。完善准入制度和注册制度的建立主要体现在以下三个方面：

首先，通过建立准入制度。一方面，对拟进入生态城的参与招投标的企业进行资质核查和备案制度。这就像建立一个半透膜一样，让清水流进来，把一部分杂质预先挡在外面，所有经过准入许可的单位，才有资格参与项目的招投标，在相对较多优质单位的投标竞争环境中，优化的招投标环节才能发挥效果。另一方面，需要强化规划设计单位的准入机制和标准，并在适度环节定期组织绿色规划设计培训等课程，其结业证书等可作为准入资质审核的必要条件，并结合其在生态城的业绩评价，作为今后参与投标的加分项，以作鼓励。

其次，通过建立注册制度。对参与生态城投标的设计、监理和施工负责人，采用专业注册师执业的模式，通过绑定防止投标团队和实际工作团队不一致的现象。在项目推进过程中，始终形成中标团队注册人员终身负责制度。项目以其签字为准，将责任和权力匹配到具体责任人身上。

另外，还可对参与招投标评审的专家库进行优化。如按照公正度、专业水平建立级别，越是重大项目，参评专家的级别要越高；同时公正监督机关应该被纳入公众监督范围，其结果还应建立公信举报机制，对参与人员起到震慑作用。

2.3.4 推动协同作业和信息共享

生态城管委会在发挥部门整合优势后，其行政管理在初期就形成了基本的协同作业模式。但在工程的建设实施过程中，往往面临着各种各样的问题，为适应并解决临时问题，需要对项目规划设计进行一定的修正，因此完善的制度保障必不可少。举例而言，根据规范文件的要求，在人群较为密集的商业区域，需要设置公厕等公共配套设施，而开发单位考虑到成本等问题，往往在

实施过程中将公厕设置在三、四层，使得公众难以在实际过程中便利地使用这类设施，规划设计的本意被忽略；又如，很多规划设计要求在社区公建设施内预先留出菜市场、早点摊铺等便民设施，即便规划审批与建设上都预留了一定空间，但实际运营管理过程中，常常由于经营者因过高的摊位租金，无法承担成本而最终落空；有时，部分建设项目在规划设计中常常面临突然提出的加建设施等突发要求而措手不及。以上各种情况，即使最终很多问题能解决，但增加了社会成本及管理工作成本。

针对上述问题，生态城在制度上首先要做好设计工作，在技术管理方面针对模拟设计要求，确定建设项目的高度、形态、出入口等要素，得出非常清晰的土地开发规划图；同时，基于常规指标控制，细化规划设计具体内容，用以指导下一步的具体实施；项目审批时，行政单位应实施联席会议制来进行确认，联合其他相关建设单位机构针对规划条件补充具体文件内容，经过核查签字确认再汇总提交。这样，在土地出让前便开始编制规划设计的具体条件，从而使开发单位尽早地明确规划要求，用科学详尽的模拟设计，得出更接近实际情况的工程成本测算，就可以在拟定土地合同时，把规划设计整理成合同副本，最终使整个工作的规划设计能在法律保障下展开工作。

其次，在组织架构方面，应用现代化信息技术优势搭建行政管理机构的数据平台，互通规划信息，通过量化控制及时调整规划与实现过程中的偏差（图2-19）。在建设规划过程中，于公众平台公开发布信息，提升公众监督水平，保障实施效率的提高。建设管理生态城规划，应在地理系统的数据库基础上拓展控规数据库，建立规划建设项目数据库，以此来支持不同发展阶段的各项规划编制。

最后，通过建立新型控规管理平台，实时应对外部环境变化，让国土、建交、房管、规划、商务、发改委等多个行政部门联网共享，建立跨行业、跨部门的大型部门网络，从而能够动态地提升控规的可操作性与经济性，建

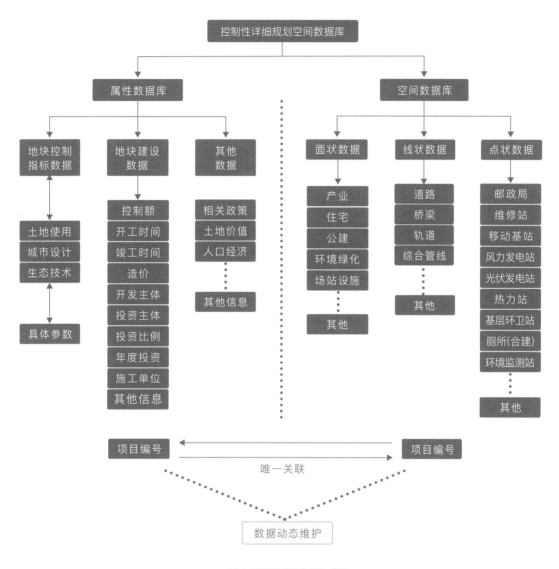

图 2-19 项目库的数据构成图

立动态调整控规的信息基础（图 2-20）。一个城建系统内部，若建管部门针对城建项目的立项申请，通过以数据库为审查基础的方式，录入建设主体上报的相关进度计划，那么城建或建管部门与规划部门就能够对照数据库实施项目进行跟踪监督，适时推动项目进度。比对年度项目建设计划，并做出修正，实现政府部门与企业二者在项目建设过程中互相联系、互相监督，提升行政管理工作效率。

这样的控规数据库在服务城市规划管理机构之余，还能提供城建管理衍生服务，其自身的服务网络能够迅速感应外界数据，以更灵敏地触觉实施动态调整，及时反映最新的市场变化，甚至一定程度上的后期变化。

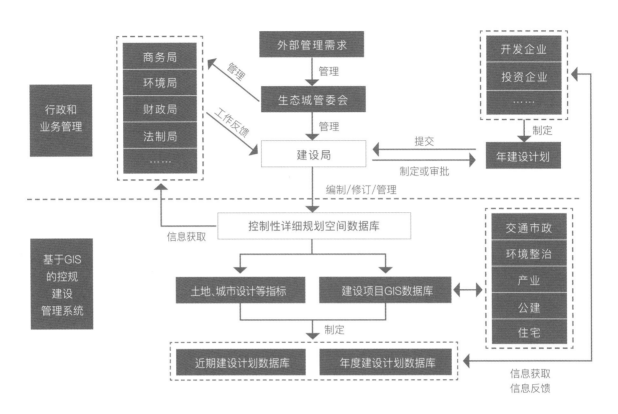

图 2-20 规划建设管理技术流程图

2.3.5 建立指标体系和任务分解

我国对生态城市的定义较为宽泛，很少在具体的建设项目中明确建设生态城市的定义。因此，建立生态城市的衡量指标成为建设生态城市具体目标的基础。生态城的指标体系其实是数个多角度反映生态城质量、数量的指标串联在一起而形成的一个评价系统。

建设中新天津生态城时，政府和开发单位明确表示应当确立一个建设经济繁荣、注重环境保护、生态和谐、绿色资源的生态城发展目标。在本次规划中，通过应用指标引导法，即通过目标的确定寻求解决办法的方式实施生态城各规划（图 2-21）。在建设初期，相关单位便编制

出生态城的指标体系——《中新天津生态城指标体系》，建立了建设生态城的控制指标，该指标体系总共覆盖了 22 项控制指标，涉及经济、生态环境、社会、区域协调等四大方面的引导指标。明确建设管理生态规划的基本原则及未来发展标准，为建设生态城提供建设途径、技术支撑及理论依据。从而确保建设生态宜居的生态城，响应国家节能减排、节地节水的建设号召，实现建设标准的新突破，引导生态城规划，建设成新型生态城的典范，弘扬科学发展观，倡导生态文明。

以中新天津生态城为例，最后为落实指标建立了量化目标导向制的实施体系，并实现可操作、可统一、多极多层的指标分解，将 26 个指标拓展至 51 项核心要素，

2008
2009
2010
2011
2012
2013
2014
2015
2016
2017
2018
2019
2020
2021

图 2-21 中新天津生态城地块开发项目建设时序图

明确得出 129 项关键环节，细化得出 275 项控制目标、100 项统计方法。分解得出 723 项具体措施，形成了指导建设生态城细节"路线图"。建立指标体系，当然需要细化分工，需要高效落实每个指标，为此应当配以科学的管理工具。

　　在生态城的建设过程中必不可少的便是生态城控制性详细规划这一行政管理工具。以能源利用为例，根据指标体系的要求，每百万美元的生态城 GDP 碳排放量不得高于 150 吨。根据碳排放量的主要来源可知，这一目标的实现必须控制生态城市政运行、建筑使用、交通运行、生产活动这四类能源使用，并实施量化引导与控制。通过量化控制可再生能源的增加，以及节能减排举措的实施来实

现减排目标。生态城参照建设项目差异分解得出单位能耗指标及单元能耗指标，从而令建设单位可以明确自身单位的可控指标，并将指标融入项目规划、设计、建设及使用的全过程中，在具体实施的进度上按照指标进行修正。城市的生态修复、资源利用、绿色交通等方面，都可以参照上述的能源利用控制方法。因此，整个城市规划指标体系都需要以弹性方式承接城建管理需求。

　　但是，上述指标体系工作需要庞大的行政运行成本和较高的行政人员素质。尤其是要解决信息协调方法产生的巨大工作量。随着网络信息技术的推进，行政管理人员的专业程度提高，指标体系和任务分解的工作方式将逐渐可行。

2.3.6 建设资金优化和监管流程

资金管理办法主要是对生态城政府投资项目的建设资金进行监督管理，通过对项目立项（计划认可）、初步设计（概预算）、施工图（招标价）三个阶段所出现的项目投资进行的过程审查。

项目立项主要是政府对其投资项目在建设计划方面的认可程序，其中的投资估算只用于财政预算参考。每年初，建设计划作为建设局内部控制文件，只用作审核立项的内控依据；而立项投资额只作为资金估算指导价，是允许和招标存在误差的，建议差值取 10% 左右。

初步设计的概预算是政府建管部门或代建单位通过对初步设计文件的内容审查，以及对应的项目概算审查，也是项目财政监管程序。由于工作内容属于技术性财务审查，建议由一家单位完成即可，不必重复。

施工图阶段的招标控制价审查是政府或代建单位对项目建设造价的管理程序，并且过程中还需要对施工变更进行造价控制，最终达到合理、节约、透明的财政投资使用效果。由于这项工作内容也属于技术性财务审查，建议也由一家单位完成。

政府在上述监管流程中针对立项的投资属于宏观计划控制，而扩初阶段概预算、施工图阶段招标控制价及变更费用审核属于微观过程控制。应该抓大放小，把过程监管平行于建设过程，以审计的方式进行，这样有利于项目推进效率；同时，立项审批作为行政审批的核心工作，概预算、招标价和工程变更的审查工作由代建单位完成，形成文件并同步报备建设局，建设局在开工过

程中，可以采用财政审计的方式对报备文件和实际发生的财政行为进行平行审计，最终形成财政结算依据。这样可以达到合理、节约、透明的财政投资使用效果，并保障了当前建设项目的快速有效推进。

但是，通过实际操作比较发现，基本建设资金管理实施细则没有明显改善资金监管的效果，同时发现由于增加审批环节，反而严重影响了建设进度。

以中新天津生态城为例，政府在原建设程序过程中已经进行了全流程的资金控制，并且取得了很好的效果。例如，中生大道（中段）过程立项投资 2.3 亿元，而近期概算的上报值为 3.3 亿元，最终的中标价为 1.8 亿元，事情证明在原建设程序的立项中，已经对中生大道的建设资金进行了合理地控制，增加近期概算并没有起到重要的作用。因此，笔者认为资金控制不是通过增加管理步骤来解决的。

审批环节的控制上，也存在如此问题。每年的新建项目因为建设计划当年下达，所以均出现有当年规划、当年设计、当年实施这样的情况。而规划、设计、审批等前期工作周期根据项目不同特点，常规需要 3～5 个月时间，重大项目需要半年甚至一年时间的前期周期。生态城基础设施建设设置主要时间节点，目标是为了完成当年建设计划，早日开工，早日完工。招标控制价的审核是必要的，但是建设单位的造价编审和审核单位同时是政府指定的咨询单位，两次审查难免有时间上的浪费。因此，在现有建设程序的基础上优化程序，减少审批环节同时强调加强资金使用控制与监督是资金有效使用的行之有效的方法。

2.4

小结：行政管理层面的规划实施制度

从 2008 年启动到 2010 起步区划的基础设施初步成型，中新天津生态城政府起到了至关重要的作用。可以说，在初创阶段，生态新城政府是发起一系列重大项目的核心机构。在此期间，管委会建立了低碳规划实施体系、低碳产业体系，并为今后实施"两型"社会管理奠定了基础。生态城规划实施工作在行政管理领域的制度保障总结如下：

1. 行政管理制度需要创新转型，提高效率

在初期阶段，生态城管委会掌握了较大的资源配置权力，利于起步区快速建设。但从长期看，权力过分集中而又缺乏监督会影响生态新城的发展。长此以往，在仓促决策的情况下，将会造成投入大量土地、资本来营造"形象工程"和"政绩工程"的现象，严重影响城市规划实施的效率。在 2008 年初，生态城的"立体交通事件"就值得反思总结。这需要创新和改革规划实施过程中涉及的行政管理制度，以此来保障规划实施工作的有效执行。具体建议如下：

（1）在现有管委会部门大部制模式的基础上，通过将决策权和执行权分立，成立"专业委员会—管理委员会"制度。将专业委员会作为决策机构，同时赋予人事权，类似于企业的董事会。将管理委员会作为执行级机构，

赋予管理权，类似于企业的经理人团队，其人员编制虽可参照行政编制，实际完全可按照职业经理模式进行任免。这样既大大压缩了公务员的规模，提高了行政管理效率，还降低了管理成本。

（2）将行政审批和技术审查并行。由于规划管理过程中，技术审查的工作量巨大，通过将技术审查工作从行政审批工作中相对剥离出来的方式，能够让专业的人做专业的事。这部分工作人员不再受到原有行政人员编制的困扰，政府可按照向社会采购服务的方式，根据发展需要，面向社会购买这类服务工作。进而大大提高行政管理的工作效率，使规划实施在行政管理环节更加专业化、精细化。通过制度保障生态新城的综合规划，按照确立的经济社会发展目标稳步推进。这需要生态新城政府努力成为学习型政府、服务型政府和创新型政府。根据当前的科学技术、社会生产力发展水平和经济社会发展趋势，审时度势地进行管理体制改革，使上层建筑不断适应下层发展。

2. 生态新城规划实施的经济平衡制度

天津市政府在中新天津生态城在建设伊始就确立了"不予不取、自我平衡"的经济原则。事实上，生态城的财政税收是国税依然上缴，地税自我保留。在支出方

面，在规划伊始，同步开展生态城总体投资测算非常重要，即使是初期还没有形成较为精细的控制性详细规划，也要结合规划概念方案进行固定投资估算。只有形成投资规模概念，才能结合投入产出分析经济平衡周期，在多方商务谈判中量化商谈内容。随着城市总体规划、控制性详细规划的细化，城市固定资产投资可以与其并行精算，同时将规划内容分解为建设项目数据库，结合 10 年的年度建设计划方案，形成 10 年投资计划。这一投资计划并非一成不变，它的作用是把生态新城的规划与建设衔接起来的一种近期建设规划。在此过程中，建设项目库和 10 年投资计划可以在 5 年经济社会发展规划中不断完善，同时还可在对每年的年度投资计划实施评估的基础上，按照年度调整更新。在收入方面，同样可以结合建设项目数据库中住宅、产业和商业办公三类建筑规模类推经营规模，从中推算相应税费收入。除了土地出让、建设类税费外，住宅类收入更偏重于和销售类税费，产业和商业办公更偏重于营业类税费。从政府财政方面，整个生态新城规划实施涉及的支出和收入资金差值，将辅助管委会一系列的重大决策，如招商重点、建设时序、扶持对象等。通过财政预算，结合收支，合理制定使用资金计划。创新财政投融资模式，合理安排规划实施时序。要做好由项目财政向公共财政转变的准备，加大环境配套投资支持力度，发挥社会投资力量，建立产业引导基金。

3. 不断完善规划实施的行政许可制度

规划实施行政许可内容纷繁，涉及多个重要行政部门。除了上位规划编制、管理等工作，当从规划具体到项目的实施阶段，立项、选址、土地、规划、环评、能评、建设、消防、人防、房管等行政许可环节，同样决定了规划实施的效率。除了将现有的行政审批权集中起来，还应将上述审批环节中的技术审查工作分离出来，形成社会服务模式。政府从行政许可审批许可中节省下来的

精力，可以真正投入到过程引导和事后评价工作中来，真正发挥监管、监督的"裁判员"角色，调动市场上"运动员"的积极性。承担规划实施的"运动员"，为了保证其自身质量，同时减少规划实施过程的管理成本，应不断完善准入制度和注册制度。例如，许可能深刻理解生态可持续的景观设计师团队参与到生态新城景观设计工作，将会大大提高规划中强调的本地植物物种选择比例，从而降低后续若干年的绿化运营管理的灌溉水、人工养护等管理成本，真正将规划实施落到实处，提高效率。反之，将会造成巨大的资源浪费。在行政管理工作中，还需要结合规划指标体系的内容，进一步将规划任务分解，最终落实到部门、岗位上，最终将规划这一"乐曲总谱"，通过规划实施过程，形成具体的岗位工作手册。最后就是要利用信息化的网络技术，搭建信息共享平台，形成协同作业，使规划实施工作在行政管理的流程中，环环相扣、相互补台、减少摩擦、共同推动、精准发力。

总之，生态新城应结合我国国情创新借鉴世界范围内行政管理经验，在规划、建设和运营环节上落实规划实施，通过转变政府职能，提高公共管理服务效率。城市规划实施，首先需要的是服务市场经济的决策型政府，要建立"精简、统一、效能"的政府组织架构和公务员队伍，形成对企业"全过程、全方位、全天候"的决策服务体系，创造科学规范的管理秩序和法治化环境，积累一整套符合中国国情、适合本地实际的新做法、好做法。要始终坚持创新，在管理体制、运行机制等方面不断改革，用体制机制的先进性来提高系统的效率，保持机体的活力，提升区域的竞争力。行政管理的分权制度，新型经济平衡制度和高效率行政服务模式是生态新城规划实施的制度保障。

第 3 章

CHAPTER

3

资产整合：
生态新城规划实施开发制度

CHAPTER 3
第 3 章

中新天津生态城湿地景观

作为城市综合发展商，生态城的一级开发企业——天津生态城投资开发有限公司，负责生态城所有的市政基础设施建设和公共服务设施建设。是承担生态新城整体建设和发展任务的企业。它能为城市综合发展与管理提供完整的解决方案，并根据城市一级建设开发的需要，成立专业子公司，负责完成专业建设项目，对其管理维护。

生态城随着城市规划编制的不断细化，在土地出让用途、发展模式、有潜力的使用者，甚至在现有知识框架内如何按照绿色低碳的要求开发土地等方面，逐渐有了相对成熟的思考，并且这种思考在城市管理各职能部门，如招商、社会管理等均形成共识。详细的绿色低碳规划使政府逐渐摆脱了纯粹土地经济的模式，开始趋近于绿色 GDP 的发展模式。

针对城市基础设施的建管模式和公共服务设施的建设模式，中新天津生态城对成立的各专业公司进行明确分工，按照市场经济规律，进一步形成若干专业子公司。同时在探索低碳可持续城市管理的道路上，政府管理正在日益向精细化模式进行政策倾斜。集成的市政设施建管模式为水资源循环利用、绿色交通等方面建设创造了条件，最重要的是为生态城在能源利用方面创造了良好的条件。

生态城自身的生长节奏是从市政建设入手，市政道路、管网建设是生态城的生长点，这就像人的骨骼和筋络血脉一样，是基础框架。生态城的管理模式，形成以市政交通和能源两个公司紧密配合的市政集成建设管理模式，在建设过程中统筹其他相关建设运营公司，为实现大集成智能化管理目标奠定基础和搭建框架。

伴随着起步区城市建设工作，景观公司率先完成了起步区景观绿化工作，下一步景观公司应该强化城市地区自然生态环境建设的生态意识，从更宏观的视角参与到生态城的景观生态建设，并进一步完善业务内容和组织构建。

绿色建筑的推广涉及整个产业链条的更新换代，宏观的整体产业升级推动引导，需要强有力的宏观经济主体推动参与。生态城建设局还进一步提出要转变管理思路，将绿色建筑的管理从事后评价转化为过程控制。

由于生态城遵循低碳发展道路，所以在初期产业招商选择方面侧重于科技研发类企业。动漫及其衍生产业如今已成为生态城的第二大支柱产业。另外，信息软件园、北部产业园和 3D 动漫园也相继投入建设和运营，生态城已形成 5 个产业园区支撑发展的格局。

生态城通过全程整合的工程咨询制度，面对大量需要以智慧化方式进行管理的众多创新内容，以专业研发机构作为支撑，在一级开发层次上，从公共设施和公共服务上做足支撑，在整体上对生态新城的开发管理实现有效把控。

社区管理和物业管理的协调融合可以形成社区、物业管理和居民"三方共赢"的局面，这种局面也是社区资源得到整合和充分利用的体现，为广大人民群众营造出一个和谐稳定的社会氛围。

在城市规划实施过程中，中新天津生态城逐渐形成了资源高度整合的城市开发运营企业架构。生态新城的综合运营企业，本质上已经超出了传统意义的城市一级开发的概念，而是融合了城市运营管理流程在内的整体性的大型公共服务供应商概念。生态新城的这种整合城市开发资源，购买社会化企业化的公共服务是一种值得借鉴的经验。

3.1

生态新城城市开发运营制度

本节集中讨论生态城的一级开发企业，虽然侧重于制度设计和管理模式领域的思考，但由于制度创新和技术创新是推动新型城镇化建设的两驾马车，因此也不可避免地要提及与之对应的生态技术使用情况。

当前生态新城建设在生态发展方面的探索存在双重困境，一是新技术应用层面还存在不成熟和不稳定的问题；二是在技术选择、投资保障、推广学习等方面缺乏制度保障。以中新天津生态城为例，起步区建设时，相关单项生态技术相对成熟，但集成应用面临着巨大的困难，就是由于技术推广和管理应用方面存在制度设计滞后的原因。

本书的侧重点是规划实施制度设计方面的相关问题，仅对生态技术作适宜性判断和列举，目的是在技术实施层面探讨与制度相关的问题。

3.1.1 生态新城开发运营企业

2008 年初，根据中新两国合作框架协议，生态城成立了一级开发公司——天津生态城投资有限公司（以下简称投资公司），该公司的本质是生态新城的一级开发公司。投资公司负责生态城所有的市政基础设施建设和公共服务设施建设，其经济来源主要通过生态城管委会的政府采购和财政返还。

投资公司根据城市一级建设开发的需要，成立专业子公司，负责完成专业建设项目，并对其管理维护（图3-1，表 3-1）。

目前投资公司除了直接掌握融资平台、土地收储、综合管理等核心管理职能以外，对专业项目均成立专业公司负责建设管理。在 2008 年成立伊始，开发公司就成

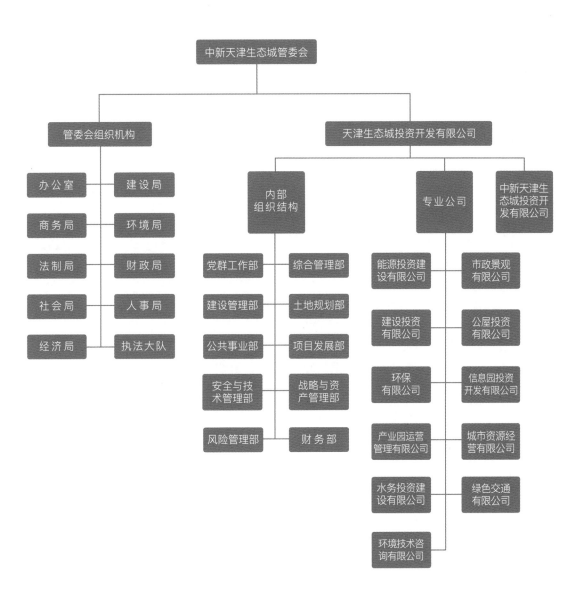

图 3-1 中新天津生态城管委会与专业公司的框架图

表 3-1 中新天津生态城投资公司的专业子公司简介

序号	专业子公司名称	主营业务
1	能源公司	供热、供水、燃气、通信等建设、管理、运营和维护,可再生能源建设、开发、利用
2	市政景观公司	市政设施及景观绿化工程的建设管理、运营维护
3	建设投资公司	公建项目投资、建设、维护和自营房地产开发
4	环保公司	污染治理、生态修复、环卫设施投资、建设、运营维护
5	动漫园公司	国家动漫园开发、建设、运营及管理
6	公屋公司	公屋建设、管理
7	城市资源公司	城市资源统筹开发、建设、运营
8	水务公司	污水处理、水资源综合利用
9	绿色公交公司	班车运营、轨道交通建设、交通设施维护
10	信息园公司	信息园的开发、建设、运营及管理
11	环境技术咨询公司	建设项目环境影响评价、生态与环境规划咨询、修复技术开发等

立了第一批专业子公司,如市政景观公司,负责道路、雨污水、城市绿化等建设;建投公司,负责政府出资的公共建筑建设,如学校、医院、公屋等政府出资的公共建设;能源公司,负责热力、给水等基础设施建设和管理;环保公司,负责生态城市环境卫生和垃圾收集处理等工作。在 2010 年,根据进一步的发展需要,又相继成立了水务公司、城市资源公司。在 2012 年进一步成立公交公司等一批专业服务公司。2013 年,公交公司已完成筹备开始进入运营阶段。

1. 合作框架

生态城在一开始就实行了政企分开的城市开发运营机制。按照小政府大社会的模式,成立生态城投资开发有限公司作为城市一级开发和运营的主体。

《中新天津生态城管理规定》(以下简称管理规定)第二十二条规定:"天津生态城投资开发有限公司是生态城基础设施和公共设施的投资、建设、运营、维护主体,按照生态城管委会的计划要求负责相关设施的建设、运营和维护,并享有相应的投资权、经营权和收益权。市政公用设施大配套费和土地出让金政府净收益,应当用于上述设施的建设与维护。"同时,成立中新天津生态城投资开发有限公司(以下简称合资公司),合资公司作为中新双方合资入股的开发公司,负责经营性用地开发,实际上是二级土地开发的主体,合资公司由中新双方各占 50% 的股份,其中中方投资主体就是投资公司,其股本是生态城的可建设用地,按照 60 万元每亩作价入股,中方投资主体每注入合资公司一亩建设用地,新方相应的会投入 60 万元作为股份。

中新两国政府合作的这杆大旗在生态城建设初期创造了很多有利条件,起到了壮大声势的作用,增加了各方合作者的信心,也起到了名片宣传作用。但这种合作模式在一开始就等于确定了谁是生态城城市一级开发的企业主体。与中方的投资公司相比,新方投资主体更具市场化方向。

根据管理规定，政府将市政管理权限下放，授权给投资公司建设、经营和收益，并由政府回购，运营以政府采购服务的方式向公司购买。例如道桥、场站、绿化等市政基础设施由投资公司代建和运营，政府回购；对水厂、能源类设施授权经营，政府扶持；对邻里中心等公共设施项目，由政府提供一定政策和土地的优惠，由投资公司提供服务，并进行自我经济平衡。

2008—2009 年，投资公司注资 30 亿元，启动了起步区 4km² 的建设，2010 年，合资公司注资 40 亿元，连同各二级开发公司和施工单位注资，在 05 号南部片区（起步区在内）8km²、01 号北部片区和 03 号生态岛清净湖地区范围内，生态城总投资累计达到 150 亿元规模。

目前，生态城投资公司总公司负责搭建财务平台和技术总部，由专业公司负责各类项目建设和产业运营。专业公司目前包括市政景观公司、建投公司、能源公司、环保公司、动漫公司、公屋公司、水务公司和城市资源公司。

2. 发展战略

投资公司的战略体系可以概括为"一、二、三、四、五"。即一个公司定位：生态城市实践者。

两个愿景："三和"与"三能"，"三和"指人与人和谐共存、人与经济活动和谐共存、人与环境和谐共存；"三能"指能实行、能复制、能推广。

三个公司使命：将社会责任与股东价值相结合，资源整合与资本运作相结合，自主创新与合作发展相结合。

四个战略布局：城市资源、资本平台、系统方案、战略联盟。

五个核心价值观：诚信、生态、合作、创新、发展。

这套战略是在 2008 年投资公司两个主体地位刚刚明确、各项业务逐渐步入正轨的条件下，历时半年，经过公司上下几十次讨论形成的，对投资公司发展起到了

全局性、长远性、前瞻性的指导作用。

从战略推进情况来看，2008 年是投资公司的战略规划年，2009 年是战略布局年，2010 年和 2011 年则是战略深化年。

2009 年投资公司初步完成了战略布局：即加快城市资源开发、搭建资本平台、形成系统方案、建立战略联盟。

城市资源内涵很广，包括土地资源经营、公用设施经营、各种特许经营等，这些是由投资公司垄断性所决定的战略布局；资本平台包括做好项目贷款、拓宽融资渠道等内容，是投资公司长远发展的战略选择，同时在内部财务管理上，成立了统一的独立结算中心，最大程度提高了资金流的利用效率；系统方案包括生态城基础设施与公共建筑的建设方案、基础设施的运营方案、公司内部管理方案、生态环境治理与建设方案、经营总体平衡方案等多个方案，同时这些方案还在不断完善和补充过程中，这是投资公司价值体现的战略核心；战略联盟是由生态城建设自身需要所决定的合作形式，具有广泛性、专业性和长期性，这是投资公司市场化的战略方向。

具体到开始十年的工作，投资公司是建设和运营两条腿走路。通过头两年的建设和运营，投资公司通过不断总结经验、提炼方法，初步形成了"投资一体化、建设标准化、运营系统化、管理信息化"的基础设施建设标准，同时还在不断完善和补充这一建设标准。

1）投资一体化

从发展战略上，投资公司最早提出了将城市资源转化为城市资本的思路。

投资公司的投融资体系正在逐渐完善，通过与国家开发银行和地区银行建立长期战略合作，打通融资渠道；通过政府税费返还，建立建设投入和运营的资本循环；通过进一步将城市基础设施和产业作为固定资产可以进行抵押融资，进一步实现资本运作。

根据战略布局，在成熟阶段，投资公司从初创一开

始就积蓄力量，准备转变单纯依靠土地财政的模式，打造嫁接资本市场的融资平台，逐步摆脱单纯依赖财政的发展模式。

远期投资公司将会充分利用地区银行、债券和现有上市公司平台，筹措长期建设资本。如以试验区、园区、开发公司为主体发行长期企业债券，以园区土地出让或基础设施收费收入作为偿还来源。

投资公司还会进一步加强国际合作，尤其要利用好新加坡合作伙伴的海外窗口，积极开发海外债券融资市场，以吸引更多的外资。

同时根据低碳产业特点，大力发展各类主题性的投资基金。将根据生态城现有的文化创意产业、现代服务业、低碳环保产业、信息产业、都市农业等不同类型的产业特点，与政府一起组织、引导和直接参与，来设计和创立各类主题性的投资基金。

以地方政府财政投入为主设立政府引导基金或风险投资基金，直接参股到一些重点高新技术企业，如动漫园、科技园和软件园内的数字类、低碳类小型科技企业，并为企业进入资本市场提供帮助。

可由政府发起，积极吸引海内外各种投资机构，以市场化方式共同成立主题产业投资基金，扶持相关产业发展，如设立低碳产业基金、节能减排基金、服务外包产业发展基金等。

2）建设标准化

在一个组织当中，整体性的成长总是通过点状带动形成，关注培育这种活力点是管理工作中最重要的工作之一。而这种活力点，往往是团队中既有热情充满干劲的年轻人，又有经验丰富饱含理想的中年领袖所组成的团队。

在投资公司中，市政景观公司即是这种活力点之一。从2008年起，由于业绩突出，该公司两任经理均被提升为投资公司的副总经理，若干副经理被提拔和重用。

在道路、桥梁、路灯、泵站等市政设施建设方面，均形成了建设标准，如可渗透路面建设标准、风光一体路灯管理标准、无人值守泵站建设管理标准等一系列技术操作手册。在绿化建设方面，在滨海新区盐碱地绿化技术的基础上，进一步总结提升，形成了适合生态城的绿化建设和养管标准，如密植标准、淋层覆土厚度标准。

3）运营系统化

生态城基础设施运营管理体系是"运营系统化"的典型体现。

投资公司基础设施运营体系包括"一个平台、四个中心"，一个平台指网络与信息平台，四个中心则指"运营管理中心、维护维修中心、客户服务中心和运行调度中心"。每个中心下面又通过诸多体系来支撑。

2013年，生态城网络与信息平台建成，这是一处独栋建筑，是负责对生态城内市政基础设施和公共服务设施进行运营管理的信息枢纽。"四个中心"的牌子加挂其上，形成了统一调度，保修及时，信息资源、人力资源、设施资源等高度整合的运营体系。这种高度整合的模式使生态城整体运营管理水平大大超出天津地区其他区县和功能区的管理水平。

这有赖于在生态新城建设伊始，就完成了整合型的顶层设计。将原有分散的市政管理职能通过这个平台整合在一起，由一名副总经理专管。

4）管理信息化

投资公司通过信息化的内控管理体系来保障战略的执行。这方面，投资公司较早应用了ERP办公系统，初步建立起以"一个中心、三个体系"为核心内容的投资公司ERP经营管理系统。"一个中心"指集团系统资金结算中心，"三个体系"分别是以建设计划为基础的资金需求管理体系、以现金收入为重点的经营收入管理体系和以经营绩效为核心的经营考核激励体系。

由于生态城投资公司创始团队核心领导较为擅长投

融资和财务管理工作，在建设伊始就以资金管理为切入点，率先利用网络科技搭建了整个投资公司的经营管理系统。在"人财物"管理过程中，更倾向于用"财"这个中间支点调动前后两方。

2010 年，投资公司在完善战略布局的同时，启动了公司建设开发生态城"经验总结"活动，当初设定的题目有 16 个，基本涵盖了投资公司建设生态城的方方面面。总结的内容有方法、理论、背景介绍和资料名录，而最重要的内容则主要有 11 项。

(1) 以政府授权作为主要依托；

(2) 以企业战略作为发展定位；

(3) 以市场化作为主要方向；

(4) 以土地经营作为主要抓手；

(5) 以基础设施投资建设管理运营作为主要特色；

(6) 以优质服务作为重要手段；

(7) 以资金管理作为核心内容；

(8) 以成本控制作为长期控制目标；

(9) 以健康成长作为重要标准；

(10) 以安全质量、风险控制作为重要保障；

(11) 以廉洁从业、效能监察作为监督体系。

这些内容既是建设生态城经验的初步总结，也是投资公司制定工作流程标准、形成可实行、可复制、可推广系统方案的基础。

通过战略规划，投资公司解决了"我是谁""我要干什么"的问题；而通过经验总结，投资公司解决了"我干了什么""我怎么干的"的问题。在投资公司成为实质上的城市一级开发公司的过程中，合资公司的管理模式得到简化，更加专注于经营性的房地产开发。

另外，企业文化同样也是企业战略所不可或缺的一个重要部分，但同样也是难以言表、需要日积月累凝练而成的一项内容。公司成立以来，生态日记、公司年会、誓师长城、拓展训练、图书漂流等活动都是企业文化的表现形式，同时也在促进着企业文化的发展。今后公司也将不断推动企业文化建设，加强此方面工作，推动企业战略深入文化，得到传承。

作为城市一级开发公司，其政府背景和国资模式注定它要成为一个有社会责任的企业。但是，既要做到国有资产的保值和增值，其利润空间又要进行锁定，这就挑战着该类企业运营的水平。

生态新城投资公司应是城市综合发展商，是承担生态新城整体建设和发展任务的企业。不同于一般的城市运营商，它能为城市综合发展与管理提供完整的解决方案。

城市综合发展商与城市运营商、房地产商相比具有一些明显的区别。房地产商作为单纯的微观企业主体，更多地遵循纯市场经济的规则。而城市运营商与城市综合发展商则更接近于中观层次，其行为与政府之间具有密切的联系。然而，二者之间也存在一定的差异。城市运营商与政府之间更多是通过帮助有效经营城市资产，以促进城市持续发展；而城市综合发展商与政府之间则是伴生的关系，它需要帮助政府实现整个城市的规划、发展与维护的问题。它不仅需要协助政府经营相应的资产，同时还要帮助政府落实相应的规划，包括产业规划等。因此，城市综合发展商与城市运营商相比，和政府之间的关系更为紧密。

城市运营商面对的客体是城市有形资产（包括土地、公共设施）；城市的无形资产（包括城市的知名度和品牌）和城市的延伸资产（如城市地域的冠名权等）。

城市综合发展商经营的对象应该更为广泛，不仅包括这些资产，还包括提供各种城市服务，当然这种城市服务不一定完全由城市综合发展商独立提供，但必须由其主导，特别是在市场机制供给存在一定困难的领域。

城市运营商在追求企业经济和社会效益的最大化的基础上，还担负着提升城市价值，从而提高城市竞争力的任务。城市综合发展商除了上述任务之外，还必须去实践城市标准和模式，探索总结城市现代化的有效经验以及过程中的各种改革与创新。

基于上述分析，城市综合发展商的业务范围，主要包括城市土地、城市基础建设、城市公共品（包括供气、电、水）、投资环境、城市品牌形象、文化品味、城市的综合服务、城市新标准的创新和城市产业的引导与优化。根据性质的不同可以区分为理念创新、资产经营、功能开发、标准践行和产业引导。其业务范围如表3-2和表3-3所示。

一般来说，城市综合发展商也会参与土地的一级开发，这是城市综合发展商的核心业务之一。另外，在其

他业务方面，不同企业根据各自的优势和使命所在，选择的业务重点也会有所差别，但其必然是一个综合的服务商。

城市综合发展商是与政府伴生而来的，需要在更大程度上承接、担负相关政府职能。通常条件下，城市政府的职能包括五个方面：①城市导引：战略导引、规划导引、文化导引；②城市规制：法律、条例、公共政策、风俗习惯、道德观念；③城市治理：经济治理（城市产业、城市市场、城市财政），社会治理（收入分配调整、治安整顿、社区建设、纠纷处理），环境治理（污染控制、市容整治、公共交通改善）；④城市服务：对企业的服务（基础设施建设和公共品的提供、维护正常市场秩序、通过产业政策

表3-2　　城市综合发展商的业务范围

业务层级	角色	业务内容
理念创新	参谋参与	协助政府提出新的城市发展理念、发展模式，参与前期规划制订
资产经营	主导	通过适当的途径，代替政府进行各种城市资产的投资与经营，实现融通城建资金的功能
功能开发	主导	根据理念与规划，开发和完善各种城市功能，组织提供综合的城市管理服务
标准践行	主导执行	在城市开发建设管理过程中，创新各种模式，进行改革试验，同时提炼标准、践行标准，总结可复制经验
产业引导	协助	利用土地等城市资源的市场供给，协助政府进行有效的产业引导，进而保证城市的可持续发展

表3-3　　生态新城政府的业务范围

业务层级	角色	业务内容
理念创新	主导	提出新的城市发展理念、发展模式，制订经济、社会和空间发展规划
资产经营	监管	对资源、资产的利用进行监管，使其符合生态新城建设需要和社会公平需要
功能开发	指导购买	对城市功能与管理提出要求，给予相应的指导，同时采用政府购买的方式获得服务
标准践行	总结推广	总结和推广生态城市建设和发展过程中的各种模式和制度创新
产业引导	颁布规定	制订和颁布相关的产业引导政策

促进行业协调发展），对居民的服务（劳动就业与保护、社会福利与保障、生活服务配置），对城市整体服务（自然灾害防治、社会灾害防治、社会教育等公共服务）；
⑤ 城市运营：有形资产运营（土地运营、基础设施运营、空间环境运营、国有企业资产运营），无形资产运营（城市软环境经营、城市形象塑造、城市旅游）。根据上述政府核心职能的分解，就能够明确城市综合发展商的具体业务，进而明确政府与综合发展商之间的业务边界。对政府项目的实施条件，明确授权条件。

生态新城开发公司的核心业务之一是政府代建项目。这类项目的管理模式是生态新城公司和管委会的结合点，如果配合顺畅则双方的潜力都能进一步发掘。政府建设项目投资计划管理，从资金监管到设计、施工质量控制，都应该形成齐全的管理规程。最终目的是政府的建设项目顺

在宏观层面，新城公司应该参与城市未来一定建设周期内的建设项目库和投资计划编制。其内容可随时间推移动态调整，项目库的内容在五年经济社会发展规划中能得到具体体现，并按照年度编制形成建设计划和投资规模计划。建设项目库的内容可根据控制性详细规划具体分析得出，进而量化资金规模。这对政府财政预算和建设资金的融资监管都提供了宏观管理框架，新城公司可以借此形成发展战略布局和财务规划。

在微观层面，根据建设计划形成立项、建设资金审核的监管体制。对于项目招投标监管过程也要进一步优化和细化，例如招投标或委托模式，其目的是为了提高设计、施工质量水平，形成公开公平的环境并好中取优，此类问题都是需要进一步细化管理规程的内容。代建公司在招投标过程中，评审小组成员应该包含规划建设等相关行政管理部门、行业专家、公司成员、独立监查人员等。又如投标信息发布方式、投标评价标准、根据规划设计类特殊性制订委托或工作招标等模式都应该进一步进行细化。通过这些工作可进一步明确管委会作为裁判员、新城公司作为

运动员的身份，新城公司也可借此不断完善自身参与市场化竞争的能力。

3.1.2　生态新城土地开发模式

作为新城建设的起始阶段，土地经济是所有项目的初始推动模式。在起始节点上做好第一次发力动作，将会对新城建设的启动产生积极的影响，也将为日后的转型发展，打下良好的基础。根据中新两国合作协议（《中华人民共和国政府与新加坡共和国政府关于在中华人民共和国建设一个生态城的框架协议》的补充协议），中新天津生态城开发建设用地由中方依法取得，去除由政府承担的公建和基础设施用地外，按市场价投入商业联合体。组建商业联合体的中方合作方以土地作为投资，按市场价作价入股。另外《中新天津生态城管理规定》第二十一条规定："天津生态城投资开发有限公司是生态城土地整理储备的主体，负责对生态城内的土地进行收购、整理和储备。"中方投资公司作为建设用地的取得方，实质上代替政府完成了土地收购、整理和储备工作，在进行招拍挂程序后，受让生态城的所有开发建设用地，同时向政府缴纳土地出让金。合资公司作为土地转让单位，由中方投资公司将净地（可用于商业、工业和住宅开发）以约 63 万元每亩的价格，转给合资公司。形成了"投资公司—招拍挂—合资公司（一级房产公司）—二级房产公司"的土地流转模式（图 3-2）。

由于生态城投资公司在初期一次性注入了足额的资本，作为城市一级开发的启动资金，所以地方政府在项目启动方面压力较小，不必等待政府土地净收益到位，许多市政项目就在投资公司资金垫付的情况下启动了。

2008 年上半年，投资公司土地整理部门迅速高效地

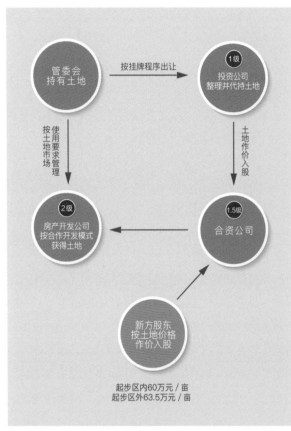

起步区内60万元/亩
起步区外63.5万元/亩

图 3-2 中新天津生态城土地流转模式图

图 3-3 中新天津生态城起步区

完成了起步区 8km² 的土地征收整理工作。在下半年开工奠基仪式后，又迅速展开了起步区 4km² 的基础设施和道路绿化建设（图 3-3）。

依靠投资公司先期垫资推动的基础设施建设，二级开发项目在当时全球金融风暴的环境中坚强地启动起来，为生态城管委会逐步积累了土地出让金、相关税费等初始收入，通过二次支付，生态新城的建设形成了第一轮的资金循环。

随着生态城城市规划编制的不断细化，在土地出让用途、发展模式、有潜力的使用者，甚至在现有知识框架内如何按照绿色低碳的要求开发土地等方面，逐渐有了相对成熟的思考，并且这种思考在城市管理各职能部门，如招商、社会管理等均形成共识。详细的绿色低碳规划使政府逐渐摆脱了纯粹土地经济的模式，开始趋近于绿色 GDP 的发展模式。

在初始招商中，凭借细致的规划，政府在土地受让方的选择上非常慎重，但后期这方面执行不力。土地出让不能纯粹按照价格招拍挂，应该通过生态城发展的意图，结合已有规划，将购买单位的技术标（规划意图）、资信标（运作信誉）和商务标（经济实力）综合考虑。有选择地纳入志同道合的生态城市建设力量。当然，从招商部门看，这种选择因开创性的工作要求具有一定难度，招商和土地出让方选择的尺度也不断在变化。生态城初期的土地整理工作有一部分牵涉到居民拆迁和回迁问题、有土地收购问题等，其中错综复杂的主要原因就是缺乏量化的刚性条件。谈判并非按照市场公平交易的规则进行，其中有可以压价，也有待价而沽，坐收暴利的现象。这种土地收储交易模式需要更加透明和公正的外部制度进行干预。而在此之前，城市规划和建设应充分考虑土地收储进度，进而明确城市建设计划和推进步骤（图 3-4）。

同时，要深入完善 BT，BOT 等代建运营模式。要从城市运营角度仔细考虑，如何调动市场的力量，同时又降低一级运营的成本，特别是通过市场的力量进一步盘活划拨用地的资源。

以起步区紧邻万科项目的社区公园建设为例，该公园为生态城 24 个社区公园中第一个建成的社区公园，起到了标杆示范作用（图 3-5）。初始投资匡算按照常规每平方米 300 ～ 400 元的造价，共 10 000m²，由管委会划拨资金，由市政景观公司建设。但是经与万科公司沟通，双方达成了共赢的建设模式。管委会按原有预算出资，由万科代建。万科按照每平方米 1 000 元标准建

设社区公园，方案按照管委会审批通过的形式和功能建设。在万科锦庐项目 170 000m² 住宅售罄后，移交给生态城。期间，万科将该公园作为通向自己用地内售楼处的通道。万科的目的是希望潜在的业主看到锦庐项目旁的这一高品质的社区公园，增加购买产品的欲望，管委会则以 300 万元的造价，为生态城建成了 1 处 1 000 万元的社区公园。

此做法削减了城市建设的公共投入成本，通过规划的设计既不对高档住区边界绿化提升形成限制，也不对公众住区绿化降低标准，从而提供了将公共投入与市场

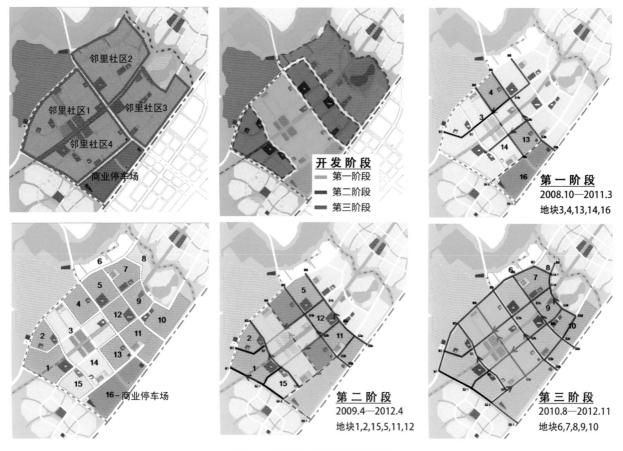

图 3-4 中新天津生态城起步区开发进程

投入相结合，实现共赢的可能性。

还有就是要对土地出让模式进一步优化，明确产权，细化城市运营成本。土地细分问题导致的开发合作问题和管理成本超支问题，不利于运营成本核算。如道路两侧绿化带出让和管理的经济分析、小街廓、密路网的增量成本等，这些问题需要在规划阶段，引入土地管理者的仔细考虑和正确处理，从而在土地出让成本和后期运营成本中形成平衡点。

实现上述工作的前提是推进土地精细管理的前期工作，特别是精细化的控制性详细规划（经济性）和总体城市设计（综合品质）。其中要发挥规划设计的作用，形成土地模拟设计制度，其费用开销处理按照土地出让金比例定额提取。政府负责总规、控规、总体城市设计和导则；一级开发公司负责专规、详规和具体设计等。

细化并深化政府规划，实现衍生内涵和效益，是城市一级开发企业的独特优势。在生态城选址阶段，新方进行商务谈判的核心课题就是经济成本核算。这一课题具体到规划内容方面涉及用地比例、容积率、城市基础设施建设的控制权等问题。例如，新方在建设用地中坚持40%以上的居住用地、10%以上的产业用地和3%以上的商业用地比例。后来在总规阶段甚至更加明确地提出了住宅建筑面积要不小于1440万平方米的要求。中方在谈判过程中，一直处于被动状态，在涉及经济利益的谈判要点方面，一直缺乏明确的参考内容和数值。这一要点其实就是关于生态城城市建设经营方面的投入产出比这本总账。由于新方主要谈判人员具有苏州工业园的资深开发经验，且准备充分，所以主动权一直被新方掌握。事实证明，这本总账非常重要，随着内容的细化，它在每一阶段都会发挥不同的作用。

首先，投入产出的计算依据是城建项目库。项目库可分为道路桥梁、市政管线、场站设施、绿化环保、住宅项目、公建项目和产业项目六大部分。这些项目可由控制性详细规划全部分解出来，单方造价可根据当前价格指数给定（后期可动态调整），总体投资通过逐项乘积累加就能得到，形成项目数据库以后，单方造价等参数可实时动态维护调整。项目库的总造价就是城市建设的投入成本。产出效益方面的计算也根据项目库作为基础，财政税收如经营税、销售税等都是通过对开发强度计算得出。例如住宅房地产税收预估可通过建设（销售）面积乘以当前销售价格按税率截取。

其次，根据投入产出的经济平衡点，可进一步优化调整城市建设开发强度，并进一步参照开发强度优化空间形态。在过程中，经济平衡、开发强度和空间形态之间需要相互调整优化（后两者需要综合考虑社会、技术、美学等要素），最终形成可实施的规划成果。在空间形态方面，最终形成城市设计方案和城市设计导则（包括总体层面和地块层面），作为详细规划和建筑审查的依据；在开发强度方面，形成控制性详细规划的主要内容，作为规划条件和土地出让的依据。通过网络技术和地理信息系统，建设项目库、控规、详细规划设计管理可搭建成为更具综合性的信息平台，可以面向更多部门和社会公众进行开放和数据收集。

最后，通过不断优化的城市建设项目库，可以进一步形成五年经济社会发展规划的重要内容，同时可以进一步分析出年度建设计划，使规划逐步细化、落实并实施。

虽然生态城的建设项目库在起步区开工两年后才基本形成，但其发挥的作用依然非常明显。通过投入产出比计算，生态城需要进行总量2 100亿元的建设投资，通过10年到15年的自我平衡式建设经营，仍然有100亿元左右的资金缺口，其多数是由于生态城的生态环保方面的投资增量造成的。正是有了这一具体的量化分析，才得以成功地向财政部申请到了生态建设增量成本补贴

50 亿元，分 10 年划拨。同时根据总体盘子、规划建设周期和起步实施实际投资发生量，合理地制定了平均每年 200 亿元的投资建设规模，并在 10 年周期内根据前紧后松的原则开展生态城的建设计划，使生态城的各项发展目标得以扎实有效地落实。

图 3-5 中新天津生态城社区公园与住宅深度嵌合

3.2

生态新城公用事业制度

本节重点针对城市基础设施的建管模式和公共服务设施的建设模式展开论述，社会公共事务的管理将在第4章展开说明。

中新天津生态城对成立的各专业公司进行明确分工。道路、桥梁、市政场站和景观绿化由市政景观公司负责，同时兼顾防洪排涝工作；能源、信息和有压管网由能源公司负责；环境卫生及其场站建设由环保公司负责；水处理厂建设运营等工作由水务公司负责。上述工作统一由投资公司两个副总经理分管建设和运营。

政府按照综合精简职能实行大部制，但是市场化的企业则相反，按照专业化分工，越精细越好，其整合规则是按照市场经济规律办事，进一步形成若干专业子公司。同时，另一趋势则是建管结合，建管结合模式能够在规划和建设初期就明确投资建设主体，在后期管养方面也能够结合形成责权封闭循环模式。但是，生态城要追求高标准的市政建设运营模式必然会与传统的财政资源配置模式不相协调，在探索低碳可持续城市管理的道路上，政府管理正在日益向精细化模式进行政策倾斜。

3.2.1 统筹集成的市政能源制度

1. 生态城的市政建设管理现状

起步区建设阶段，中新天津生态城市政建设是最基础的工作之一（图3-6）。2008年成立了市政景观公司、能源公司，主要负责生态城的道路、能源、通信等建设事项。这些基础设施埋在地下，虽然平时看不到，但的确是生态城的血脉基础，是整个生态城的运行根基。市政基础设施建设效率直接决定了生态城的建设效率，也决定了生态城能源资源的使用效率，其初始构架至关重要。

生态城投资公司在成立伊始就重视构建更优的管理模式，优先将骨干管理人才任命在这一领域。经过历时5年的实践和锻炼，投资公司先后从该领域的同一部门锻炼提拔出来了两名副总经理，分别管理建设和运营工作，进而摸索出了生态城市政能源项目的条状管理模式；在各子公司层面，通过分设建设部和运管部，形成块状管理模式。这样，从公司整体层面实现了建管一体、条块穿插、扁平管理、信息共享的管理构架。例如市政景观公司，既负责一路三水（雨水、污水和中水）、桥梁、市政场站和公共绿化项目的建设，自身也是项目养管单位，这样建设主体、运营主体和资金来源就界定得比较清晰，工作效率也相对较高。投资公司以建设标准化和管理信息化为抓手，形成了标准手册，搭建了市政运营信息平台，为集成化建设和信息化管理奠定了基础。

中新天津生态城市政设施在起步区建设初期经历了从建设阶段的空间资源整合到运营管理阶段的信息化整合的过程。其中，经过"立体交通"的波折探索和反复思考，市政建设在过程中逐渐明确了自身的工作定位。即根据

图 3-6 中新天津生态城起步区鸟瞰图

规划，在建设阶段预留各项市政项目路由空间，为运营养管阶段的集成化管理创造条件。

在完成上述空间资源配置后，市政公司联合能源公司对给水、电力、燃气、热力、电信等地区外来能源进行了整体路由建设，并通过收取路由租赁费用的方式实现运管补贴。同时，需要对外部衔接做大量工作。例如向生态城供电的滨海电力公司，由于处于垄断地位，所以在建设过程中的临时电力规划、建设和收费，智能电网的规划和建设等方面，都需要进行大量的协调工作。

市政设施的一体化建设和管理，其关键是集成统筹意识。在建设期间，主要是管线综合和建设协同能力，在后期养护关键是建立信息化的一体化服务平台。通过网络数据、GIS、通信等信息技术集成应用，提高管理效率，降低管理成本。

2013 年，投资公司建成了市政运营和维修信息平台，完成了建管一体的顶层设计，即集成统筹了管理协调单位、信息集成单位和维修运营单位。同期，生态城开始探索针对四表集抄（水、电、气、热）功能的拓展管理，如结合生态城市民 ID 身份认证，做到个人信用和日常消费账户集成，形成市民卡，这种多功能 ID 账户卡还可在生态城范围内进行交通、教育、医保、社区服务等消费。通过这一运营管理信息平台的搭建，今后可以根据城市管理需要进一步增加技术接口，如数控模块、视频监控、网络通道、对外信息化服务窗口等，进而能实现城市综合执法、交管、公安、医疗、社会管理等城市管理信息的大数据采集、分析、共享和实时调度，为数字化城市建设奠定基础。

2. 以能源建设为先导的大市政集成

集成的市政设施建管模式除了为水资源循环利用、绿色交通等方面建设创造了条件，最重要的是为生态城在能源利用方面创造了良好的条件。生态城初期指标体系规划了可再生能源使用比例大于 20%。其实现途径是优化能源利用体系，保障能源供给，优化能源结构，发展高品质的清洁能源使用,提高能源使用效率(图3-7)。例如生态城通过建立智能电网，降低可再生能源综合成本等。目前，生态城的慢行系统、景观照明全部采用了太阳能光电系统，以公屋展示中心为代表的一批公共建筑率先采用太阳能光电、地源热泵等混合技术（图3-8）。在住宅层面，生活热水主要采用太阳能光热技术（图3-9,图3-10），先后经历了分散式热水、集中式热水分户供给和集中热媒分户加热模式。目前普遍采用后两种模式，尤其是集中热媒分户加热模式从热水使用权角度能更加清晰地界定（集中式热水分户供给模式，在冷热水同价的时候，容易造成住户争相先使用热水，造成集中加热的生活用水浪费性使用，继而造成供应不足的问题）。目前，可再生能源使用中，生活热水占到60%。热泵方面，

起步区只有生态城服务中心和动漫园利用临近的集中绿地设置了地源热泵系统。但是这一技术不易于在容积率大于 1.0 的区域大面积推广。因为较高建设强度的地区，容易造成地下热容比下降，导致地源热泵效率逐年降低。

为确保城市能源供应的安全可靠，目前生态城还是要两条腿走路。例如 2009 年冬天，生态城服务中心地源热泵出现了故障，办公室 48 小时内临时使用常规技术应急采暖；2013 年冬天，生态城上游燃气管网发生故障，生态城住宅依靠电能和高隔热保温性能在 72 小时内大部分保持了 18℃以上的室温。

在新城开发中，应通过多种途径确保能源利用效率及其安全性，能源利用模式上可采用常规和新型可再生能源利用、分布式能源和集中式能源相互补充、衔接的模式。在分流方面，按照发展循环经济、低碳经济的思路，大力推广绿色交通和绿色建筑；最终达到开源节流的两

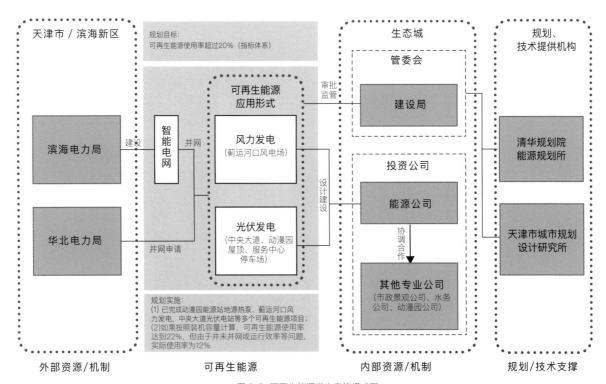

图 3-7　可再生能源发电实施模式图

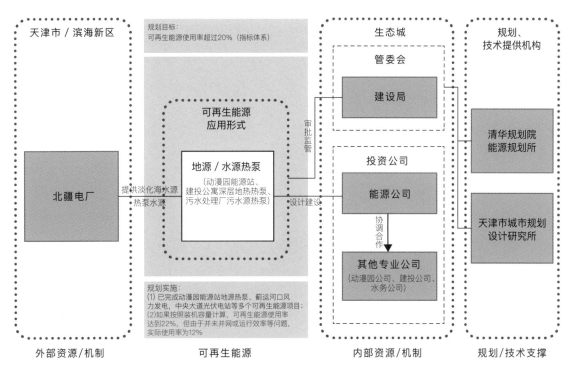

图 3-8 地热能利用实施模式图

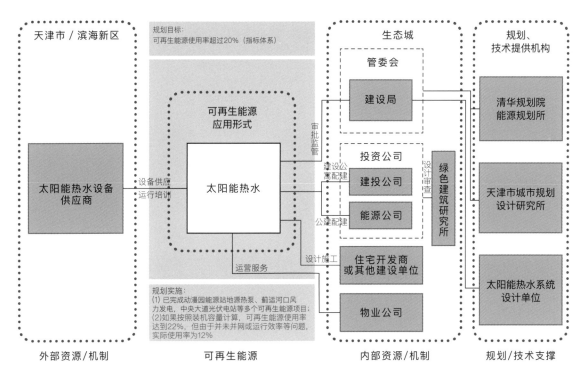

图 3-9 太阳能热水利用实施模式图

图 3-10 可再生能源利用住宅（资料来源：张洋摄）

端同步节能目标（图 3-11）。

结合起步区经验，生态城在二期中部片区应用综合管廊（共同沟）。针对生态城市政管网较多，路由紧张的情况下，结合规划调整，在建设强度最高的中部片区核心轴线上建设共同沟。生态城在热力、燃气等领域的计量收费的技术成本和学习成本仍然较高，就需要结合数字化集成形成能源体系的整合管理。另外，通过能源管理系统的建设，可同步预留和统筹考虑电力、电信、电视和网络等设施的集成建设和管理。

未来生态城应在三网融合的发展趋势上进一步探索，从单项单一功能网络，向综合多网络融合。如公司网和政府网融合，企业信息、公共安全技术防范、交通管理、

人口和房屋等产业、社会管理信息将有序地逐层加入进来。建设城市管理的信息中枢系统，形成数字化的城市管理模式，未来可形成独立的网络服务供应商。

3. 管理模型总结

生态城自身的生长节奏是从市政建设入手，市政道路、管网建设是生态城的生长点，这就像人的骨骼和筋络血脉一样，是基础框架。总结生态城的管理模式，形成以市政交通和能源两个公司紧密配合的市政集成建设管理模式，在建设过程中统筹其他相关建设运营公司，为实现大集成智能化管理目标奠定基础和搭建框架。

新城开发可由政府和一级企业完成集成的市政规划

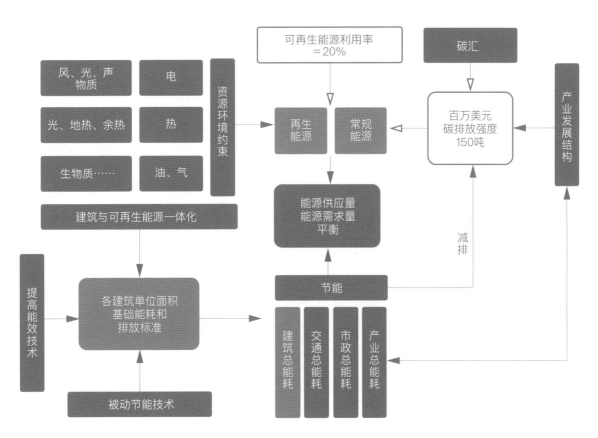

图 3-11 中新天津生态城能源集约使用体系

后，按照建设时序，成立道桥管网建管公司，该公司代建道桥、能源、通信、电力、环卫等管线，并负责日后道路桥梁管养和雨污水泵站调排工作。同时成立能源公司，负责外部能源接入协调，分布式能源站和末端用户服务工作（图 3-12）。

《中新天津生态城总体规划 2008—2020》中提出，市政管网普及率达到 100%。生态城全部采用"隐形井盖"设计，井盖和管道均规划在道路两侧的绿化带里，确保生态城道路表面无井盖（图 3-13）。生态城内市政管网已经全部铺设完成，已建设 615km 管网，其中水管网 70km，热力管网 96km，燃气管网 80km，通讯管网每公里 80 孔，再生水管线 79km，覆盖了整个区域的管网系统。生态城管网综合布置，雨水管线布置在非机动车道下，靠近绿化隔离带，便于收集路面雨水。污水管线在非机动车道下，靠近地块一侧。中水管线在机动和非机动车道分隔带下，方便市政路面洒水车取水。同时解决了道路维修"拉链"和坠井等事故的难题，为城市交通安全和行车顺畅提供了保障。

生态城市政工程由生态城管委会建设局进行规划、审批、监管。市政项目主要由市政景观公司负责，主要为生态城范围内道路、桥梁等市政工程的建设管理、运营维护；水系、河道岸堤的建设管理。市政管网项目主要由市政景观公司承担，同时协同能源公司、水务公司合作建成。其中市政景观公司建设了桥梁、道路、三水

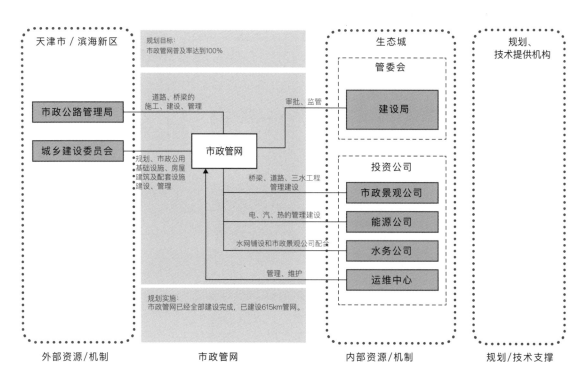

图 3-12 中新天津生态城市政管网建设管理实施模式

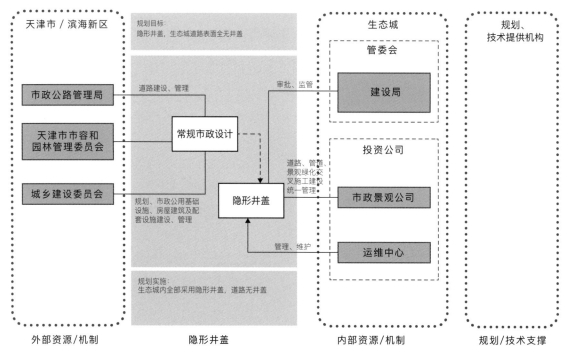

图 3-13 中新天津生态城"隐形井盖"管理实施模式

工程等项目，能源公司建设了电、气、热的管网项目。政府及上级企业将对市政景观公司代建或养护运行管理的项目进行验收，同时委托给第三方进行专业监督。

生态城现有的无井盖道路设计，是由市政景观公司负责实施。市政景观公司同时负责道路、管网和绿化的工作，管网铺设和道路施工同步交叉进行，避免多部门合作的难题。

运维中心负责生态城市政工程的管理和维护，运维中心对生态城内市政设施进行实时监控，区内任何区域的管线出现问题，会迅速反映到运维中心监控平台上，再由运维中心派遣专业的维修团队对问题进行检修和维护。

3.2.2 再生利用的资源环保制度

中新天津生态城在 2008 年初成立了环保公司，环保公司的定位是负责生态城市的环境卫生工作，对生态城的固废垃圾进行资源化处理，在成立初期，污水库治理是管委会布置给该公司的一项重要工作。2010 年底成立的水务公司，把生态城污水收集，河道水资源调剂等工作集中在水务公司业务范围。在资源循环利用方面，这两家公司在生态城的实践中逐渐形成了协作发展模式。

1. 固废资源利用和环保卫生

在生态城建设初期，环保公司在生态城起步区完成了三件大事：治理污水库、建设气力垃圾真空收集系统、承担日常环境卫生工作。

1) 治理污水库

20 世纪 80 年代，生态城北部的汉沽地区在缺乏污水处理厂的情况下，常年将本地区的生活污水和工业污水集中排放到蓟运河河湾处，形成了污水库。污水库通过露天曝气作用，将污水初步降解。据调查，该污水库曾经建设过一根几公里长的排污管，通向渤海湾，定期排放污水库内的污水。环保公司成立后，面临着清洁约 1km² 的汉沽污水库的艰巨任务（图 3-14）。公司在 3 年时间内形成了突破进展，完成了重金属污染的底泥清理工作，并形成了若干清淤治污的专利和科研成果（图 3-15）。汉沽污水库从此更名为清净湖水库。

2) 建设气力垃圾真空收集系统

环保公司根据生态城管委会要求，在起步区 4km² 范围内，铺建了 4 套真空气力垃圾收集系统。该项目于 2013 年建成，但至今尚未投入使用。从适宜技术角度，这种高投入的气力真空设备并不经济。一方面由于这种设备必须在建设初期就预埋管网，并预留用地，按生态城情况，等到新城建设成熟期需要 10 年时间，设备闲置率较高；另一方面，固废垃圾的收集关键在于分类回收，这是与管理制度和居民生活习惯直接相关的，与收集运输方式关系不大，如果前者没有形成好的管理模式和行为模式，设备投入额越大，运营成本就越高。生态环保最终的目的是引导人们形成生态环保意识和行为，而非生态技术的堆砌（图 3-16）。

3) 承担生态城的环境卫生工作

环保公司成立了基层环卫组织，承担了生态城的日常环境卫生清扫工作。通过城市交通保护壳的设计和管理工作，生态城的过境交通被疏导到东侧中央大道上，将过境货车产生的影响降到最低。另外，通过对建设工地的综合治理，对渣土扬尘有效管理，生态城的环卫工作获得了常态化的外部保障。在接待滨海新区以上领导视察时，生态城环卫工作做到了日常道路等环节的市容卫生水平不用准备，即可达到常态化高质管理的水准。

目前，环保公司正在积极推进社区分类垃圾收集工作的组织和宣传工作。下一步在固废分类收集与再利用

图 3-14 清净湖水库原貌　　　　　　　　　图 3-15 清净湖水库底泥治理

方面，生态城应具有进一步的探索精神（图 3-17）。以生活有机垃圾利用为例，可以根据本地条件，采用资源循环与盐碱地改造相结合的方式进行探索。通常，城市常规的有机垃圾可分为四类：绿化落叶垃圾、餐厨有机垃圾、粪便污水（黑水、黄水）、污水污泥垃圾。

　　滨海新区内，由于盐碱化土地需要种植土壤覆盖，所以常用的种植土壤是常规土壤掺拌有机肥料形成的。滨海新区城市建设需求量较大，所以种植土壤和有机肥料都十分缺乏，价格不断攀高（2008 年种植土约为 30 元 / 立方米，到 2011 年，种植土升至约为 60 元 / 立方米）。通过对绿化植物垃圾的收集处理，在生态城内已征未建

用地上，可就近生产供绿化建设用地腐殖质土壤的"肥料池"。这类用地可结合生态城城市建设的时序，在已征用土地内划出，以 4 ～ 5 年一个使用周期，可随需要迁移。还可结合规划在未来的建设用地中选择规划的公园绿地，用作土壤翻熟场所，下一步公园绿地建设时可以降低盐碱地改良成本。如果对本地有机生活垃圾进行有效地收集、降解处理，可在这两方面形成良性循环。能增强生态城土壤肥力，降低绿化和垃圾处理成本。

　　对于餐厨有机垃圾，推行分类回收处理的潜力很大。但从目前中国家庭生活现状来看，还具有一定难度（但饭馆等可做到餐厨垃圾收集），如果结合家庭精装修，

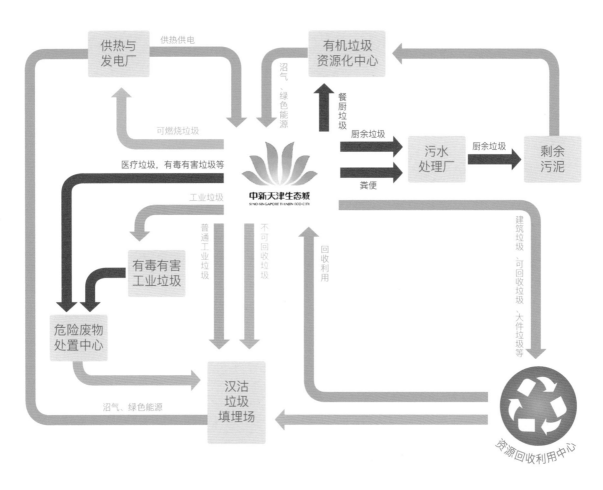

图 3-16 生活垃圾气力回收系统

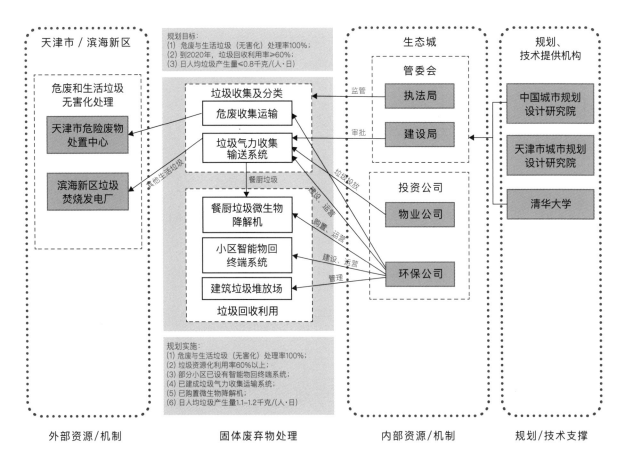

图 3-17 固体废弃物资源化利用实施管理模式图

表 3-4　　　　　　　　　中新天津生态城用水规模（单位：10 000m³/d）

用水分类	用水总量	常规水用量	非常规用水量	
			再生水及污水处理厂尾水	海水淡化水
居民生活用水	4.20	3.21	0.63	0.36
公建用水	3.57	2.73	0.54	0.30
工业用水	0.91	0.50	0.36	0.05
绿化用水	1.37	–	1.37	–
道路浇洒用水	0.25	–	0.25	–
仓储及混合用地用水	0.31	0.14	0.155	0.015
生态用水	5.00	–	5.00	–
其他用水	1.06	0.66	0.33	0.07
总计	16.67	7.24	8.64	0.79

注：每年减少常规水源用量相当于3个西湖的储量，相当于海河（三岔口一二道闸）的储量。除了传统污水处理等业务，水务公司应在大水务整合管理的思路下继续探索，可在五大方面形成业务体系。

统一在厨房水池排水部分安装垃圾打碎装置，餐厨垃圾也可以按照市政污水提取污泥的方式进行处理，但是这一标准还需要推广，实施成本有待降低。

对于粪便污水和生活污水，通过生态城污水厂处理后，能形成干化污泥砖。这些污泥砖可提供给生态城以西汉沽垃圾发电站作为燃料用途。如果部分能直接降解作为有机的腐殖质土壤，整个处理过程将更为低碳和节能。

在生态城，无机垃圾目前以建筑垃圾、包装、部分生活分类垃圾为主。环保公司目前正在构建实施废弃物绿色管理体系。基本对策应在清洁生产（Clean）、综合利用（Cycle）和妥善处置（Control）环节上形成工作标准。积极推广分类收集为主导的物质回收利用技术。

在实践过程中，环保公司逐渐明确了发展定位，了解到自身的发展潜力。城市环境卫生是其对生态城的常规责任，但应在资源环保利用领域形成更突出的核心竞争力，对于城市废弃物的收集、资源循环利用等方面存在巨大的发展潜力，生态城的城市特色将因此更加突出。另外，还可以和水务公司、绿化公司等形成更多领域的协同合作。例如水务公司在餐厨垃圾、污水污泥处理方面形成协作，与绿化公司等形成植物废弃物的收集与资源化利用等，这些都将对城市地区资源形成封闭循环环保利用模式。

2. 水资源的循环综合利用

2010 年，为启动生态城清净湖污水处理厂运营工作，投资公司成立了水务公司。根据生态城总体规划思路，从生态城水资源循环利用的角度，进一步拓展业务领域，探索整合模式下的水资源管理方案。大水务管理模式一直是生态城整体解决方案的主导思路，通过加强对水资源利用的宏观引导，要做好开源节流两部分工作。

开源方面，除了外接生活用自来水，最主要的就是保护并利用好地表水源现状。生态城虽处蓟运河和永定

新河河口交口用地，但年降水量 600mm 小于年蒸发量 800mm，所以地表水源主要依靠从西侧的蓟运河蓄洪调剂到内部的蓟运河故道和清净湖水库。为了解决好生态城景观系统补水问题，要利用好污水厂、净化水和清净湖、蓟运河故道的储水，同时要规划建设形成区域内地表景观储水、补水系统，发挥自然生态的作用（图 3-18, 3-19）。例如，生态城一直尝试非机动道路渗水路面系统，景观绿地内埋设雨水收集塑胶箱等技术推广，但这些技术和设施的设置决定权仅由市政景观公司自身决定，存在不确定因素，缺乏推行机制。这需要政府部门、投资公司在管理标准上，统一协调推进。初期根据规划目标制定一致的工作标准，并逐层分解推进就显得非常重要。因此要形成联动实施机制，并进一步形成制度设计。节流方面，通过建筑内部节水器具、节水灌溉和倡导节水行为等，形成水资源的节约使用和梯级利用模式。由于水务公司总经理曾就职于生态城管委会环境局，在水务公司筹建阶段，就配合环境局在节水导则的政策推广，制定行业标准等方面，开展了大量工作。上述两个部门就生态城的水要素管理，从水务综合管理高度形成了管理框架。生态城规划到 2020 年人均生活用水指标控制在 120 升／（人·日）以内；给排水管道普及率为 100%；污水处理达标率达到 100%。通过优化用水结构，实行分质供水，加强水资源循环节约利用（表 3-4）。同时，促进海水淡化及雨水收集利用，降低常规水源的使用，非传统水源利用率≥50%。这方面的协调联动机制也非常重要。例如，在梯级利用方面，需要将再生水通过河岸人工湿地系统过滤后，排入清净湖等水系。这就需要在景观绿化工程中，提前设置预留。

（1）水环境修复体系。生态城现有水环境质量相对较差。处于区域中心位置的营城污水库常年承接周边化工等重污染产业的工业废水，导致水质较差、底泥污染较重、修复难度大。东侧近岸海域海水水质受到活性磷酸盐和无机氮的影响，海水富营养化较为严重。通过建

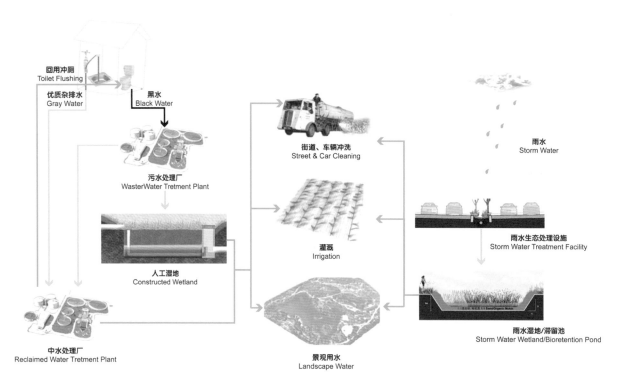

图 3-18 中新天津生态城整体水管理系统（资料来源：EDAW. 中新天津生态城景观概念设计）

图 3-19 中新天津生态城景观补水

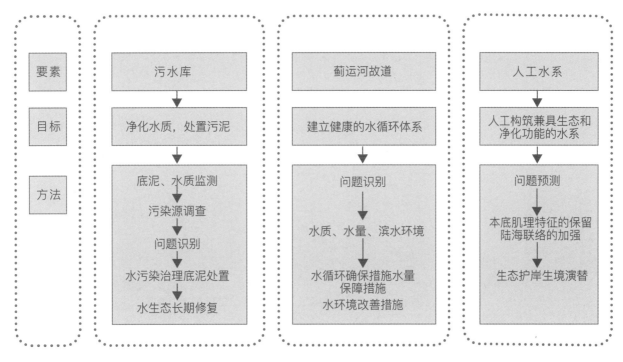

图 3-20 水环境修复技术路线

立水环境修复体系，从工程技术、管理政策、运行机制等多层面进行污染治理和生态重建，保障水环境健康、安全，实现人水和谐的发展目标。生态修复技术主要包括：滨海重盐土低成本生态快速重建技术；植物—微生物联合定向原位修复技术；耐盐植物修复污染地技术等（图3-20）。

（2）污水资源化利用体系。积极推广分散式和集中式相结合的污水资源再生利用模式，通过营城污水处理厂和社区内小规模污水分散处理系统构建污水资源化利用体系（图3-21，图3-22）。

（3）海水开发利用体系。生态城紧邻渤海，具有优越的海水利用条件，可依托北疆海水淡化厂采用直接利用以及海水淡化利用的方式，将海水利用于高质生活用水、科研用水及低质生态用水。并结合区内外先进产业进行海水淡化、海水冷却与海水化学资源利用循环经济产业链的研究（图3-23，图3-24）。

（4）城市降水水文循环的修复体系。充分利用天然降水特别是雨水的渗透，有效解决城市水资源短缺、补充城市地下水、改善城市水环境。通过屋面—路面、绿地—景观河渠—区域河道的方式，结合生态城的城市设计，建立生态城雨水集蓄、利用系统（图3-25）。雨水利用工程技术主要包括：雨水收集与截污技术（图3-26）、雨水调蓄技术、雨水处理与净化技术等。

（5）生态水系建设体系。以生态自然设计方法和人工湿地建设相结合，对生态城内现有水景进行改造，建设湿地公园，形成景观和休闲于一体的生态水环境。

另外，水务公司还可结合能源公司，就生态城区域水源热泵应用的可行性及实施方案进行探索，在多个领域与多个部门形成协同合作，构建多元生态业务体系，探索政府采购、社会购买、基金支持等多种盈利模式，进而为管理技术标准输出奠定基础。

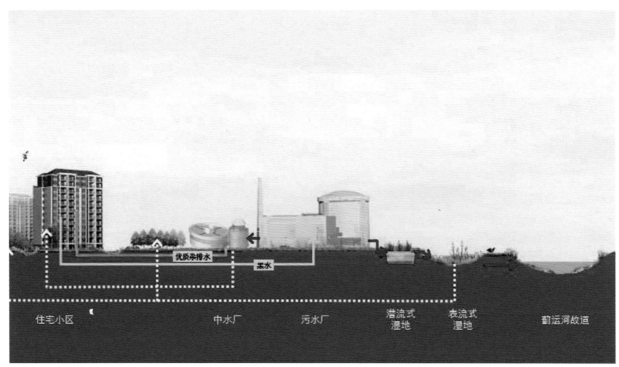

图 3-21 污水管理（资料来源：EDAW. 中新天津生态城景观概念设计）

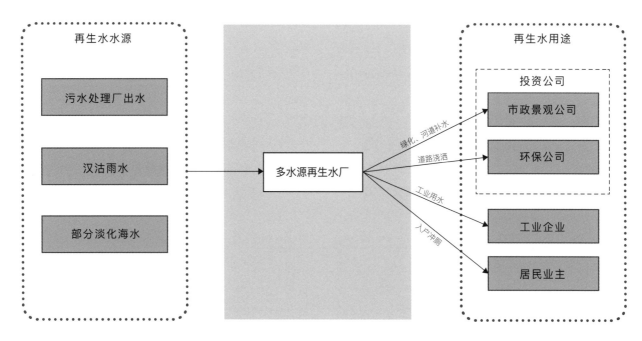

图 3-22 再生水利用实施模式图

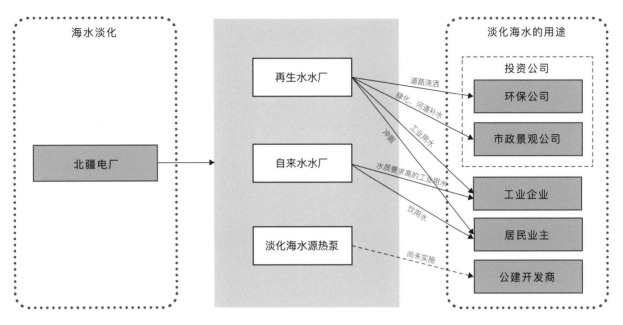

图 3-23 淡化海水资源的利用实施模式图

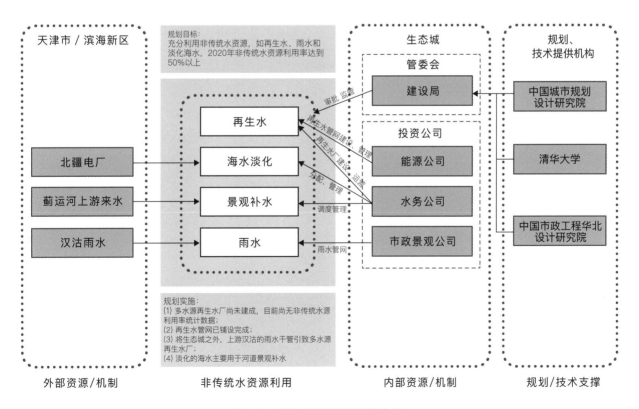

图 3-24 非传统水资源利用管理实施模式图

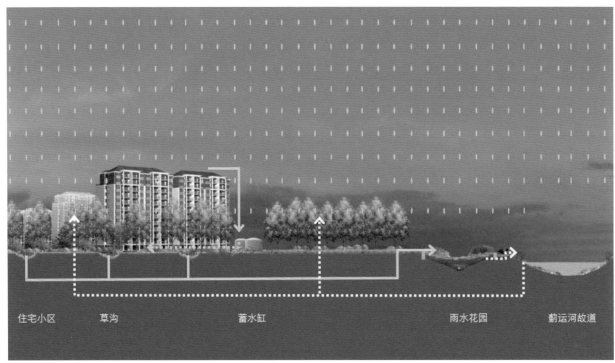

住宅小区　　草沟　　　　　　蓄水缸　　　　　　　　　雨水花园　　蓟运河故道

图 3-25 雨水管理（资料来源：EDAW. 中新天津生态城景观概念设计）

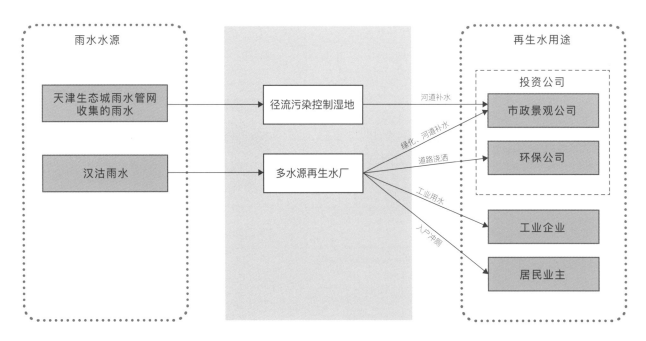

图 3-26 雨水利用实施模式图

3.2.3　生态修复的景观绿化制度

1. 现状情况

生态城地处蓟运河、永定新河河口交汇入海口，也是中国北方地区候鸟迁徙的主要通道。生态城北部区域是近约 500km² 的七里海—大黄堡自然保护湿地，这一区域是古海岸退潮生成区域，生态基底有显著的海岸湿地特征。但是，生态城所在地自明清以来就是盐业生产地，清代贡盐长芦玉砂就产于该地，生态城起步区大部分用地是八一盐场生产用地，局部地段盐渍化污染严重。因此，生态城在建设过程中，需要根据规划，对生态城绿化用地进行生态保育和修复，在物种等方面与大区域范围内的自然生态环境做好对接（图 3-27）。生态城在总体规划阶段就确定了较高的绿化率（图 3-28）。在 34.2km² 范围内，水系、道路绿化、公共绿地、可出让用地内绿化用地等，共计约 17km² 绿地。

2008 年，投资公司为了快速推动市政和景观建设，把市政道路建设和绿化职能合并在一起，成立了生态城市政景观公司。市政景观公司中的绿化建设部门负责生态城内的道路绿化、公共绿地等的建设和养管工作。住宅、产业园内绿化由业主单位负责。从工作组织模式上，由于绿化建管工作相对独立，在市政景观公司内部，绿化建管业务上亦相对独立，该部分的工作团队完全可以成立独立的景观公司（以下简称为"景观公司"）。为

图 3-27 中新天津生态城公园绿化实景

慢行系统

❶ 码头 　　　　　❶ 湿地漫滩
❷ 餐饮酒吧 　　　❶ 大学城体育会所
❸ 湿地花园 　　　❶ 体育活动区
❹ 港湾会所 　　　❶ 大草坪
❺ 拦水坝 　　　　❷ 地形花园
❻ 车行桥 　　　　❷ 生态谷入口
❼ 湿地公园 　　　❷ 生态谷
❽ 连接绿谷 　　　❷ 雕塑公园入口广场
❾ 湿地公园 　　　❷ 雕塑公园
❿ 湿地滩岛 　　　❷ 水田景观
⓫ 眺望崖 　　　　❷ 地形雕塑
⓬ 眺望台 　　　　❷ 民俗展览馆
⓭ 水坝 　　　　　❷ 盐田景观
⓮ 大草坡 　　　　❷ 巨石护坡堤岸
⓯ 城市森林公园 　❸ 潮汐湿地

图 3-28 中新天津生态城起步区景观设计平面

了全面提升生态城的生态修复和景观建设，形成高标准的花园式生态城，生态城高度重视景观公司的发展。新加坡之所以能够建设成为花园城市，这和新加坡第一任总理李光耀重视建设国家公园局这一部门是分不开的。为了防止传统的绿化部门不受到重视的问题在新加坡内阁重演，他将国家公园局单独设立，并安排在距自己办公室最近的地方办公，这样绿化景观类问题就可随时和他面对面沟通汇报。伴随着起步区城市建设工作，景观公司率先完成了起步区景观绿化工作，在工作质量和工作速度上表现出色，这也是和生态城管委会和投资公司的高度扶持分不开的。下一步景观公司应该强化城市地区自然生态环境建设的生态意识，从更宏观的视角参与到生态城的景观生态建设，并进一步完善业务内容和组织构建。

2. 建设生态型景观绿化体系

生态城在起步区采用的是天津经济技术开发区绿化建设技术，虽然在盐碱地绿化等单项技术方面暂时处于地区前列，但缺乏对生态型景观绿化体系的战略思考。而景观公司在未来会瞄准高生态效益、低维护成本的要求，构建新型景观绿化体系。

生态绿化体系方面，由于港口工业、污染、过度捕捞和湿地围垦等原因，目前天津海岸带沿线的湿地及其生态系统均遭受了不同程度的破坏。蓟运河入海口地区是潮汐盐沼湿地，生态作用和价值巨大，主要体现在具有初级生产力、供养野生生物及水鸟、缓解海岸带侵蚀、水质净化和防风减灾等功能。由于生态城生态环境脆弱、生态敏感度高，规划要针对生境的保护、修复和治理提出方案。通过对蓟运河、营城水库、蓟运河故道等河道水体和污泥治理、土壤去盐碱化的改良工作，提升和修复生态环境。同时，借鉴国内外在湿地修复的先进技术和经验，对生态城的海岸带湿地和其生态系统，进行自然和人工相结合的修复工作（图3-29）。从源头上进行治理和管理，恢复生物生存的良好环境。明确生态城海岸带湿地生物量和种类减少的原因，修复湿地的生物资源，如人工增殖放养鱼类、贝类等。

生态城景观保持营造了区内原生态环境，将生物多样性保护和景观视觉美感相结合，利用海岸带湿地景观特征，遵循自然设计，并贯彻低投入、低维护费用的原则（图3-30）。自然景观和人工景观相互衔接，利用可降解的建筑材料，降低人类活动对生境的干扰。同时，建设多级水网和绿网结合的复合生态系统，在生态城道路两侧设置防护绿地，形成自然生态屏障。例如将永定新河河口堤岸绿化一并纳入生态城绿化范围，通过绿化稳固堤岸方式，使生态城获得较优美的河口景观效果，使自身建设用地的品质得到提升；结合道路景观系统，统一设置雨水收集、滞蓄系统。

3. 城市景观运营管理模式

俗话说"三分建，七分管"。城市景观绿化体系绿化成本应在规划建设初期就应加以控制。例如，生态城一直试图探索窄街道、密路网的规划设计原则，以形成宜人尺度的林荫道路。并同时解决地下管线排布路由问题，在道路红线外侧，建设用地内，规划确定了8～12m的带状绿化带。这条带状绿化用地，在用地所有权上属于出让地块，规划条件确定为地块绿化用地，但计入出让地块的绿化率，其地下允许城市级别市政管线使用，并且地上绿化用地也由生态城市政景观公司统一进行栽植。这就产生了产权界定和养管责任问题。为了保证起步区施工阶段的统一形象，生态城管委会要求市政景观公司在土地出让前就统一对12m和8m绿化带进行绿化布置。由于出让土地仍将该用地作为出让用地的一部分，即地块开发商拥有绿带所有权，但城市强制要求按照绿化统一要求使用，初期政府承诺承担该绿化用地的养管

图 3-29 中新天津生态城湿地景观

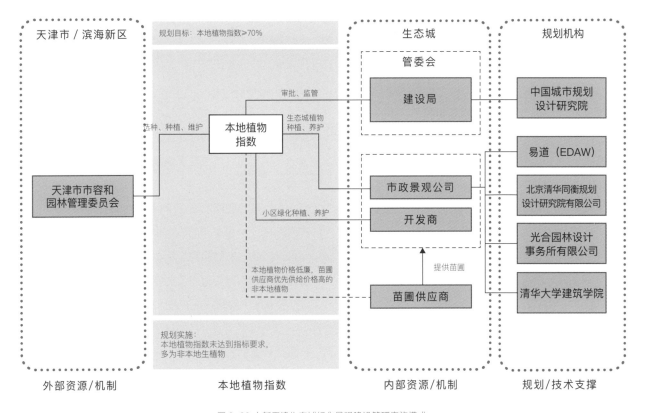

图 3-30 中新天津生态城绿化景观建设管理实施模式

费用。从长期看，为避免出现使用问题，需要在相关土地出让合同中进一步明确，才能兼顾好城市公共利益和产权所有人利益。

景观公司运营方面，除了政府代建项目，还发展了苗圃和租摆副业。下一步结合景观旅游项目，还应发展经营性的室内植物园。科研方面应尽早成立盐生植物研究所，并通过生态城整体向上级地区政府争取财政支持，这需要政府和企业通力合作进行外部有限资源的争取。苗圃用地也可结合规划实施条件进行资源整合与优化。在生态城范围内，随着起步区建设，需要大量绿化苗木。由于整个滨海新区都处于新城建设高峰期，苗木需求量将在很长周期内持续，这意味着本地区苗木购买成本将随着时间推移不断提高。由于苗木基本是从河北地区和山东地区购买，本地盐碱地改良后苗木栽植还要进行适

应。如果更小的幼苗在本地进行适应性栽植后再本地区移栽，成活率将大大提高，同时苗木购买成本也可在涨价周期内降到最低。由于生态城建设正从南向北逐步推进，北部片区将存在大量闲置待征用地。这些用地如果将征储工作和苗圃建设工作进行结合，将大大节约生态城建设成本。从宏观层面看，景观公司可通过政府投资杠杆进一步撬动市场力量参与公共绿化的积极性，如万科社区公园代建模式就形成了双赢局面。

在城市建设中，由于工程类建设特点，绿化建管单位需要跨专业综合推进工作，如与市政给排水、道路规划建设等合作。因为工作特点，绿化建管部门容易在其中成为弱势部门。工作推进中遇到问题尤其需要多方协调，这需要生态城管委会和公司高层高度重视这一部门的工作，为营造花园城市创造良好的外部环境。

3.2.4 低碳建设的公共设施制度

实践证明，政府项目的实施只有在明确经营管理模式的前提下才能有效开展。建投公司负责的政府项目实施过程中，对于政府委托代建模式的项目，由于经营主体不明确，执行起来一度处于试探摸索的状态，无法快速推进。例如社区中心项目，由于管委会初期对生态城社区中心的定位和功能并不明确，一味要求建投公司着手开展社区中心设计工作，虽然开展了设计方案招标，并最终提出了比选方案，但由于管理主体并不明确，前期工作只能作为模拟设计方案。

社区中心包含两种主要功能：基层公共服务（行政、医疗、文体活动等）和社区商业服务。根据行政管理要求，生态城 21 个社区中心进一步细化成为 10 个社区商业中心和 11 个社区中心，即把 10 个社区商业中心的基层公共服务功能并入到 11 个社区中心当中。社区商业中心的建设经营向市场开放，通过招商向商业地产商出让土地。社区中心可进一步成立社区中心管理公司，按照利润锁定模式，向生态城提供社区生活商业服务，并同社区商业中心形成服务竞争。只有明确经营模式，才能确定经营主体。中新天津生态城在这种探索过程中，于 2010 年成立了城市资源公司，其中核心业务就是对上述社区中心的建设和运营。

1. 公共设施建设实施的管理盲区

以惠风溪泵站项目为例，该项目于 2009 年 6 月开展了规划设计，由于招标和开工时间紧迫，该项目初步确定了配套用房建筑效果，以建筑效果图的形式向相关领导汇报并确定了实施方案。根据设计方案，抢先完成了用于满足招标、基础工程及设备安装工程需求的施工图纸，并开始着手施工准备工作。由于特事特办，建设局要求建设方在开工后进一步完善立面设计效果，补报

完整的建筑方案，并在施工阶段按照补报的建筑方案设计立面，同时在施工图纸上落实完善配套用房的立面设计，并按完善后的施工图纸进行立面设计。

在开工后的一个多月，建设单位补报了设计方案（包括建筑效果图和平面、立面、剖面图纸）。但是由于设计院在施工图阶段更换了建筑设计人员，从方案阶段的立面设计到施工图阶段的立面设计没有进行工作交接，施工图阶段的立面图纸在没有经过多方审查的情况下即进入了施工阶段。因而在主体施工期间，由于施工图没有按照建筑方案立面的设计要求落实完善配套用房建筑立面效果，等到立面施工进行到尾声时，由规划行政管理人员发现了问题，要求进行停工整改。

这个案例反映了当前政府投资的公共建筑或设施在质量监管方面的普遍问题，应该从规划设计、项目审批和实施操作三方面着手改进。

在规划设计方面，要加强对参与生态城规划设计单位的认证管理，建立准入机制和淘汰机制，做到专业化服务。方案报审要做到平面、立面、剖面图纸设计齐全，效果图符合地段的实际环境，真实反映预期效果。在施工图阶段要认真落实方案阶段的设计要求。建立建筑师负责制，其服务工作应贯穿方案设计、施工图设计和施工现场服务全过程。以连贯性的工作模式，保证生态城的建筑品质和细节。

在项目审批方面，管理过程要加强标准程序的执行和优化。同时要按照效率优先，保证品质的原则灵活务实的推进工作。对于生态城的重点项目，如果采取部分先施工的推进模式，应强化全过程把关和服务的意识，加强规划设计的跟踪审查力度。做到设计要求和效果在实施阶段的每一个细节都能得到落实。对生态城政府投资建设项目的色彩、材质、环境景观设计的实施过程跟踪审查，在建设过程中及时发现解决相关问题，从全过程保证生态城各个项目的建设品质。

在实施操作方面，要加强报审程序意识，建立准入制度，严格选择符合生态城标准要求的设计单位。对市政场站类配套用房的方案设计，通常由于项目小、要求低等现实问题，均由市政设计单位下属的建筑所配合完成，其建筑设计专业化水平低，容易成为城市形象的死角。对于市政场站类配套用房的建筑设计工作，今后更应引进专业的建筑设计单位主持。在这一案例之后，生态城能源、市政等公司着手委托相关建筑设计专业单位进行设计，生态城市政类小型建筑的效果和质量大为提高。

公屋建设也是一样。建设初期由合资公司负责公屋建设，但是由于外方人员对当地情况不了解，无论是前期工作还是建设的推动效率都不高。管委会最终决定将代建委托收回，并自行成立了挂靠在建设局下的公屋办公室，由房管科实施立面效果、成本控制、精装修样板间实施等的工作组织，由建投公司负责代建。事实上，公屋办行使了项目代建公司职能，建投公司成为建设施工队伍，结果公屋推进效率也很不理想。最终在多方形成共识后，成立了公屋公司，参照新加坡建屋发展局的模式，开始了政府委托项目、专业公司代建的新型模式探索。

2. 公共设施及其低碳化建设实施模式探索

这里指的公共设施专指公共服务设施，主要是政府出资建设的建筑，如文教体卫类、社区服务类、公共管理类和混合类等土地开发（图 3-31）。在生态城，这些设施的建设规模总计约 2.2km²，按照每平方米 5 000 元造价，总价约折合 110 亿元。

生态城 2.2km² 的公共建筑是一个重要的绿色建筑示范项目群落。由于建筑能耗是整个能耗中的重要一项，占整个社会能耗的比例可高达 40% ~ 50%，建筑能耗中的采暖和空调两部分又占建筑总能耗的 50%。目前，生态城的目标是住宅节能 70%，公建节能 55%。但是对

于经营性房产开发的节能要求属于市场引导行为，由于经济成本的影响，开发商更容易遵守政府规定的下限。除了示范性的绿建荣誉和资金奖励外，政府主导的公建项目应该成为这种开发中的主力军。绿色建筑的推广涉及整个产业链条的更新换代，是典型的转变发展方式的具体体现，这种宏观的整体产业升级推动引导，没有强有力的宏观经济主体推动参与，以中国现有房地产企业的综合实力，是无法办到的。从这个意义上，在管委会和投资公司的支持下，建投公司具有良好的升级空间，更好地参与到未来绿色建筑产业化的发展进程当中。

为解决自身的可持续发展需求，建投公司转向了房地产开发，开发了美林园、动漫园别墅、动漫园办公

图 3-31 中新天津生态城公共设施布局规划图

图 3-32 动漫园内湖区域鸟瞰图（资料来源：张洋摄）

楼等项目（图 3-32）。这是企业自身生存环境和企业特点决定的一种自我生存方式。但是其肩负的生态城责任，实际上具有公共设施建设管理的政府特许授权。虽然建投公司授权总额上百亿元，但是由于建设开发在10～20年周期，尤其是教育服务类和政府办公类在中后期开发，以先期投资建设不足以在头10年养活这样一个企业运营。所以通过相同业务属性复制的方式，在生态城内部参与房地产开发的市场化竞争。进而形成代建—市场房地产开发—成熟的房地产企业的发展道路。甚至成为投资公司旗下，可与合资公司匹敌的房地产发展公司。

建投公司的代建和管养模式探索，都是以万科等知名房地产商为借鉴。通过深入交流沟通，发现代建要和物业管理相结合，形成以运营为导向的代建模式，才可以具备良性的可持续发展力，因此凡是好的代建公司都有自己的物业公司。作为生态城的特许授权企业，初始发展可以依靠代建一部分公屋、蓝领公寓等政府项目，逐渐发展为一个可在市场上自由竞争的企业。

建投公司应肩负起绿色建筑评价和引导的任务。因为由政府主导下的公共建筑设计建设和管理使其有能力、有财力、高标准地进行试验和推进。同时其公屋公司的业务也能使其将绿色建筑技术推广到最基层的住宅建筑当中，是典型的示范型技术研发企业。

为了实现四节一环保的目标，2006年建设部出台中国的绿色建筑评价标准。建设部组织相关专家编制生态城指标体系时，其中一项指标就是生态城绿色建筑覆盖率为 100%，这显示出国家层面对生态城推广绿建的高度期望。这一指标体系作为总体规划的一部分。通过了审批，生态城绿色建筑的实施和管理进而成为一项热点议题，生态城许多部门都开始了相关的思考、讨论和行动。2008 年，在建设部绿色建筑评价标准的基础上（表 3-5），生态城出台了自己的绿建评价标准，并通过地方建设管理单位的批准成为地方标准。

虽然绿色环保建筑是大势所趋，"四节一环保"的要求也是绿色建筑评价的核心标准。但是目前绿色建筑的技术含量相对较高，绿色建筑的实施从整个产业链的源头到末端都需要进行学习和推动。仅就规划设计行业，虽然属于知识劳动密集型的行业，但是绿色建筑的相关设计推动依然相当缓慢，许多方面只是停留在概念阶段。

从更深层原因看，绿色建筑的推广是要从行政命令和"道德血液"两个方面来推进的，缺乏真正的经济驱动力或者更加深入的制度约束。所以在实施过程中，生态城的绝大多数建筑体现绿色方面主要是加强保温隔热、使用太阳能光热系统等这些适宜性技术。面对这一现状，生态城采用了聚焦的政府主导策略，选择一些公共设施，进行集中的可再生能源建设（图 3-33）。例如门区风电、服务中心停车场光电系统、污水库上盖光电系统、中央大道光电系统、路灯风光互补电力系统等。尤其对于公共建筑，一直试图推行示范型绿色建筑（表 3-6）。但由于时间进度紧张、行业技术不熟练、行政管理资源有限等综合问题，起步区的公共建筑也只能就现有资源进行倾向性的设计探讨。在起步区住宅建设推动阶段，生

表 3-5 国际上四种主要绿色建筑评估体系

名称	BREEAM	LEED	GBTools	CASBEE
起源	英国	美国	加拿大等国	日本
评价	最早的绿色建筑评估体系	商业上最成功的绿色建设评估体系	最国际化的绿色建筑评估体系	最科学的绿色建筑评估体系，政府推动
适用建筑类型	新建和既有办公、住宅、医疗、教育建筑等，共8种类型	新建和既有建筑、住宅、社区、内部装修等，共6种类型	新建商业建筑、居住建筑、学校建筑等	新建和既有各种类型、社区、政府办公楼等，共10余种类型
评价方式	评定级别（通过、好、很好、优秀）	评定级别（通过、银、金、白金）	评定相对水平（相对于基准水平的高低程度）	S，A，B，C（折算为建筑环境效益，百分制）
评估内容	管理、人类健康、能源、交通、节水、材料、土地利用、生态、污染	可持续场地规划、提高用水效率、能源与大气环境、材料与资源、室内环境品质、创新设计	资源消耗、环境负荷、室内环境质量服务品质、经济、管理、交流与交通	Q：建筑品质；Q1：室内环境；Q2：服务品质；Q3：场地环境 L：环境负荷；L1：能源消耗；L2：材料和资源消耗；L3：大气环境影响 BEE（建筑环境效益）=Q/L

图 3-33 中新天津生态城可再生能源建设

态城试图要求房地产开发商在建设售楼处时将其建成较高等级的绿色建筑，并要求与小区同步规划，建成永久设施。而在实施过程中，由于开发商在规划设计、工程施工和办公销售三方面的组织问题，一部分组织能力差的开发商就将售楼处按照临时建筑实施，只有少部分高素质开发商进行了认真地探索。

过程中，生态城建设局曾提出要转变管理思路，将绿色建筑的管理从事后评价转化为过程控制。基本思路是从设计过程就进行绿色设计的审批锁定，在施工管理中进行跟踪验收，最终实现 100% 绿色建筑覆盖率的目标。但是，作为行政审批部门，其社会职能是为现有社会资源的整合优化提供必要公共服务，行政审批的机制是杜绝当前社会标准下不合格的建设项目。如果对于绿色建筑这类实验型建筑实行行政审批，也就意味着提高了生态城建设标准。这不仅对于规划设计提出了更高的要求，更是对图纸审查、建设管理、施工技术、材料供应、运营管理等整个建设产业链提出了整体要求。事实上目前的资源仍无法满足推广型绿色建筑的实施要求，如果规划审批部门强力推动绿色建筑设计审批工作，由于后续产业链跟进压力传递积累，将产生压力的回波效应，形成整体管理效率的滞后，反而达不到常规技术实施的进度和效果。所以适当的实施策略应该是优先选择中小型公共建筑进行绿色建筑的示范型设施（如学校、社区中心、派出所等），完善过程控制中从设计审查到实施管理的衔接环节，降低技术门槛和评价系数，推动与现有整体资源的匹配（表 3-6）。

在建设工人临建住所安排方面，虽然初期成功推动了建设者之家的项目，其操作模式相当成功，但由于对起步区建设工人的居住安排缺乏系统考虑和规划，建设者之家最终只成为了一个孤立的项目，而没有成为一个建设工人临时居住的解决工程，该项目最终也难免有形象工程之嫌。如果在建设初期对商业主次中心区，社会配套、最晚开发等项目用地统一考虑，按照建设时序，在片区开发中统一规划临建居住用房，对现场管理、施工安全、社会和谐方面将起到积极作用。

表 3-6 　　　　　　　　　　　　　　　　　中新天津生态城绿色办公建筑评价级别取值

国家 / 标准	新建办公楼 (kWh/m²·a)	供暖能耗要求 (kWh/m²·a)	分项值					目标提出 年份
			供暖	热水	照明 (耗电)	通风空调 (耗电)	设备用电 (电器等)	
加拿大	69	—	✓	✓	✓	✓	✓	2009
丹麦	97	—	✓	✓	✓	✓		2006
印度	110	—	✓	✓	✓	✓	✓	2007
德国	120	15	✓	✓	✓		✓	1988
新加坡	150		✓	✓	✓	✓		2006
中新生态城认证级	110	16.5	✓	✓	✓	✓	✓	
中新生态城白金	60	9	✓	✓	✓	✓	✓	

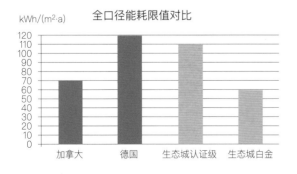

全口径能耗限值对比

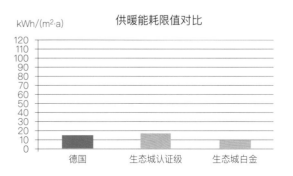

供暖能耗限值对比

3.3

生 态 新 城 二 级 开 发 制 度

3.3.1 绿色开发的住宅地产制度

1. 生态新城的建设主力

生态城住宅开发在一开始经历了统一规划理念的过程。

到目前为止，中新天津生态城吸引了大量国内外的绿色开发商进驻，与生态城合资公司联手进行生态城绿色住宅项目开发的国际顶尖开发公司包括：阿亚拉地产有限公司（菲律宾）、远雄集团（中国台湾）、三井不动产住宅有限公司（日本）、三星物产株式会社（韩国）、世茂房地产控股有限公司（中国香港）、双威有限公司（马来西亚）、长成实业私人有限公司（新加坡）等，另外也包括万科、万通等国内知名房地产开发企业。这些企业当中，有些企业是受到生态城理念的感召进驻，加之自身也在探索低碳绿色建筑过程中，因此对生态城的尝试抱有一定认同感，例如早期的万科、万通等企业，已对绿色低碳建筑积累了一定的经验，并抱有积极探索的态度。有些企业的进驻则依赖于以往形成的招商关系，如吉宝、世贸等企业，更多的是为了实现成功的地产开发销售，对生态理念的接受较为被动。不同的企业文化和定位使这些房地产开发企业在生态城的建设节奏、实践效果并不一致。

生态城规划管理在这一时期也表现出了矛盾的一面。

一方面，规划管理在住宅开发初期就强调了生态社区的发展理念，围绕社区中心配套服务设施。同时通过片区级别的总体城市设计，对公共空间的使用进行了统一约定。在房地产开发商进驻时，形成了明确的发展边界和约定规则。另一方面，因管委会领导对欧式建筑立面风格有较高的认同感，加上第一批进驻的住宅建筑师在现代立面设计方面水平不高，造成了起步区住宅建筑欧式立面盛行的局面。这与多样和谐的绿色生态理念相违背。另外，因为朝向、慢行系统管理等诸多规划管理要求，仅规划师和建筑师的磨合就需要经历长期过程。这其中既有从个体利益考虑的情况，又有行政意见不一致的情况。

经历了初始 3 年的磨合期后，生态新城的住宅地产发展模式在大方向上逐渐统一了步调，积累了协作经验，形成了从营造生态社区角度引导住宅地产发展的模式；形成了从城市设计角度统一公共空间景观形态的方法；形成了从绿色建筑角度高端示范，中低端推广的具体操作要求。

2. 生态住宅和生态社区的创新探索

生态城最先提出了生态细胞这一规划模型。每个生态细胞为 400m x 400m 的住宅开发用地，其间有十字慢行通道，将每个生态细胞分割成 200m x 200m 的生态单元。每 4 个生态细胞组合成为一个生态社区。生态细胞是住宅项目的开发单元。其中每个生态单元约为 40 000 ～ 70 000 ㎡建设规模，投资规模约为 2 亿～ 3 亿元，住户约 300 ～ 500 户，每个生态单元在建设和销售时划定为一期。因为生态单元在分期建设尺度、融资运营尺度和社会管理尺度三个方面高度契合，所以生态城的住宅开发商一般一次至少拿两个生态单元开发，即半个生态细胞。多的时候，甚至一到两个生态细胞。生态细胞规划建设模式是中新天津生态城的特色，它为生态新城住宅开发奠定了一个基本尺度。截至 2014 年，生态细胞模式涉及三方面值得探讨。

1）关于生态细胞的优化设计

生态城早在 2008 年底接触到了 Eco-Block 项目。Eco-Block 项目是由美国伯克利大学环境学院汉瑞森（Henrense）教授提出并发起的。该项目由美国若干家基金会和跨国公司进行资金支持，目的是在中国地区选择一处有志于生态环保的住宅开发项目，参与资金支持的有微软维尔克姆基金会、西门子、美国通用电气等公司财团。Eco-Block 项目对前期设计费用进行全额资助，设计深度最终要达到建筑施工图深度，其中包括绿色交通、能源、水资源、垃圾利用等生态技术实施设计图纸，

资助总额最高可达 2 000 万美元，约合 1.4 亿元人民币。合作条件也较为优厚，项目实施方对这一设计的最终成果具有采纳权，也就是如项目开发单位觉得 Eco-Block 最终的设计方案不成熟，不能用于项目的具体投资建设，可以不予采纳。另外，按照风险共同承担的原则，该项目要求投资建设方出资 100 万美元。这一项目初期是在青岛市进行合作尝试，虽然受到当地政府的支持，但最终由于政府换届，建设单位因土地出让等一系列问题错过了项目启动机会。2008 年底，生态城在与该项目的牵头人汉瑞森教授进行深度接触后，虽然管委会方面有较高的热情，但执行层投资公司和合资公司分别拒绝了这次合作。

Eco-Block 项目的流产，揭示了包括中新天津生态城在内的中国生态住宅开发的实际状态。建设项目在探索创新方面既缺乏现实需求的经济动力，又缺乏创新的机制保障。该项目占地 0.2km²，按照容积率 1.6 进行实施，建筑面积达到 32 万平方米，按照每平方米 3 000 元土建成本计算，该项目的建设投入将达到 10 亿元，前期设计费用按照较低水平 3%计算，需要 3 000 万元设计费用，这相当于该项目不仅省下了前期费用，还在细化设计研究方面获得 1.1 亿元的研究资助。但是按照每平方米 7 000 元的销售成本计算，该项目销售成本总额将达

图 3-34 中新天津生态城彩虹桥入区口

到 21 亿元。从建设单位角度，经济账首先是要算清的。所以从开发投入角度，虽然可获得于接近常规 4 倍的前期设计费用资助，但也只占整个项目投资的零头。如果采用这一系列的新技术措施，住宅产品常规使用功能的稳定性将不可预期，在实际运行阶段，业主和物业管理将承受的成本无法评估。毕竟这是一项试验项目，从资金操作风险分析，这种项目是中国当时任何一家房产公司都无法承受的。所以即使有强有力的财政或财团支持这类实验项目，这种投入也需要相当周密的安排和计划，只有在经济和技术层面具有成熟的可操作性之后，这类项目思路才能易于被采纳并付诸实施。

2）小街廓、密路网

中新天津生态城在小街廓、密路网方面的探索并不彻底，主要基于 400m 间隔的道路网格。对于 200m 间

隔的慢行系统体系，在起步区内没有形成规划预期的体系，只有社区级别的片段。城市规划的技术创新，需要在城市建设体系中进行推动。小街廓密路网、多层高密度的住宅形式、高密度地区交通停车场地与建筑物及换乘中心的结合等问题的优化和实施，是一系列系统实施工程。在这一体系中，关键需要在咨询设计单位、投资开发单位、工程建设单位、运营管理单位和行政审批单位这五大运行系统中获得共识，才能将一个规划创新的理念进行实施和推动。从示范角度看，创新性的规划实施需要从五大体系中的精英团队在信息通畅的环境中精诚合作，才有可能将理念变为现实。从推广角度看，这一过程需要整个社会的集体认识和学习，必须有一个过程，才能通过示范项目形成学习推广的态势。而规划实施的管理者需要洞悉这一规律，把握态势，借势而为。

另外有所启发的是，小街廓、密路网的社区发展模式，需要前置条件的配合。首先是由于路网密度增加，土地出让成本中需要增加这一增量成本。其次在市政管线排布时，应结合道路管线设计综合考虑管沟的排布位置和方式，并以此确定管线在道路两侧的位置和道路及其两侧建筑的退线距离。

3）绿色建筑的技术试点

虽然中新天津生态城住宅已 100% 达到绿建一星标准，但由于住宅项目造价限制，目前生态城住宅的绿建增量成本一般控制在 5% 左右，不宜扩大范围使用绿色建筑技术。但是，住宅项目的售楼处却是一处极佳的绿建理念和技术的展示馆。在生态城住宅项目建设过程中，开发商的售楼处建设是一个亟须资源整合的建设行为。由于开发商的经济和管理水平不一，对售楼处的规划和后续使用标准各异，但相同点是在建设投入方面舍得花钱。例如起步区范围内，开发商对售楼处的规划使用方式分为三类。

（1）临建模式：

例如吉宝项目，作为临建项目，虽然其建设标准完全符合永久建筑标准，但由于没有统一规划，先在自己的三期用地内按照临建建设，一般在使用 2 ～ 3 年后自行拆除，这种方式造成的资源浪费巨大。

（2）会所兼售楼处模式：

开发商结合规划建设会所作为售楼处临时使用。例如世贸集团建成会所，并作为生态技术展示中心兼售楼处一次到位。但这种模式要求会所设施在整个项目中属于独立占地形式，与住宅及其他附属设施结合度低，对小规模占地项目运作成本高。而万通、天房等项目则按照绿建展示中心标准建设，远期多用途使用。

（3）代建政府项目模式：

通过代建政府设施，先期无偿使用，后期无偿移交。例如万科在社区公园内建设样板间，后期移交相关部门作为管理用房，双威项目无偿为生态城代建了社区中心，并无偿替生态城做好了分期设计方案。

生态城应当鼓励后两种建设模式，这是两种双赢模式。一方面能为开发商节约时间成本，迅速推进项目建设和销售工作，并为地块整体规划赢得更多有利条件。另一方面政府能够节省财政开支，质量也比通过财政划拨的项目要高。另外，作为生态城建设的展示名片，售楼处建设可以作为绿色建筑的整体示范群落，由于建设规模一般较小，且开发商在投入方面往往不计成本，意在获得宣传效果。所以非常适合作为绿色建筑实验对象。

3. 管理机制和组织模式

2014 年，住宅房产业已形成了拐点，房地产已开始远离暴利时代，进入长期稳定的产业发展周期。新时期房地产在产品方面将会提升附加值，提高房建质量，稳步进入建筑产业化的时代，并最终逐渐推动绿色建筑产业化。中新天津生态城的住宅开发模式已不再是单独入区企业的常规开发，而是按照生态新城的开发理念，在当地政府和一级开发企业引导下，按照导则进行开发。

1）合资公司主导模式

依托合资公司，通过加强控股参与力度，逐步促进合资公司在地应对能力。以 50% 的控股，改组合资公司的组织构架，即一般资金投资公司模式，其下形成工作小组的模式。这一模式作为资金投资公司尚可，但作为项目开发公司，尤其是综合的房地产开发公司显得力不从心。借鉴万科等中国成熟的房地产开发公司执行模式，形成总公司加总控部门（如规划设计部、财务部、投融资部、土地部、物业部等），下属项目分公司的操作模式。总的来说，合资公司相当于房产总包开发模式，这属于政府之间的组织担保形式，属于特例。但是可以从总包角度去认识看待，在成熟的一级开发企业中，应设置二级开发转包的对接部门。合资公司要建立多个子公司之间的组织管理机制。

2）投资公司参与模式

投资公司的战略规划是在城市一级开发，但可以发挥其子公司——市政公司、城市资源公司等的潜力，拓展业务范围，在房地产项目的两头提供服务：

一头是小区市政养管。城市市政由市政公司管理维护，但通常地产公司在住宅小区的市政管线等（即"小配套"）存在管理缺失情况。即使地产公司自己的物业公司，在项目交接后也不具备对小区管网的养护能力。所以将这部分纳入房屋维修基金范围，交由市政公司结合小区外市政管线（"大配套"）综合维护，甚至交由市政公司统一建设小区内管网，这样可形成共赢局面。

另一头是城市资源公司，基于社区中心在社区服务上深挖潜力，与物业服务高度融合，几乎可以涉及衣食住行、文教体卫等全部领域。例如生鲜网购上门送货服务、老人日间看护、儿童放学看护和小饭桌等。另外银行柜员机、广告服务、跳蚤市场等场地租赁也能形成多元服务收入。

3）第三方市场导向模式

发挥企业联盟的优势，让专业的公司做专业的事。目前，生态城引入若干有相当综合实力的房地产公司进驻开发，如中国的万科、万通，新加坡的吉宝、裕廊工业园，日本的三井，韩国的三星，中国台湾的远雄，马来西亚的双威，菲律宾的阿亚拉等房地产公司。

前期设计审批、建设工程和房屋销售是房产企业的三大核心业务。其中，对住宅和商业类项目，城市规划管理部门通过规划审批的方式对房产企业前期设计工作进行引导和管理，而前期设计工作的效率和质量则直接影响到企业项目的开发周期、建设质量和销售业绩。在生态城，由于不同房产企业采用了不同的前期管理模式，项目推进的效果也大不一样。具体可细分为如下模式：

（1）吉宝模式

在生态城最早启动前期项目的是吉宝集团旗下的吉宝置地。吉宝集团属于新加坡淡马锡控股旗下的一家综合投资公司，从事船舶制造、石油平台、房地产开发等多种贸易投资行业。吉宝置业是吉宝集团的一家控股子公司。由于吉宝集团在房地产开发项目上为了控制前期设计质量，采用了总部技术控制的方式。吉宝要求总部设计部门确定的项目，如果因为设计销售不佳，设计部门要对此负责。这个项目由新加坡总部设计经理聘请美国 SOM 建筑设计事务所开展设计，首先向总部汇报通过后，带着设计方案到生态城，与在地项目公司一同向生态城行政部门汇报并申请审批。对于按照规划要求提出的修改意见，在地项目公司没有规划修改权，只能向总部设计经理进行信息传递，再由新加坡总部向美国设计公司传递。由于在地公司没有专业的设计管理人员，传递信息在一开始就可能产生偏差，加上信息递进衰减，吉宝公司在前期设计方面的工作异常艰辛，另外掺杂一些人为因素，该项目竟做了十几轮方案。这种由总部完全控制前期设计，在地公司只负责执行的模式，显然无法适应生态城这一处于启动过程中的新城项目。对 170 000m² 的住宅建设项目，历时 18 个月，花费 1 700 万美元，先后更换三个设计公司才完成项目审批。当然在启动初期，生态城在规划审批方面也缺乏统一的审批意见，因此造成一定延误。

（2）世贸模式

世贸集团是上海一家以酒店开发起家的综合投资公司，在香港上市。作为民营企业，这家公司在经营战略方面非常灵活，对在地项目经理给予很大的自主选择空间。该公司负责的酒店项目和住宅项目实施效果不同。世贸酒店项目也是由总部设计直接定稿，但由于生态城行政管理部门对这一项目进行了详细地策划和并委托进行了模拟设计。世贸直接采纳了该模拟设计方案，由旗下的专业酒店管理公司全程参与，设计方案无论是从规划要求落实还是在专业设计方面都让各方非常满意，得到了顺利通过。但住宅设计由在地公司委托当地设计公司开展设计，虽然初期总部设计经理对总平面及立面设计进行了指导，但是由于在地公司是边组建公司边开展设计工作，且其住宅项目处于彩虹桥入区口这一生态城关键景观节点上（图 3-34），规划在天际线等景观形态方面对这一项目提出了较高要求。项目公司聘请了本地设计院，虽然仍缺乏细节设计，但在沟通落实层面较为顺畅，把握住了大方向，住宅项目在推动过程中经历过短暂波折后获得通过。

（3）万科模式

万科公司在生态城拿地非常谨慎，占地规模只有 70 000m²，建筑面积 120 000m²。初期因为金融风暴的影响，采取了观望并延迟开发的策略。利用这一时间上的缓冲，其天津分公司的前期专业设计人员就设计方案与行政审批部门展开了频繁的沟通，对规划设计要求逐项落实。同时，在重要节点上，设计方案由总部设计经理参与把关；在设计团队方面，由总部推荐，地方公司选择与万科长期合作的专业建筑设计团队开展设计工作，在设计团队选择方面也形成相互监督的共赢机制。这种务实的总部技术指导，地方实施决策，设计团队灵活选择，与规划审批部门积极沟通的建设设计管理模式适应了生态城的规划建设要求。

3.3.2 多元发展的产业地产制度

1. 发展现状

生态城产业用地规模在初期规划时只占建设用地的10%。这一比例是新方在初期谈判时提出的，这是利益的博弈。一般新城镇规划中，住宅、产业和商业三大类经营性用地应占到建设用地的 50% 左右。进一步细分，通常有两种情况：一种是住宅用地比例偏高的情况。由于中国现有政策情况，使得土地出让、建设税费等容易让政府在建设初期有较高的财政收入，但运营期将面临产业类税收来源匮乏的局面，新方合资公司作为房地产企业，在这种情况下也将在建设初期因住宅获得较高收益。另一种是产业用地比例偏高的情况，由于初期招商需要漫长的过程，且产业用地出让金较低，有时甚至还附带优惠条件，只有等运营期政府才能有税收回报，不过一旦产业项目产生税收，政府财政状况将保持较长期的良好状态。

由于住宅地产比工业地产利润高且资金变现能力强，新方合资公司在第二种情况中的收益较第一种情况低。从合资公司利益角度，更倾向于第一种模式，即高比例的住宅用地规划。但是从地区的可持续发展角度，政府和城市一级运营商应结合发展的实际情况，通盘考虑上述两种情况的实际平衡点，结合实际的发展需要在规划中落实。

在最初的三年，由于全国各界人士前来生态城参观访问，很多有经验的人士均提出了生态城产业用地比例过小这一问题，加上生态城管委会主要领导曾经有多年经济技术开发区管理经验，也敏感地认识到了这一问题的严重性。之后规划中的产业用地的比例从最初的10%逐步增加到近 20%。由于这些产业用地属于见缝插针式的增加，所以除了原有规划的北部产业园接近 1km² 外，其他的均为 0.2 ～ 0.3km²。这也为其多元的发展模式奠定了基础。

由于生态城遵循低碳发展道路，所以在初期产业招商选择方面侧重于科技研发类企业。之后争取到的动漫产业园项目虽属于偶然出现的发展机遇，但招商和规划部门敏锐地抓住了这个项目。动漫及其衍生产业如今已成为生态城的第二大支柱产业。另外，信息软件园、北

一带：
沿蓟运河西安的生态
产业带；
三园：
国家动漫产业园、科
技园、产业园；
四心：城市主中心、
南北两个商务中心、
青坨子特色中心

图 3-35 中新天津生态城产业用地规划图

部产业园和 3D 动漫园也相继投入建设和运营，生态城已形成 5 个产业园区支撑发展的格局，其特点各有不同（图 3-35）。

1）动漫园

由生态城投资公司开发，占地约 0.87km²，建筑面积约 75 万平方米，总投资约 56 亿元。建设有创意编剧策划区、研发与孵化区、综合服务区、高端设备集成和智能衍生品集成基地、高端办公区、动漫人才培育学校及动漫主题公园 7 大功能区，重点发展动漫产业、文化创意产业。至"十二五"末，引入有影响力的规模性企业 300 家左右，基本形成集原创、生产、培训、交易、展示等功能于一体的国家级动漫产业综合示范基地（图 3-36 ~图 3-38）。

这一时期，国家动漫园项目对生态城来说是第一次产业发展机遇。从国家宏观背景看，动漫产业及其衍生品具有巨大的经济潜力，扶持发展中国国产动漫文化产业有利于国家精神文明和文化建设。当时，中国动漫产业的发展多处于社会自发状态，即使地方通过扶持形成的动漫产业园也普遍缺乏规模效应。2008 年文化部提出了建设国家级动漫园的设想，这一想法迅速被天津和北京市政府得知并积极响应。经过两地多方争取，最终决定在北京首钢搬迁原址建设动漫娱乐和体验游乐园，在中新天津生态城建设动漫研发、制作和教育培训的产业园。

在 2009 年组建初期，文化部希望通过改组其下的事业单位，并以此为基础授权成立运营动漫产业园的运营企业。在合作谈判过程中，文化部事业单位和生态城投资公司在占股比重、公司注册地、建设开发模式等方面均没有达成一致意见，而前者由于资金和实际操作经验不足，造成了谈判的拖沓低效。期间由于滨海新区政府正式成立，为了全面推动滨海新区产业发展，新区政府提出了十大战役的集团项目建设要求，生态城动漫园作为其中之一，在经济低迷期获得了积极的制度推动。在地区政府的努力下，生态城动漫园最终由投资公司独资注册成立。截至 2010 年底，动漫园一期主体全部完工，注册动漫创意类企业达到 260 多家。2010 年下旬起，由于动漫园的辐射带动效益，深圳华强集团在生态城签约投资了占地 0.6km² 的 3D 影视园项目，形成动漫影视主题乐园与动漫产业园的联动效应。在建设初期，生态城动漫产业成为最实在的在地产业。

2）科技园

由生态城合资公司开发，占地约 0.26km²，建筑面积约 41 万平方米，总建设投资约 30 亿元。建设了近 20 个单体建筑，重点引进生态环保、绿色建筑等领域的研发中心、检测认证中心和企业总部。至"十二五"末，吸引注册资金 500 万元以上企业 100 家左右。新方合资公司一直希望以低碳、环保的技术研发为主题，将科技园打造成为体现新加坡科技发展的形象载体（图 3-39）。

例如初期招商进入的西门子数字城市研究中心、天津住宅集团建筑工业化研究中心、绿色建筑展示中心、绿色建筑研究院等。

3）产业园

由合资公司开发，占地约 1.33km²，建筑面积约 200 万平方米，总建设投资约 100 亿元。吸引了注册资金 1 000 万元规模以上企业 50 家。重点发展太阳能电池、LED 照明设备、生物科技等新能源新材料项目，成为生态城高端、低碳制造业的企业聚集区（图 3-40）。

4）影视园

由华强集团开发，占地 0.66km²，建筑面积 100 万平方米，总投资 38 亿元。园区将建设 10 万平方米左右的研发和专家办公楼、3 ～ 4 个在国内有较大影响力的立体影棚及国内顶尖的立体影视技术服务平台，吸引 20 家左右国内外顶级影视投资机构和制作巨头入驻，成为集立体影视艺术研究、技术研发和立体影视创作、拍摄、制作及发行，立体影视主题乐园及综合配套服务于一体的综合性国家级立体影视创意园（图 3-41）。

5）软件园

由合资公司、投资公司合作开发。占地约 0.53km²，

图 3-36 中新天津生态城动漫园规划鸟瞰图（资料来源：张洋摄）

图 3-37 中新天津生态城动漫园建成实景

图 3-38 中新天津生态城动漫园建成实景

图 3-39 中新天津生态城研发大厦

图 3-40 中新天津生态城主要产业公司

建筑面积约 79 万平方米，总建设投资约 55 亿元，其中"十二五"期间计划竣工面积约 34 万平方米，投资约 24 亿元。重点发展软件开发、系统集成、IC 设计、服务外包、芯片设计等产业，致力于建设成为国内一流的软件研发、培训、出口和资讯服务基地。

2. 相关案例比较

新加坡的裕廊工业园，地处新加坡西南部，占地面积达 60km²，距离市区有十余公里，在亚洲是最早建立起来的开发区之一。1961 年，新加坡政府设立工业园，

进行开发运营，初期建设总投入资金为 1 亿新元。1968 年 6 月，新加坡政府设立 JTC 部门，用来管理全国各个工业区。

裕廊工业区的发展进程，大致被分成如下三个时期：

1961—1979 年是第一个发展时期，在此发展时期园区引进的皆是劳动密集型企业。新加坡国家经济处于情况特殊的发展初期，这也在一定程度上决定了园区内劳动密集型企业占据主导地位。引进和发展此类产业，有助于增加新加坡国内的就业机会，以及使得国内工业落后的情况开始发生变化。在经历这一发展时期之后，新

加坡社会经济结构组成产生了非常巨大的变化。新加坡在 20 世纪 70 年代末时的失业率比 1965 年下降了 6.7%，而制造业在 GDP 中所占的比例比 1965 年上升了 12%，这在世界经济历史可谓是一大奇迹。

1980—1989 年为第二个发展时期，技术与资本占据了主导地位。JTC 为了引进具有高附加值的技术和资本，制定了 10 年相关规划，这项规划使得这一时期充满服务色彩。即为高增长型的企业建设符合其发展需求的基础设施，譬如将南部岛屿建设成为生产石油化工产品的基地，将罗央建设成为一个庞大的航空工业中心，并且建设一个科技园区，从而能够吸引进大量科技开发型的企业。

1990 年至今为第三个发展时期，期间园区主要发展知识经济。90 年代以后，由于土地资源的缺乏以及市场竞争的激烈，工业园区的发展进入一个全新的时期。技术园区、商业园区等一系列新概念园区相继问世，并且一度成为各界关注的焦点。JTC 为了提高土地资源的利用效率，在进行工业园区规划时，融入了成本效益分析以及知识经济等元素。

裕廊工业园运营开发所采用的方式具有公共管理特质，具体内容如下：

1）政府主导模式

在园区的开发经营过程中，政府始终是第一操控者。在前后两种不同机构的管理之下，新加坡的工业园区都具有非常明显的公共特性。在园区的开发进程里，政府统一规划园区的资金筹集、土地利用等活动，并且由政府协调各类分工、管理及服务。园区的初期开发资金以及后期项目的初期投入资金都主要由政府承担。土地的

图 3-41 中新天津生态城主题公园——方特欢乐世界（资料来源：张洋摄）

利用统一由政府相关部门来进行安排，工业用地和供给问题则由 JTC 予以解决，而招商则由在世界各地的招商团队负责。

此种开发模式的优势在于：有效保证项目迅速得以启动并且在短时间内达到一定规模；降低获取私人土地的难度；大量引进国外资本；极为有效地消除园区各企业之间的不良竞争，把竞争对象聚焦于国外企业。

2）全球统一招商模式

裕廊工业区采用由经济发展局统一招商模式进行招商，经济发展局在全世界范围内皆设有招商机构。此种模式的特色在于：有极大程度的营销自主权；跨国公司能享受甚为优质的服务，如"一站式"服务等；选择客户群针对性甚强。

主要招商对象如下：战略型企业，主要试图吸引其财务和市场部门；技术创新型企业，主要试图吸引其核心产品和技术研发部门；重要企业，主要试图吸引其具有复杂生产流程以及最先进技术的部门。引进上述三类企业之后，裕廊工业区由原来低成本的生产中心转变为企业的战略运营基地。

3. 经验总结

改变"两头在外"现象，形成上下游联动模式。

中新天津生态城各产业园开设以来，尤其是发展之初"设备在外、原料在外、市场在外"等问题明显，本地产业的上下游结合不够紧密，"两头在外"现象显著。对此生态城制定了确定的产业发展思路，明确了产业发展需建立完整的上下游产业链：一方面需进入到基础产业环节和技术研发环节；另一方面也要向下游拓展，进入市场环节。譬如，动漫产业园可结合天津华强 3D 立体影视基地，延伸产业链，改变两头在外的不利局面。

规划部门制定的产业规划与商务局的产业发展思路达成相互磨合。起初在编制生态城总体规划时，规划行政主管部门在产业发展章节中提出一定的规划内容，并邀请经济发展研究部门制定了相应的产业发展专项规划。与空间规划不同，产业要根据现有地区发展特点进行长期思考和培育。在管委会成立初期，招商工作思路还没有理清楚，专业部门才刚刚组建。先不说规划部门制定的产业发展规划是否方向正确和具有实际操作性，单从认同角度而言，也只有商务局自己制定出本部门的产业规划后才能认真地执行。在发展伊始，产业规划的许多内容只能算是一种主观构想，如何从实际现状起步发展并实现这一构想，谁也没有主意。实际情况是，生态城如果按照产业发展规划的内容去进行招商工作的话，很可能招不来既定产业类型的企业。

虽然生态城的定位对生态环保产业给予了明确的界定，但是生态城建设初期实际招商工作在操作时面临的主要问题是能不能招来企业，而不是招什么样的企业。在生态城建设初期只有生存下来才能有更好的发展。当生存问题解决后，在面对能够和生态环保拉得上关系的产业项目群，确定其产业定位并发掘产业簇群中的龙头企业，是解决产业招引问题的关键。

3.3.3 全程整合的工程咨询制度

1. 发展现状

中新天津生态城绿色建筑研究院，成立于 2011 年 6 月，是全国首家以全过程绿色建筑评价、研究、咨询为核心的专业机构。绿建院创新政产学研组织模式，由政府部门发起，实行企业化运作，组织中国建筑科学研究院、中国建筑材料科学研究总院、天津市建筑设计院、御道工程咨询公司等国内各顶级专业团队合作成立（图3-42）。

绿建院同时负责生态城与绿色建筑相关标准体系的建设、科技研发、新技术、新材料推广、教育培训、对外合作与交流、技术应用转化、绿色建筑金融衍生服务等工作，致力于将中新天津生态城建设成为国家级绿色建筑技术创新和展示平台，为中国其他生态城市绿色建筑的发展树立技术样板，从而实现中新天津生态城发展模式的可实行、可复制、可推广。

2. 管理机制和组织模式

作为第三方评价机构，绿建院负责对生态城所有绿色建筑的方案设计、施工图设计以及验收等阶段进行全专业、全过程的技术审查和评价工作，并将评价结果作为绿色建筑建设行政许可审批的前提，从而帮助生态城落实绿色建筑 100% 的指标要求，保障绿色建筑的实施全过程科学、合理。

中新天津生态城绿色建筑研究院下设两部三大中心：综合行政部、市场经营部、咨询评价中心、性能模拟中心、技术研究中心。同时设立技术总监履行技术研究战略决策等职能（图 3-43）。

其中，综合行政部主要职能是作为绿建院的运营、人力和后勤管理机构；市场经营部主要履行经营管理战略决策和市场开拓等职能；技术研究中心主要职能是建立高级别的生态城市工程技术研究中心，并以此为平台，进行包括多项生态城市技术领域及政策经济方面的自主、

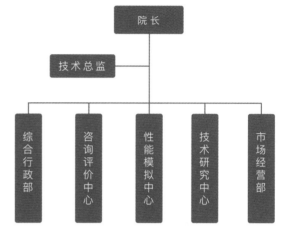

图 3-43 中新天津生态城绿色建筑研究院机构组织结构图

联合和孵化课题研究及工程应用研究，促进科技成果的产业转化；性能模拟中心主要职能是对各低碳生态技术进行模拟及性能测试，为各类生态城市的示范项目、园区及产业基地提供相关的技术、政策和行业信息服务支持；咨询评价中心主要职能是开展对外工程咨询和技术服务，促进成熟技术的工程推广。

事实上，绿建院的成立对于完善规划设计相关管理制度、解决目前面临的一些典型问题有很大帮助。譬如，甲方通过方案招标和施工图招标人为地将建筑师的延续工作分为两段，导致建筑设计存在着方案设计和施工图设计不统一的问题。在此方面，国外建筑师的注册负责制度，就与中国的注册建筑师管理模式的漏洞形成鲜明对比。在绿建院的支持下，生态城建管中心的设计历程，基本让建筑师全程参与，甚至进入室内设计阶段，其效果相对较好。尤其是绿色建筑设计方面，建筑师起到统领全局的巨大作用。

关于对注册制度的完善，一是建筑师全程（方案、施工图、现场施工）负责制度；二是责任终身追究制度，涉及设计、监理和施工相关注册人员。规划师、建筑师、景观设计师、室内设计师各专业分工与协作。而现实中，在工作推动期间景观设计师介入的往往是在建筑方案确

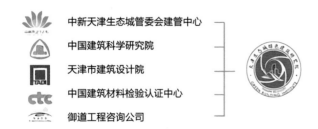

图 3-42 中新天津生态城绿色建筑研究的组成

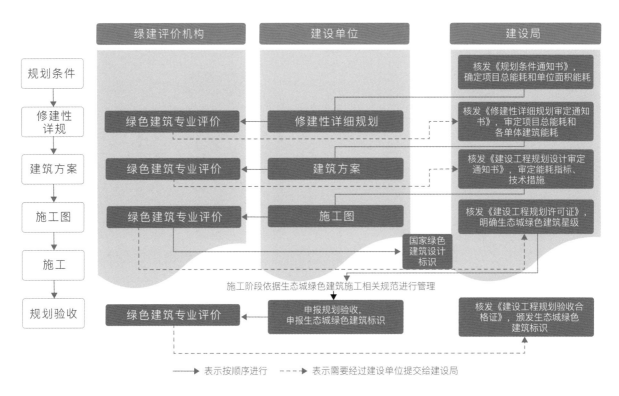

图 3-44 中新天津生态城第三方绿建技术审查流程

定后的阶段，设计以修补为主，很少有主动的空间设计。另外建筑师也常常以建筑设计方法制定修建性详细规划，导致图纸在审批过程中无法满足行政审批要求。绿色建筑研究院的建立，为此类问题勾绘了一种解决方式（图3-44）。

1）作为一级开发公司研发总部的绿色研究院

由于生态城规划建设标准较常规水平高，建设初期面临大量的行政审批、技术审查、第三方咨询服务、专题研究、新标准培训推广、示范项目的研究和管理等问题，导致专业技术人员的需求量非常大。但在生态城管委会成立之初，按照传统政府机构和人员设置的方式，生态城专业管理人员的数量和素质都不能满足实际需求。例如建设局规划科管理人员编制数量一直控制在两人以内。虽设置辅助岗位一到两名，但因为工资水平低而一

直空缺（2008—2009年，参照一般政府办公辅助岗位，月工资水平不足2 000元），而同期从事城市规划或建筑设计专业人员的行业工资水平较高（天津市规划设计院工作3年以上的专业人员月均工资达到10 000元）。

常规的人事结构设置模式无法满足实际需求，虽然初期生态城创业人员工作热情高涨，且通过战略合作等协议与多个大型规划设计咨询公司进行项目委托，但零散断续的项目咨询服务却无法适应在地信息量巨大的持续研究和决策需求，世界各地著名的咨询单位在这里走马灯式的造访，并没有达到预期的效果。

为了给生态城培养一批长期在地服务的生态城规划建设专业技术人员。在初期思考过程中，想到两种模式：一是按照经费划拨事业单位的管理模式，在生态城管委会成立专门的研究室，按照市场价格招聘高级规划设计

人员就地服务，如按照市场价格实行年薪制（如按人均20万元计算，10人10年的费用在2 000万元左右）；二是按照企业化运营模式，成立生态城市联合研究院。

由于多种原因，这一模式虽然还没有开展实施，但也对生态城市联合研究院的设置和运作曾有如下深入地探讨：

联合研究院定位为"国家级生态城市技术联合研究中心"，以机制创新、模式创新、技术创新为原则，开创"政产学研共建、现代企业运作、产业聚集共生"的新建设模式。目标是建设成为生态城市技术研发的领航区和标志区，优秀人才集聚和培养中心，国内领先、世界知名的生态城市创新基地。

联合研究院具有四大功能：①技术服务，研究技术并制定相关标准和规范，为政策制订提供咨询和科学依据，为建设实践提供咨询、第三方审核、检测和评估等技术服务和支持；②人才培养，引进与培训专业人才，为生态城的发展打造人才培养基地；③技术研发，积极研究开发、集成应用和普及推广"四新"技术及产品，促进低碳生态技术产业孵化器和加速器的形成；④宣传推广，技术推广并及时总结经验，普及宣传向全国进行推广。

联合研究院围绕绿色城市规划、水资源与水环境改善、盐碱地改良、固体废弃物综合处理与资源化利用、绿色交通、绿色建筑、能源与可再生能源、绿色市政、低碳照明、城市信息化技术与管理等领域开展研究。

生态城市联合研究院下设四大中心：综合管理中心、研究开发中心、工程示范中心、推广培训中心。同时设立联合研究院的理事会和技术委员会，分别履行经营管理战略决策和技术研究战略决策咨询的职能（图3-45）。

其中综合管理中心的主要职能是作为联合研究院的运营、人力和后勤管理机构；技术研发中心的主要职能是建立国家级的生态城市工程技术研究中心，并以此为平台，进行包括十大生态城市技术领域及政策经济方面的自主、联合和孵化课题研究及工程应用研究，努力建设成为优秀人才集聚平台，同时进行科研成果的交易合作，促进科技成果的产业转化，各专业研究部按有条件开放和自主投入、联合院支撑、政府资助的多赢共建的原则组建，鼓励学科交叉，与地域特色、生态城密切相关的领域先行先试；工程示范中心的主要职能是为各类生态城市的示范项目、园区及产业基地提供相关的技术、政策和行业信息服务，促进生态城市技术产业孵化器和加速器的形成；推广培训中心的主要职能是依托生态城的资源节约与环境友好型宜居示范新城的实践，建立国际生态环境建设交流展示的窗口，成为生态城市技术集中的展示宣传中心、信息中心、培训中心，并开展对外的工程咨询和技术服务，促进成熟技术的工程推广。

生态城市联合研究院按照股份制公司进行运营，工商注册按照生态城市科技有限公司注册成立，同时挂牌中国生态城市联合研究院。注资单位可以多元化，生态城投资、合资公司、管委会、社会科技投资公司等都可参股。由其中一方持股公司暂时持有管理及技术人员激励股，由管理团队提出具体方案实施转让，股权比例可具体商议。公司管理层由具有技术专业和国际化背景的专职团队组成。

初期筹备团队应一方面筹备研究院的建设，如联合相关单位出台《联合研究院引进领军人才的若干规定》，《联合研究研究部组建若干规定》等政策管理框架；另一方面可同时开展对生态城的技术服务，如承担生态城的研究课题清单、第三方的技术审查、专业培训等内容，并针对示范项目，进行专项管理。

成立初期，生态城管委会应对联合研究院进行全方位支持，如办公楼及其土地资源的支持；过渡期间免费提供办公用房；为高端专业技术人才提供优先落户、子女就学、住房安置等优惠政策；按有关政策为研究院相

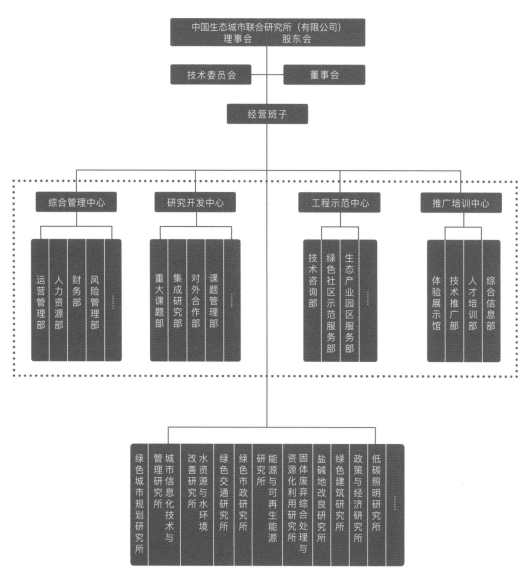

图 3-45 中新天津生态城市联合研究院组织机构方案

关科研项目提供资金和政策支持；按照相关程序，支持申报地方和国家科技计划项目；支持研究院组建并申报国家工程技术研究中心。在生态城市建设的相关领域，委托或优先采购研究院的技术服务和成果。

另外，为了实现在地建筑材料质量检验检测，同时考虑生态城对生态环保材料使用的政策引导，生态城引入了中国建材院，成立了生态城绿色建材检验检测认证中心。这为本地区远期碳汇计算，并进行碳排放交易进行了制度准备。同时，生态城也开始与在地科研院所开展联合，如联合天津大学建筑学院的低碳研究中心等。

2）规划设计咨询服务的公共采购

生态城在规划管理过程中，规划费用划拨和使用需要不断优化。这里所指的规划费用应用对象是规划管理工作所需的规划编制内容，包括总体规划、控制性详细规划、专项规划、城市设计、模拟设计、动态调整等，其内容将在下文中继续详述。规划经费的划拨一般是按照行业指导价格对规划编制工作进行取费和财政划拨支付的，但是一直缺乏整体费用额度的概念。笔者先是对规划取费进行了大胆地假设，参照建筑设计取费标准，按照总体造价的 1% ～ 4% 的比例收取设计费用。按照生态城 35km² 的规划面积，25km² 的建设用地面积，其中可出让的建设用地占 53%（40% 住宅用地，10% 产业用地和 3% 的商业用地），即 13.25km² 土地用于出让。如果粗略的按照 60 万元 / 亩的土地出让价格计算，每 10 000 ㎡的土地出让价格约为 900 万元。按照这一基数测算的土地总出让价格为 119.25 亿元，规划设计费用如果取值 2% 计算，共约 2.39 亿元。实际上 2008—2011 年 3 年期间，合资公司最终出让的土地的费用高达 200 万元 / 亩，而政府在其中也会因为上涨的价格按照比例以增值税的形式收取相应的土地出让增加的利润，如果保持这一取费比例，考虑土地升值因素，规划管理费用也要相应升高。

如果考虑到中新天津生态城的建设不同于一般的新城建设，具有生态规划、生态技术研究等增项内容，则生态城用于规划管理和编制的费用应至少为 3 亿～ 5 亿元。也就是说在 10 ～ 15 年建设过程中，每年的规划经费投入不应少于 3 000 万元。如果不考虑价格通胀因素，这种投入在初期到末期是应该逐年递减的。

在 10 ～ 15 年建设周期内，生态城规划管理可操作的基本支出框架应包括方面。

首先是总体规划、一个控规和三个导则的修编（可 3 ～ 5 年一轮）。应至少修编 3 次，每次总规约为 300 万～ 400 万元（按照每平方公里 10 万元计）；控规约为 500 万～ 600 万元（按照每 1 万平方米 2 000 元计）；三个导则约 200 万～ 300 万元。

其次为基本地块出让前的模拟设计（侧重于形态方面与总体城市设计和导则保持一致，模拟方案的设计质量要大于报审方案的平均水平），土地细分和规划条件提供，如果以每平方米 1 ～ 2 元计算，生态城净建设用地为 12.5km²，合计 1 250 万～ 2 500 万元。另外是每年的规划动态维护工作（包括选址，土地细分调整、临时路由和施工用地规划选址等工作）每年一般开支约 100 万～ 150 万元，共计 1 000 万～ 2 250 万元；专项规划研究一般控制在 10 个左右，每个 20 万元，共计约 2 000 万～ 3 000 万元。所以，在建设周期内，规划费用约为 15 000 万～ 18 000 万元。如果考虑到物价因素，基本费用不应少于 2 亿元，接近总体建设投资的千分之一。

当然，上述规划管理的基本支出只能保证 35km² 的规划基本落实，如果按照生态城市的标准，仍然需要大量经细化的研究和投入，这些费用虽然可以通过国际的基金会、政府财政、实验性建设项目经费拆解等进行支持，但仍需必要的投入才能有高标准的保障。

实际上中新天津生态城从 2008 年开始，整个建设局（包括规划、土地、建设、房管部门）的年度支出没有超过 1 500 万元。从规划管理自身找原因，在实报实销的管理体制下，政府内部的各种条件约束，财政支出往往在立项阶段就被压缩，审批通过的内容一般被视为必须要做的基本内容，这与开展精细化规划管理在内容上存在矛盾。所以若要实现规划的精细化管理，对规划管理实行定额经费的管理方式，是值得深入探讨的。规划费用的供给需要保证在一个合理的水平，这个道理很简单，要想马儿跑得快，就得让它吃饱，更何况这是一匹"千里马"。另外，应该出台相应的规划设计费用最低保障措施，用经济杠杆提升规划设计质量和知识投入量。

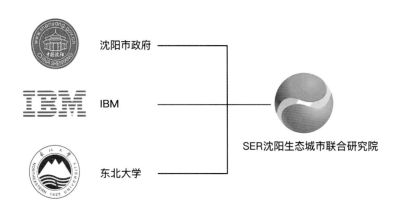

图 3-46 沈阳生态城市联合研究院合作组织结构

3. 相关案例比较

沈阳生态城市联合研究院成立于 2009 年 12 月，由辽宁省沈阳市政府、IBM、东北大学共同组建。IBM 公司于 2009 年提出"智慧的地球"理念，关注环保、交通、能源、水等行业的综合发展。通过加入沈阳生态城市联合研究院，IBM 将其卓越的研发能力与实践经验投入中国的城市发展实践中，是共同打造符合本地特色的智慧型生态城市发展体系，寻找新的经济增长点的一次突破性尝试。沈阳生态城市联合研究院的发展目标是结合多方研发能力和先进的技术资源，以生态文明为导向，在城市建设发展方面树立典型样板，从而推动沈阳市生态城市建设。其研究重点包括生态城市和谐规划、城乡水污染监管及饮水安全、面向行业的节能减排、大气污染防治、噪音污染防治和固体废物利用、食品安全风险分析与溯源技术等（图 3-46）。

4. 经验总结

生态新城面临的可持续发展建设管理事项十分复杂，也包含大量需要以智慧化方式进行管理的众多创新内容，如果缺乏专业研发机构作为支撑，很多的创新型技术或方法将无以为继。

为了更好促进创新技术方向和项目的发展，首先需要保证相对独立且具有一定授权地位的综合性研究机构作为后盾，实实在在地从技术和机制层面解决面临的具体问题，特别是在一级开发层次上，从公共设施和公共服务上做足支撑，才能在整体上对生态新城的开发管理实现有效把控。

其次，规划项目咨询应该从公共服务采购角度思考，从资源最合理配置思维出发，在项目计划过程中充分做好准备，宁可前期多下功夫，避免后续弥补疏漏。特别是需要不断累积规划管理经验，以便做到全面、完善、精细、有效。而此类管理能力的体现主体，应由前述提到的综合性研究机构予以承担，便于长期观察并结合本地实际情况，形成适应地方情况的长效规划管理模式。

创新的工程咨询模式也面临大量挑战，包括各类创新领域普遍存在的风险和不确定性，都需要生态城在未来的实践中逐步予以回应。

3.3.4 低碳监管的建设管理制度

1. 发展现状

近十几年以来，针对城市整体或局部的绿色低碳体系建设实践热潮一直在持续，但是获得实质性成功的却屈指可数。纵观国际国内众多案例，规划实施机制的影响举足轻重，是决定实践成败的关键所在。当前，真正能够付诸实施的绿色低碳规划并不多。主要因为很多低碳生态规划在规划的实施管理方面缺少具体考量，规划实施无法与地方政府部门及相关政策紧密协同，规划成果与现行管理体制缺乏有效衔接，从而导致规划成果难以落地。

要推动中国地方政府落实绿色低碳城市建设，需要在现有法定规划管理体制平台上有所创新，把地方政府相关部门在详细规划建设决策、审批、监控程序方面进行优化，进而深化地方政府规划建设管理体制，满足绿色低碳建设管理的一些新增需求，使法定详细规划编制流程、方法、成果和土地开发建设管理流程配合，共同推进低碳城市实施。

2. 管理机制和组织模式

基于以人为本的理念，中新天津生态城指标体系在借鉴新加坡等国的先进经验的基础上，依据本地的人居、资源、环境等情况，提出了 22 条控制性指标及 4 条引导性指标，涵盖了经济蓬勃高效、生态环境健康、社会和谐进步等三大方面内容，具体指导生态城的规划、建设、管理等工作。该指标体系以定性与定量相结合、科学性与实用性相结合、特色与共性相结合、可达性与发展性相结合为原则，突出了生态城"和谐、高效、健康、安全、文明"的核心思想和"绿色发展"理念。生态新城整个指标体系庞大而细致。在总体层面，包括 22 项控制指标和 4 项引导指标共 26 项指标。在逐项研究了以上指标后，

构建了 51 项核心要素、129 项关键环节、275 项控制目标、723 项具体措施的分解实施路线图。

1) 管理平台与体制环境

天津市委市政府颁布了《中新天津生态城管理规定》，批准成立中新天津生态城管理委员会，授权管委会代表市政府对本辖区实施统一的行政管理，并负责生态城的开发建设管理。管理权限包括：土地、房屋、工商、公安、财政、建设、环保、交通、劳动、民政、园林绿化、文化、教育、卫生、市容环卫、市政等公共管理工作，集中行使行政许可、行政处罚等行政管理权。

2) 控制指标的实施与审批流程

为配合管理，生态城从法律法规层面制定了"中心天津生态城绿色建筑管理暂行规定"，从政策层面研究"生态城绿色建筑专项研究资金的使用管理办法"（住建部为"绿色生态城区"补助的 5 000 万元资金以及地方政府配套资金），并开展了一些有关绿色建筑课题的研究，为生态城的发展提供一定的技术支撑。

在规划条件阶段，依据控制性详细规划，对项目的总能耗进行限定。同时，在土地出让或划拨阶段，该能耗指标将被会写入土地出让合同，作为控制性指标被建设管理单位执行。在修建性详细规划阶段，审查项目的总能耗是否满足规划条件的要求，同时要求建设单位将项目总能耗分解到各单体建筑中。同时，还将在该阶段对建筑朝向、规划布局、日照环境、风环境等内容进行审核。在建筑方案阶段，要求建设单位对设计方案进行能耗模拟。对能耗模拟结果和所采用的绿色建筑技术措施进行审查，审查合格核发《建设工程规划设计方案审定通知书》。在施工图阶段，根据建设单位报送的施工图，进行能耗模拟。同时对施工图中采用的绿色建筑技术措施进行审查。能耗模拟合格，并且通过技术审查的，核发《建设工程规划许可证》。在施工阶段，依据生态城绿色建筑施工相关规范进行管理。在验收阶段，再次根

据竣工图进行能耗模拟，同时对建设项目进行现场检查。能耗模拟合格，并且通过验收审查的，核发《建设工程规划验收合格证》。上述审批阶段中，建筑方案、施工图和验收阶段的绿色建筑审查评价工作由于技术性较强，由第三方评价机构进行评价。

3）政策环境

中新天津生态城出台的政策规定与技术标准，包括《中新天津生态城管理规定》《中新天津生态城绿色建筑管理暂行规定》《中新天津生态城住宅装修管理暂行规定》《中新天津生态城绿色建筑设计标准》《中新天津生态城绿色建筑评价标准》和《中新天津生态城绿色施工技术管理规程》等。在财政政策上，天津市政府在《关于中新天津生态城项目税费和市政公用设施大配套费返还政策的复函》中规定，地方财政收入全额留归生态城，给予生态城"不予不取、自我平衡"的政策。在鼓励资金方面，出台《中新天津生态城绿色建筑专项研究资金使用管理办法》，明确了绿色建筑奖励资金、绿色建筑维护基金等专项资金。2010年获得国家"可再生能源建筑应用示范城市"4 600万元财政补贴。补贴标准为：采用太阳能热水系统，按集热板面积每平方米补贴600元；采用地源热泵系统，补贴7 900元/井。设立绿色建筑科技研发专项资金。管委会与新加坡国家发展部三年共同出资6 000万元专项资金，支持绿色建筑领域的科技项目研发及合作（图3-47）。

4）建设单位与开发商的参与

中新两国框架协议明确了建设生态城要坚持政企分开，双方成立商业联合体承担开发建设任务。生态城成立了投资公司、合资公司两个市场化、股份化、专业化的主体开发企业，分别赋予了区域开发投资建设运营管理的权利和义务，形成了特殊竞争优势，从而形成了"政府引导、政企分开、企业主体、市场运作"的开发机制。

3. 相关案例比较

位于江苏省无锡市的太湖新城是国内较早按照低碳生态目标建设的生态城项目。这个项目的特点包括：在政策方面由《无锡市太湖新城生态城条例》提供具体的法律保障，是全国第一个获得地方市政府以特设法令推动的生态城项目，为各部门配合生态城的建设提供了法定推动力量。另外，针对绿色建筑的资金鼓励和考核管理办法，相应出台了《生态城建筑节能和绿色建筑示范区财政补助资金管理办法》和《生态城建筑节能和绿色建筑示范区项目管理与考核评估办法》。在建立内部低碳技术能力方面，负责执行的无锡市规划局太湖新城分局成立了工程技术中心，负责技术指标的拆分，以及与各部门配合绿色建筑的相关评审。

1）项目基本情况

坐落于无锡市区南部的太湖新城总体规划面积约150km²，"中瑞低碳生态城（无锡生态城示范区）"则位于新城核心区域范围内，是中瑞两国在低碳生态领域合作的示范地区。太湖新城生态城的建设自2007年开始。2010年7月，太湖新城被国家住建部评为"国家低碳生态示范区"。无锡中瑞低碳生态城于2013年1月获批住

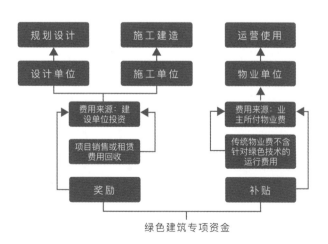

图3-47 以定量化能耗指标为核心的绿色建筑补贴机制

建部首批国家绿色示范区，成为全国首批启动实施的八个绿色生态城区之一。

2）低碳生态指标体系

项目有两个低碳生态指标体系。①无锡太湖新城（150km²）指标体系——《无锡太湖新城国家低碳生态城示范区规划指标体系及实施导则（2010—2020）》，提出了资源与能源、城市功能、绿色交通、生态环境、社会和谐、绿色建筑六大类共 62 项低碳生态指标。②中瑞低碳生态城（2.4km²）指标体系，中瑞低碳生态城提出了七个可持续发展目标：可持续的城市功能、能源利用、废物管理、景观规划及建筑设计、水资源管理、交通运输、具有瑞典特色的空间形态等，并在能源利用、生态技术等方面提出了初步建议。控制性详细规划从土地管理、地下空间利用、服务配套、交通控制、建筑管理、生态环境、资源利用等七个方面，制定了 31 项控制性指标，14 项指引性指标，通过控规地块图则及城市设计图则，加强地块指标的控制引导，指导地块的低碳生态建设。

3）管理与实施分析

太湖新城的规划实施由无锡市规划局负责，无锡市人民政府成立的太湖新城建设指挥部主要负责建设。无锡市委书记和市长挂帅指挥部，指挥部具有部分管理权限。以下四个主体主要参与生态城的建设管理：

（1）太湖新城发展集团有限公司。太湖新城建设指挥部的下设公司，主要负责投融资及资金管理业务。

（2）规划部（市规划局新城分局）。负责各类规划的编制和报批，协调统筹新城各区总体用地和重大基础设施建设规划，以及各类建设项目规划的实施管理。

（3）工程技术中心。作为生态城的统筹协调机构和技术支撑单位，该部门主要负责国家、省内的相关政策研究工作，在技术实施中，负责指标的协调与审查。

（4）生态城办公室。该部门主要负责生态城的对外交流、策划推广、招商合作等协调管理工作。

在低碳技术能力支撑方面，由于常规的规划建设管理单位往往比较缺乏低碳生态相关技术，市规划局新城分局创新性的设立了工程技术中心，以保障低碳生态规划实施所需要的相关技术能力。工程技术中心与建设单位、设计单位及各部门协调配合，组织有关专业人员负责技术指标的实施拆分，共同推进项目的实施。

生态城的实施得到多方政策的支持。太湖新城于 2010 年 7 月被评为"国家低碳生态示范区"，为推进生态城的实施管理，并保障各部门分工合作，无锡市委市政府出台了《关于加快"太湖新城——国家低碳生态城示范区"建设的决定》。无锡市人大常委会于 2011 年 10 月通过了《无锡市太湖新城生态城条例》，并于次年 2 月开始实施。该条例是国内第一部地方性生态城条例，是推进生态城建设的重要法定依据。

在资金鼓励方面，太湖新城出台了《生态城建筑节能和绿色建筑示范区财政补助资金管理办法》《生态城建筑节能和绿色建筑示范区项目管理与考核评估办法》等针对绿色建筑的资金鼓励和考核管理办法。在财政补助资金的使用范围、使用方式、资金管理措施、项目资金审批和拨付等方面，《生态城建筑节能和绿色建筑示范区项目管理与考核评估办法》提出了明确规定。

在控制指标的实施与审批流程方面，太湖新城在进行规划建设时，将新城划分为 10 个单元，各个单元的控制指标都有所不同，但是其中关于低碳生态的四个指标都包含在内，这四个指标分别是节能比例、中水再利用、可再生能源以及绿色建筑。在应用于中瑞低碳生态城示范项目地块时，则通过地块控规图纸、城市设计图则等进行控制。并从土地管理、建筑管理、地下空间利用、交通控制、生态环境、资源利用、服务配套等 7 个类别着眼，制定了 30 项指标指导各地块低碳生态建设。

新城在开发运营的过程中，以"一书两证"为基本准则，根据各方面数据对各个地块作出合理评估，然后确定重要生态指标，并且将这些指标作为出让土地的关键参考数据。各个地块业主为具体实施单位，而建设指挥部则负责对项目进行监督管理，然后由市建设局和审图中心负责验收审批的工作，从而建立起一个有效的联动机制。此过程中的控制环节如下：

（1）按照建设局的有关规定，在进行初步设计审查时要提供节能设计、公建配套以及绿色建筑等专篇。

（2）施工图在报批有关部门之前要先经过工程技术中心的审核。而且，在低碳生态计划施行过程中不能忽略建设单位和开发商之间的合作。在建设开发太湖新城时，将低碳生态有关指标要求写进了出让土地使用权合同中。对于最后土地招拍挂成功的建设单位或开发商，建设管理与验收是保障规划得以落实极为重要的环节。管理部门要面对的挑战是由于开发商之间对低碳生态建设的认同度与参与积极性存在差异，其技术力量也存在很大不同。因此对其能否全面落实低碳生态指标的目标值，还需要在管理过程中，由工程技术中心进行跟踪协调。

4. 经验总结

1）管理机构层面

目前我国在绿色低碳详细规划建设的实施管理还刚起步，虽然城市土地开发、规划与建设的管理体制已具备了一个法定框架，但不同的管理部门、主体、审批单位、建设单位等都在摸索不同的具体实施模式与路径。项目的管理机构与权限的界定会按照具体项目启动的政策或市场背景则各有差异，比如绿色低碳项目建设实施的决策层，是否为较高级别的领导（如市长）；管理主体的财政资源是否充足等。

2）技术支持层面

在低碳生态规划设计实践、技术储备等方面，地方管理人员的能力较为有限，需要通过特设的技术单位、技术中心或第三方的技术支撑，建立相关设计规范，才可以有效地把低碳生态规划的指标具体落实。建设单位与开发商在项目设计、建造和运营方面的经验和能力也参差不齐，参与低碳生态建设的积极性也会不同，从而导致在技术支持提供与选择上会有较大差异。

3）管理流程层面

总的流程是按照法定的审批流程，应用"一书两证"的管理办法、法定控规文本与图则、土地使用权招标与出让条件等手段落实低碳生态要求。过程中避免不了大量的协调工作，特别是针对个别地块的协商，最后落实控制指标。这种情况体现了目前绿色低碳项目的管理流程缺失具体的参考指引或办法，使实施低碳生态项目的管理成本增加。同时，目前的管理重点还停留在设计审批阶段，对施工、验收与未来运营能否达到预期的低碳生态效果等，仍然缺乏基本的管理环节。

4）实施环境层面

从案例分析与比较中可以看到绿色低碳项目的有效实施必须依靠一系列的实施政策环境条件。这包括，地方政府颁布的法令，表明绿色低碳建设的决心与针对不同部门角色配合的规定，供审批与设计单位参考的适合地方低碳生态设计的标准与法规，项目是否有市、省和中央级的政策（包括经济激励与认可）的支持。

3.3.5 社区融合的物业服务制度

1. 发展现状

生态新城运营的管养者是物业公司。根据生态城的市场占有额度分析，2亿～3亿元的年收入，足够2～3家大型物业管理公司形成竞争。如果物业公司前期介入，作为修详规的审查单位，则会大量节省后期沟通成本、修改成本，并能尽快实现管理发展的良性循环。譬如世贸酒店的设计，酒店管理公司早期就参与到设计中，取得了较好的设计、建设、运营效果。生态城项目具体实施单位均应该参照这种模式，将后期物业管理公司前置到设计阶段进行辅助设计。但是，目前生态城中绝大部分物业管理公司还远未达到酒店管理公司的综合实力，无法有效参与到前期设计中。

另外，企业家协会、绿色产业联盟等非营利性组织，在生态城的事件中也发挥了较大的作用。从招商、信息传递、行业技术提升的角度，通过政产学研和个人兴趣团体的参与集成，对生态城的发展产生了几何级的促进作用。

2. 管理机制和组织模式

物业公司的直接服务对象是各个社区的居民，因此物业公司往往拥有更多与当地居民进行直接接触的机会。这两者作为供需双方，最佳的状态是供需达到平衡。物业公司可以将管理和服务具体落实到每一个小区，然后再到达每个住户，从而建立起一个健全的微观运作系统，使信息可以传达到各个角落，进而提升居民们的生活质量，使管理机构的社会价值最大化。市场化的物业管理决定了各社区居民需要向物业机构缴纳一定的物业费用。倘若社区能够处理协调好物业和居民两者之间的关系，则可以使整个社区显得更加和谐。社区属于政府管理机构，具有非营利性质，它能够在物业与居民之间起到一定的协调作用，让社区形成一种共同监督的良好局面。

3. 相关案例比较

黄石市港升物业管理公司是一家社区服务型公司，由所在地的街道办事处建立，受到社区居委会监督和指导。公司中的各层次员工均从社会上招聘而来，并且具有独立的公司法人，下设数个物业管理处，物业管理处由街道办和公司共同管理和监督。公司选用总经理管理制度，每任经理任期共两年。此外，街道办还成立了与此相关的物业管理委员会，参与的机构涵盖了社区居委会、派出所以及物业公司等。委员会定期举行会议，会议期间将按照相关制度法规商讨协调和布置妥当社区各大事项。物业公司旗下的各社区管理处主任则由各个社区居委会负责人兼任。街道办不介入公司日常管理事务，公司采用市场运转方式，由公司总经理管理公司的日常事务，并且负责制度的制定、公司人员的培训以及市场的开拓等工作，社区管理处主任则主要负责完成社区的各项具体管理工作。

在港升物业管理公司具体实践中，社区物业采用"物管进社区"的方式，并且结合居委会的作用，联合物业和社区双方人员的力量，造就了一个社区居委会、物业公司和小区委员会之间互相协调合作的局面，这也有助于物业管理的各项工作事项顺利得以完成。

1) 往昔的"两张皮"问题得以解决，街道、社区和物业公司的关系得以理清

街道、社区管理社区物业，可以使政府相关部门在规划社区建设时，加入物业管理的新模式，自觉或不自觉地考虑到物业的发展。而物业管理工作人员则能够在依靠和利用社区力量的基础上强化社区的物业管理。社区则可以进一步明确社区管理中哪项工作可以划入物业管理的范畴。所以，"物管进社区"方式是"两张皮"问题很好的解决办法，2007 年，华中师范某教授甚至称之为"中国社区建设的第四模式"。

2) 使居民群众享受到了更全面、更多层次和更高质量的服务，大大促进了国内物业管理的发展

从近些年的实践情况来观察，"物管进社区"的方式颇具优势。社区居委会可以在最短的时间内掌握到居民的生活需求，以及社区的其他各种情况，倘若遇到居委

会和物业公司无法解决的问题，居委会还可以及时地将情况反映到相关部门。社区的计划生育、生活劳动保障以及优抚等事务基本都由社区居委会负责，另外，居委会还需要进行社区的文化艺术宣传工作，上述这些事项和物业服务结合则可以使社区服务更加到位、更加全面和更加高效。物业公司将盈利所得资金投入到社区公共服务设施的建设中，譬如健身馆、乒乓球室和棋牌室等公共休闲活动场所。上述这些完全可以让居民体会到日常生活水平的不断提升。

3）充分利用社区的各种资源，大大减少了社区物业管理的经费

物业管理公司仅设有一个总经理职位，而财务由街道办主任管理，下设的10个管理处的主任则由社区书记兼任，其余管理人员皆从社会招聘而来，如此便简化了机构人员组成，降低了社区管理成本。

4）使社区整体经济状况得以改善，并且极大程度上

促进社区服务的良性发展

社区日常管理和服务融入了物业管理的元素，充分整合和利用社区资源，从而给居民提供更加全面高质的服务，改善居民的总体生活水平和经济状况，进而开创出一个全新的社区建设局面。

4. 经验总结

社区管理和物业管理的协调融合可以形成"三方共赢"的局面，三方即社区、物业管理和居民，这种局面也是社区资源得到整合和充分利用的体现。社区将管理和服务不断细化，从而使居民生活质量得以不断提高，居民反过来会进一步促进社区管理的可持续发展，从而让社区管理实现最大价值输出。物业管理因为服务社区及其居民而取得持续提供服务的机会，另外也获得极大的盈利。最终达到"三方共赢"的良好局面，进而为广大人民群众营造出一个和谐稳定的社会氛围。

3.4

小结：城市开发层面的规划实施制度

在城市规划实施过程中，中新天津生态城逐渐形成了资源高度整合的城市开发运营企业架构。由中方出资成立了投资公司，主要负责城市基础设施建设。由中新双方各持50%股份，成立了合资公司，主要负责住宅、工业和商业办公用地的建设开发。二者形成经济上相互联系，专业上有所分工的组织形式，在内部工作上形成了 AB 角的管理模式。

作为城市综合运营公司，落实规划的过程就是将城市资源变为城市资产的过程。即通过对土地的投入，形成市政实施配套完善的地产开发。但是，新城公司并非单一的城市土地开发商，它与政府一同肩负新城开发的重任。其中一部分甚至是非市场行为或者超长期的利润回报模式。作为城市开发的平台，投资公司与合资公司是城市建设运营的支撑主体。除了市政建设，它们还全面参与到政府的社会管理过程中，为其中的市场服务部分贡献了力量。所以这两种公司食物自身特点决定其本身大部分业务是微利型或利润锁定型，但有长期、稳定的盈利保障。从这个意义上说，本章所述的生态新城的综合运营企业，本质上已经超出了传统意义的城市一级开发的概念，而是融合了城市运营管理流程在内的整体性的大型公共服务供应商概念。

在将城市资源转化为城市资产的过程中，通过建立公用事业建设和运营的创新模式，集成统筹市政能源监管模式，实现绿色循环的资源环保利用模式，建设宜人的景观绿化，形成经济优质的公共设施建设运营状态，从城市运营层面实现城市土地的有效增值，把过去以做熟土地再进行有偿出让

图 3-48 中新天津生态城湿地景观

或转让的企业利益最大化状态扭转过来，从以人为本、以城为本的角度，充分实现土地价值的纵深发展。

在城市基础设施和公共设施建设运营方面，投资公司提出了投资一体化、建设标准化、运营系统化、管理信息化的建管一体理论。通过以道路建设为先导，整合雨污水及能源类管网建设，采用统筹集成、信息化管理的方式，构建了以道桥市政公司和能源公司为先导的公用事业子公司。

在城市规划中，路网格局至关重要，在规划实施过程中，道路及沿线管线是最先开始建设的，所以一旦确定，城市发展骨架就被定型了。正因为在初始阶段认识到了这一点，中新天津生态城在规划层面对路网研究投入了巨大精力。在后续的建设中，道路路网几乎全部按照规划确定的定线建设。

在此基础上，生态城结合城市环卫开展了固废资源循环利用，结合水资源治理开展了生态水循环利用的系统方案，按照循环经济的思路，环保公司和水务公司在专利研发、标准输出、服务外包方面拓展了盈利空间，在经济方面为企业注入了生存活力。

生态城景观公司虽嵌套在市政公司内部，但从重要性来看，应该让其独立运营。但要注意解决好道路施工和道路绿化的配合问题。除了景观美化，生态城市绿化工作还应加强生态保育和修复工作，从突出地域特色角度，大胆探索本地植物的引入，提高本地植物指数，尽可能保护原生湿地资源（图 3-48），降低运营期间的绿化管理成本。

公共设施建设方面，建设公司应肩负探索生态城绿色建筑的历史任务。作为政府公建的代建公司，无论是从财政支持，还是绿色建筑技术研发投入方面，都应该成为标杆和试点，这需要政府和企业形成共识。最后，通过建立信息共享、运营联动的一体化数据平台，生态城投资公司将上述资源进行了高度整合，既拓展了业务交叉点潜在的业务范围，又形成了"1+1>2"整合效应。

在生态城房产开发方面，只有建立低碳房产开发管理制度，才能将规划中的绿色生态要求融入土地二级开发过程。中新天津生态城正逐渐用统一的城市规划目标将具体建设项目从设计、建设和运营三个阶段串接起来。在住宅地产方面充分实现生态住宅和生态社区的创新探索，引入国内外多个开发公司，以开放多元的开发模式形成了相互促进的住宅发展态势。

产业地产方面，围绕产业发展规划，清晰地落实了产业园区的规划思路，在控制合理发展规模的同时，按照多元特色化发展模式，探索低碳循环产业。逐渐形成了以文化创意产业、旅游产业、教育产业、低碳科技产业、低碳金融产业等为主的产业园区发展模式。在工程咨询、建设管理、物业服务方面，形成了集聚效应，使生态城能在项目的全生命周期内提高开发效率和经济效益，节约能源与资源。通过政府和综合运营商对全生命周期理念的坚持，形成了对产业聚集的二级开发服务制度。

通过资源整合，中新天津生态城突破了原有土地开发的概念限制，既体现了生态文明理念，又实现了价值链的全线延展，规避了既往在城市新区土地开发中的一些短视行为，避免了城市土地价值受损，实现从规划到建设到运营管理的全面接轨，让生态新城所绘制的美好蓝图得以真正付诸实施。从这个层面看，生态新城的这种整合城市开发资源，购买社会化企业化的公共服务是一种值得借鉴的经验。

第 4 章

CHAPTER

创新活力：
生态新城规划实施社区制度

CHAPTER 4
第 4 章

中新天津生态城白桥景观

在中国城镇化进程中，从项目财政转变为公共财政，从社区管制变为社区治理，以服务型政府实现新公共管理模式的社会治理新体系，成为生态新城的一个新的核心主题。

"社会治理"是政府、社会组织、企事业单位、个人等社会中的行为主体，通过平等的合作伙伴关系，依法对社会事务、社会组织、社会生活进行规范和管理，实现公共利益最大化。它的提出成为应对后工业化时代，尤其是信息革命时代社会不确定性与风险的重要手段，是提升社会公共服务效率的重要机制，也是降低社会综合管理成本的重要手段。

新共同服务模式的实现，需要行政管理者摆正自身的角色定位，以合作者、支持者的身份推动社会治理的发展。需要将社区纳入国家治理体系之中，将过去"单位制"的服务职能交由社区承担，使得社区职能逐步归位，也使得国家治理重心下沉、社会治理理念的实现逐步落实于社区单元架构。贯彻"公共财政导向"，实现公共财政结构的转变，促进公共服务的提升、社会治理的优化。

在生态新城规划建设初期，应当总结归纳社区生活、行政管理、市场经营等多方对社区人口规模尺度的要求，确定合理的社区尺度，通过社区自治体制和社区协调机制，塑造社区治理的基本体制框架。

根据社区公共服务均等化的理念，生态城按照权利与义务对等的思路，制定了公平、公正、无差别的社区公共服务方案，使广大社区居民享有住房、交通、教育、医疗、文化和社区服务等方面的同等服务。在公共服务设施和公共空间利用方面，形成了集约布局、体系共用的格局。

绿色交通是解决城市交通拥挤和环境污染的重要手段。生态城从管理层面发展可持续绿色交通，倡导绿色出行，致力于为生态城居民提供完善的公共交通服务，建设完善的生态城慢行系统。

根据生态城总体发展定位、人口规模、人口结构、就业特点，进行劳动与社会保障发展规划，建立起独特的社会保障配置标准和体系，监测和引导劳动与社会保障及民政事业健康、有序、科学地发展。

生态城除了构建良好的基本生活制度以满足基本生活、生存的需求外，还利用数字化管理等先进技术，构建良好的安防网络制度，满足居民安全需求，与基本生活制度一同为生态城社区品质塑造和构建了扎实基础。

在吸收我国优秀城市与先进国家城市防灾建设先进经验的同时，生态城从规划建设之初就开始重视并筹备城市防灾、减灾建设，规划建设合理的防灾减灾体系，保障生态城的防灾与公共安全，构建可持续发展的灾害预防和应急机制。

构建完善的教育科研制度、医疗卫生制度、文化艺术制度、体育健身制度，是促进经济稳步发展和社会和谐进步的重要基础，最终达到建设生态宜居城市的目标。

4.1

政府职能转型下的社会治理

4.1.1 城镇化转型下的社会治理发展趋势

自20世纪80年代改革开放以来，中国城镇化进程一直在快速而有序地进行着，这是世界经济史上最大规模、最快速的城镇化历程。1978—2008年中国人口城镇化率上升了27.8%，已然达到了45.7%，平均每年上升0.93%。仅1996—2008年12年间，城镇化率就升高了15.2%，相当于1978年全国城镇人口翻了一番。从国外经验对比来看，我国自改革开放以来的城镇化速度也是史无前例的，城镇化率20%升至40%，英国历时120年，法国100年，德国80年，美国40年，苏联30年，日本30年，我国仅花费了22年，并仍在快速发展。然而，人口城镇化率快速提高的背后，是城镇化水平的失衡与城镇化质量的不足。具体体现在城镇化的地域失衡，人口、产业、土地城镇化的失衡，城镇化的城乡失衡，城镇化发展水平与城乡治理水平的失衡等。

工业化水平是一个有效的评判工具，能帮助我们判断地区城镇化的实际发展阶段。根据中国社会科学院工业经济研究所陈佳贵等的研究，按照汇率—购买力平价法计算，直至20世纪90年代中期国内工业化发展仍处在工业化初期，2000年以后逐步进入到初期后半阶段。在"十一五"期间，我国工业化水平得到进一步提升，

迈入中期发展阶段，而"十一五"之后，我国工业化水平进入了中期后半阶段。随着2010年以后，我国工业化快速发展，在"十二五"期间，我国正式进入工业化后期发展阶段，这是我国的整体社会经济的一个标志性的事件。但从地域视角来看，中国沿海发达地区如京、沪两地已然处于后工业化发展阶段，而粤、津、苏、浙四省市则已经处在工业化后期的后半程。后工业化时代的典型特征是第三产业的比重非常高，城市经济和人口结构与工业化阶段显著不同，社会发展需求与工业化阶段存在差异。随着社会发展迈向更为复杂的阶段，社会管理、城乡治理有了内生的演变需求。政府职能、社区职能、财政基础均需进行改变，方能在城镇化转型背景下走新型城镇化的道路。

随着我国城镇化水平的不断提高，逐步走上新型城镇化道路，传统城镇化过程中的城市管理建设弊端也进一步凸显。这一方面体现在城镇化质量不足所带来的城乡差异、地域矛盾；另一方面体现在城镇化速率放缓后的地方财政收入与城市管理成本的矛盾。而城市管理建设问题的缓解与改善则仰仗于城乡一体化建设、区域一体化发展以及降低社会管理成本。

在此发展背景下，"社会治理"的提出成为应对后工业化时代，尤其是信息革命时代所伴随的社会结构"网

络化""多中心化"条件下的社会不确定性与风险的重要手段，是进一步提升社会公共服务效率的重要机制，也是降低社会综合管理成本的重要手段。所谓"社会治理"指的是政府、社会组织、企事业单位、个人等社会中的行为主体，通过平等的合作伙伴关系，依法对社会事务、社会组织、社会生活进行规范和管理，实现公共利益最大化。小至邻里服务、街坊议事，大到环境保护、违章监管均是"社会治理"的具体体现。作为以"后工业化"为给定发展条件，以第三产业为主体的试验型生态新城，"社会治理"的探索是生态新城探索的重要组成部分。

4.1.2 社会治理模式创新中的政府角色

党的十八届三中全会提出要推进国家治理体系和治理能力现代化。从"国家统治"转变为"国家治理"，从"社会管理"转变为"社会治理"，这对整个社会而言都是一个极为巨大的变化，而这一变化主要是指思想观念上的。从实际层面来看，要实现政治改革就必须要进行彻底的治理改革，要实现政治现代化就必须将治理体系彻底现代化。要将国家的治理体系现代化，则不得不在根

本上改变国家的行政、司法及监督等各方面的制度。"治理"和"统治"是两个完全不同的概念，从统治到治理的过渡，是人类政治文明发展的主流方向，也是新世纪条件下，大部分国家政治改革的主要特点。"统治"和"治理"两个概念在实践中主要有如下五个方面的区别。其一，权力主体有所区别，前者的主体仅仅是国家公共权力，而后者则是多元化的，其权力主体包括政府、企业及居民自治等各种社会组织。其二，权力性质有所区别，前者是充满强制意味的，而后者则是可协商的。其三，权力的来源有所区别，前者的来源是法律，属于强制性的，而后者，除法律外还包括了各种社会契约。其四，权力运行的模式有所区别，前者是不可平行的，而后者则是可平行的。其五，权力的作用范围有所区别，前者的作用范围是政府权力可延伸到的范围，而后者的作用范围涵盖各个公共领域，相对于前者而言显得更为广大。

这种由"管理"逻辑向"治理"逻辑的转变，集中体现为政府公共行政角色的转变。公共行政理论在近 40 年来，特别是近 10 年有了极大发展，最主要的表现，就是从官僚科层制的"传统行政管理"，全面向扁平化企业型的"新公共管理"政府，并且再快速地向当前强调合作治理的"新公共服务"模式转变。

西方传统公共行政产生于 1900 年前后，其首个理论

基础是官僚科层制理论，而此理论的创作者是马克斯·韦伯（Max Weber）。在施行科层制的社会中，等级和权力一致性甚是明显：一是专门化，二是层级制的权力体系，三是技术化，四是公私分明。第二个理论的基础是威尔逊（Thomas Woodrow Wilson）的政治与行政两分法，执行政策而不参与政策制订是公务员的一个重要特征。形成于 20 世纪 70 年代末 80 年代初的新公共管理理论，其倡导者从"理性经济人"假定中取得相关依据。充分利用市场机制进行社会治理，并尽量减少政府的干预是上述理论的共同点。另外，新公共管理也运用了私人部门的管理理念，认为公共部门和私人部门之间不存在本质上的区别。公共部门逐渐认识到私营部门中的某些管理方法的优越性，如绩效管理、目标管理和结果控制等方法在施行过程中都取得了较好的效果，因此纷纷被公共管理部门加以采用。新公共服务理论形成于近 20 年前，特别是在美国"9·11"事件之后，该理论提出政府要注重诚信和公共服务，主张政府和社会改革应从国家治理角度出发，而不应该仅仅是运用经营理念。与此相对应，公民权和后现代话语理论等都包括在新公共服务理论中。

简言之，已有近百年历史的传统行政管理，以官僚科层制为基本结构，以权威化思维基础、技术化分工模式为各级官员提供酬劳，其结果是公共服务供给总体不足，政府与市场分开，以政府影响下的公共型企业、社会精英参与为主，较少有公众参与。而形成近 30 年的新公共管理模式，强调扁平化企业型政府结构，以绩效考核、激励惩罚实现均等化公共服务目标，公共企业民营化，并确保对顾客回应有充足的反馈。近 10 年兴起的新公共服务理论，则以地方的共同治理（即合作治理）、公共价值体现（向人的学习）、个性化与自由选择为核心价值，通过购买公共服务的方式，大量实现第三方介入，以建立共同目标、实现沟通的方式持续展开工作成效的检查，

其结果是公众愿意与政府展开资源交换，满足自我进步的需求，公众参与相对充分。新共同服务模式的实现，需要行政管理者摆正自身的角色定位，以合作者、支持者的身份推动社会治理的发展。

4.1.3 社区职能归位与社会治理

党的十八届三中全会提出，全面深化经济、政治、文化、社会和生态文明五大体制改革，其中推进国家治理体系和治理能力现代化是创新社会体制的核心内容。人民群众是社会治理的主体，而社区作为广大人民的基本生活单位，是联系、组织和服务群众的最有效平台与纽带。

然而，长期的发展过程中国家治理体系内的社区职能常常处于缺位状态。20 世纪 80 年代以前，我国城市社会的公共权力完全集中在地方政府手中，以居委会为代表的社区组织是城市的边缘组织，负责对"单位体制"以外的社会闲散人员进行管理，社会治理的参与程度低。随着社会转型的逐步深入，从 20 世纪 80 年代中后期开始，我国的经济组织、社会组织逐步参与到社会治理过程中。1986 年，国家民政部提出开展"社区服务"的要求，正式提出"社区"概念，将社区纳入国家治理体系之中，将过往"单位制"的服务职能交由社区承担，使得社区职能逐步归位，也使得国家治理重心下沉、社会治理理念的实现逐步落实于社区单元架构。

在社区治理中探讨地方政府的角色定位，主要是基于社会学中的角色概念来对治理主体进行解读的一种尝试，既突出地方政府在社区治理中的不可代替性，也强调地方政府在社区治理中的有权限性。在社区治理中，地方政府的角色能力集中体现在它既是社区规划指导者，

又是社区组织的协调者。地方政府必须拥有根据社区实际情况制订长远、科学的社区规划的能力，要围绕社区建设目标，指导社区制订实现目标的措施和对策。同时，地方政府要通过制订政策法规，来引导、扶持、发展社区服务事业、社区公益事业。治理实际上是国家权力向社会的回归，治理的过程就是一个还政于民的过程。必须认识到，政府部门与社区不是领导和被领导的关系，政府部门不应也不能随意向社区下派任务，而是给社区的诸多事务提供经费和协助，或引导企业、NGO 等多方提供经费方面的支持，并按照委托代理人关系展开相关工作。

在当前我国社区治理的推进过程中存在诸多问题，包括社区治理的主客体和自治能力失位、地方政府职能和职责失位等。作为一种回应，应积极促进社区自治职能的归位，由社区评价政府而非政府考核社区。社区工作人员考评，也应以居民民主评议为主，街道考核为辅。未来应积极发挥既有制度作为良好协商民主的基础同时，重视社区营造技术。通过各种动员手段，唤醒社区意识，挖掘社区能人，建立社区个体之间的信任，形成互惠机制、声誉机制，探索公共投入的分成制度等。

4.1.4　政府职能转变的财政基础

地方财政体现了地方政府与所属、所辖区内企业、事业单位，社会、组织、居民之间，以及各级政府之间的分配关系。各级地方财政是同级地方政府执行其职能的财力保证，通过地方政府的预算筹集财政收入，分配财政支出。

改革开放以来，我国地方政府以经济建设为中心，参与或主导了部分市场行为，这在一定历史发展阶段是

十分高效率的做法，为经济高速发展提供了保障。在此过程中，政府财政在一定程度上与市场效益挂钩，使大量地方政府呈现企业型政府的状态。在此时期的地方财政被冠以"项目财政""经济建设财政"等非正规名称，用以说明其有别于社会主义国家财政的概念。这种财政概念可以被界定为"国有资本财政"，即以国有资产所有权为基本依据而形成的政府分配行为；作为体制转型期间我国特有的"双元结构财政"模式中的一种特殊财政类型，国有资本财政具有其独特的职能定位。

"公共财政"的概念是在经济、社会转轨中就财政转型而提出的。经过十余年的探索，"公共财政导向"于 1998 年被明确提出。其后，关于建立公共财政框架的要求，被写入中共中央全会的文件和国家发展计划文件。就全国而言，公共财政转型和建设中面临的主要困难与问题还很多，主要包括政府职能转变困难和财力约束。而以我国东部沿海较发达地区的工业化和城镇化阶段看，政府的财政基础正在逐步优化，特别是在有一定财政盈余的地区，积极从传统的地方政府财政体系向公共财政体系转变，是有具备财力保障的。更重要的是，政府需要在土地出让等高额财政收入获取手段方面建立正确的观念，转变"土地财政"思维，建立"土地金融"概念，积极转变地方财政角色，将重心转移到充分满足地方公共服务供给的方向，通过提供优质的公共财政服务，合理吸引人口流入，实现"以人为核心"的新型城镇化目标。

以中新天津生态城为代表的生态新城，其地方财政具有相对独立的特征，更有条件在此过程中实现公共财政结构的转变，促进公共服务的提升、社会治理的优化。

面 向 治 理 的 社 区 体 制 架 构

4.2.1 社区规模与层级体系

1. 社区内涵

"社区"（Community）这一概念最初由德国社会学家滕尼斯（Ferdinand Tönnies）应用于社会学的研究中。20世纪30年代其著作 *Community and Society*（1887年），由我国著名学者费孝通先生翻译，译作《社区与社会》，"社区"一词开始被国内许多学者引用，逐渐流传开来。国内外学者对社区的理解和定义各有侧重，滕尼斯认为具有共同价值观念与习俗的同质人口是社区形成的基本要素，美国社会学家罗伯特·帕克（Robert Ezra Park）则认为社区不仅仅是人的汇集，也是组织制度的汇集。

本书中的社区是指在一定范围内聚集的，根据一定的制度和组织结合而成的，具有一定人口数量、共同的意识和利益的社会生活共同体。社区是城市社会组织和居民生活的根本，也是建设现代城市文明的载体。

2. 社区人口规模

普遍认为，构成社区的五大要素为：一定数量的人口、一定范围的地域、一定规模的设施、一定特征的文化、一定类型的组织。其中，人在社区组成要素中居首要地位，既是社区的组成者、管理者，又是社区服务对象。社区居民以一定的社会关系为基础，主要以家庭和邻里的形式发挥社区主体的作用。同时，社区人口的规模也影响着社区的土地规划、空间布局、产业发展和公共服务设施管理等多个方面，最终影响居民生活质量。然而，无论空间布局、产业发展还是公共服务，其各自的诉求对于社区规模有着不同的要求。例如，商业经营者的愿望是社区商业设施能够在合理、聚居的尺度下正常运转，希望社区有更多的人口，获取更多的客源；居住者的愿望是社区的规模能够使得日常生活丰富、便捷、舒适、安全，希望社区人口不要过多，也不希望社区冷清；管

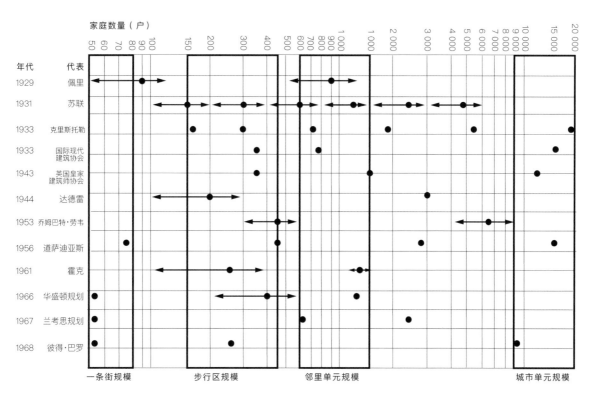

图 4-1 社区人口规模的 12 种观点（资料来源：Gwen Bell, Jaqueline Tyruhitt. Human Identity in Urban Enviroment, 1972）

理者则希望社区的规模满足实施管理的需求，符合社会、经济、安防等不同管理部门的管理要求。

在早期的研究中，西方关于社区人口规模与尺度有 12 种观点（图 4-1），综合分析各种观点的交集可以概括成 4 个范围的社区规模。最小的社区单元大约由 50～80 户家庭组成，人口约 150～200 人，接近于一条街的规模尺度。稍大一点的社区单元大约由 150～450 户家庭组成，人口规模约 500～1 500 人，这是步行的最大尺度，也是很多国家传统村镇的尺度，这种尺度的社区单元可以称为"步行区"，其公共空间的营造对于增加文化认同感、促进邻里和谐具有重要意义。更大尺度的社区类型属于邻里单元的规模，它是许多邻里规划体系的焦点，其人口规模与尺度的研究仍存在较大分歧。部分学者认为，随着汽车时代的来临和教

育的多元化发展，邻里单元层级的人口规模应当设定在 2 000～3 000 个家庭，人口约 7 000～10 000 人。而在道萨迪亚斯（Constantinos Apostolos Doxiadis）的"人类聚居学"中，邻里单元的人口规模尺度设定约为 4 万人，但是一些社会学家认为这样的人口规模过大，不利于邻里社区的组建，在实际社区建设中，可以将这一范围尺度划分为若干小尺度层次，满足不同人群的出行需求。最大尺度的社区，也被称为"城市社区"，其家庭规模大约是 9 000～20 000 户，人口约为 3 万～7 万人。

从市场经营的角度看，西方学者认为社区人口应大于能够支持一所小学正常运行的人口规模。例如，在美国平均一个社区有 1 万个家庭，每户平均 3.6 人，即社区人口规模为 3.6 万人。

表 4-1   居住区分级控制规模

	居住区	居住小区	组团
户数（户）	10 000~50 000	2 000~4 000	300~700
人口（人）	30 000~50 000	10 000~15 000	1 000~3 000

资料来源：《城市居住区规划设计规范》

我国 1994 年颁布的《城市居住区规划设施规范》中，将居住区人口规模分级（表 4-1），并根据前任指标对居住区基础设施的合理配建划定标准。

作为沿海发达城市的天津市，现辖 15 个区、101 个街道、1795 个居委会，平均个每个街道办事处覆盖 5.57 万人、每个居委会涵盖 3 133 人，略大于我国居住区规范中的居住区与居住组团的规模上限。根据新区街道办事处普遍以 8 万~ 10 万人为宜的要求，天津市的社区规模在居住区和行政社区的要求上存在偏差，尤其是街道办事处与居住区的规模要求上的差距更显著。

在生态新城规划建设初期，应当总结归纳社区生活、行政管理、市场经营等多方对社区人口规模尺度的要求，确定合理的社区尺度，从而塑造社区治理的基本体制框架。

3. 生态城社区等级体系

不同类型城市社区的不同人口规模，使城市社区在不同尺度上具有不同的作用和表现，也因此在社区规模上形成了城市社区的等级体系。另外，社区的等级体系特征在行政社区中也表现得尤为明显，市（区）政府、街道办事处对居委会层级具有较强的行政影响与控制。因此，我国的社区概念一直存在街道社区和居委会社区两个不完全相同的层次。虽然某些城市会将若干个原居委会合并成一个社区居委会，但依然可以看作街道（社区）一居委会（社区）的两级社区等级体系。

生态城在归纳合理社区人口规模研究与我国社区的等级划分现状的基础上，充分借鉴新加坡社区建设的经验，确立了独具特色的"生态细胞—生态社区—生态片区"的三级生态居住模式：社区生态细胞为居住小区，生态社区为居住社区，生态片区为综合片区（图 4-2，图 4-3）。

生态细胞是由城市机动车道围合的 400m×400m 街廓，细胞内部包含步行和自行车道路，其中心服务设施服务半径为 200 ~ 300m，人口规模约 8 000 人左右。生态社区由 4 个生态细胞构成，通过慢行系统连成网络，每个生态社区配置一个社区中心，其服务半径为 500m，人口规模在 3 万人左右。生态片区由 4 ~ 5 个生态社区构成，人口规模在 8 万人左右。中新天津生态城由 5 个完整的生态片区构成（图 4-4）。

在我国，针对社区规划的理论研究经历了漫长的发展过程。从最初的社区规划侧重于对物质空间的研究设计，到规划内涵向外延伸，逐渐拓展到通过可持续发展理念对空间、经济、社会和文化等多种要素的整合。直到今天，中外各国已经对建设现代居住模式做出了多种有益的尝试与探索，也提出了多种可能的社区规模与层级体系。为了实现高标准、新模式的生态规划，中新天津生态城在建设初期对"生态社区"的内涵、建设要素和实施路径等重要问题，展开了专题研究，力图针对当前我国城市建设、管理的诸多问题，如住房发展的阶段性矛盾、均等化的社区服务供给等，通过技术、制度、建设管理模式的创新，形成中国国情下可持续发展的居住建设经营模式样本。

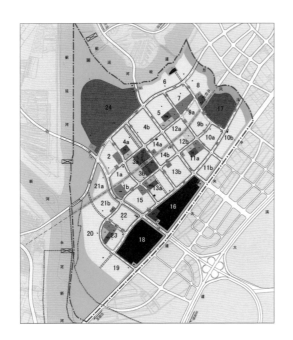

细胞指标分解				
街区	细胞	红线用地面积 (公顷)	总建筑面积 (万平方米)	配套建筑面积 (万平方米)
01	01-01	71.25	57.00	—
	02-01	19.03	12.50	—
	02-02	12.89	22.89	—
02	02-03	13.05	15.20	2.60
	02-04	17.41	17.34	1.40
	02-05	10.24	16.63	—
03	03-01	20.70	9.00	—
	04-01	12.22	17.62	0.40
	04-02	8.63	11.80	—
04	04-03	17.06	18.80	—
	04-04	12.57	14.60	1.20
	04-05	7.81	8.00	—
05	05-01	34.03	41.40	—
	05-02	31.37	32.72	0.40
	06-01	41.64	20.50	—
06	06-02	13.15	20.40	0.40
	06-03	13.98	18.90	0.40
	06-04	13.09	21.70	1.00
07	07-01	7.38	23.56	—
	08-01	15.65	24.40	0.40
08	08-02	14.99	22.24	0.00
	08-03	11.78	15.30	1.40
	08-04	12.54	15.48	2.60
09	09-01	26.06	—	—
	10-01	13.69	—	—
	10-02	10.54	10.54	—
10	10-03	11.55	13.54	—
	10-04	10.74	9.61	1.70
	10-05	27.69	27.48	—
	10-06	12.39	12.29	—
11	11-01	63.87	—	—

图 4-2 中新天津生态城起步区社区单元图

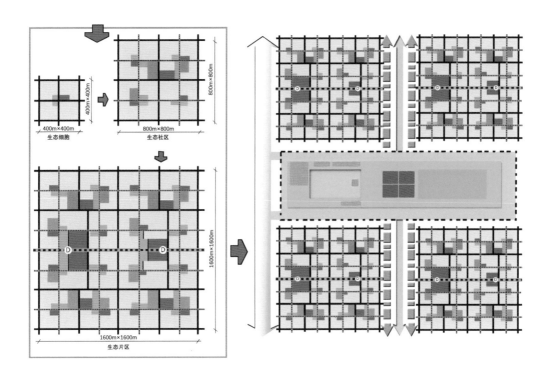

图 4-3 中新天津生态城三级居住模式图

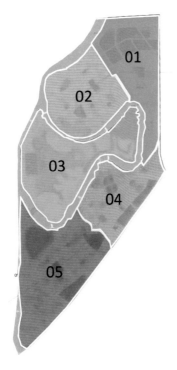

图 4-4 中新天津生态城生态片区图

到社区居委会中。出现了国内居委会日常承担的行政辅助职能比其主体职能更多的情况，居民自治组织呈现行政化的特征。因此，国内一些城市，在进行社区治理体制改革探索的过程中，往往针对居委会层面，但其效果往往不太理想。中新天津生态城以国内过往的实践探索为依托，认识到街道办事处才是社区治理无法高效运行的关键节点，将行政管理的建设重点设置在街道层面，以责权对位的核心理念，建立权力对等的组织机构，让管理权力、管理能力和管理责任三者相匹配。

在社区自治体系构建方面，居委会作为居民自治的平台，其层次与能级较低，难以调动上层社区资源、主动激发社区潜在活力，致使居民自治能力有限。为了健全社区基层群众自治机制，生态城在各个生态细胞按照自治原则选举成立居民委员会，扶持和引导社区治理组织，同时积极探索社区自治组织创新，以弥补居委会功能上的不足。

2. 生态城公共管理的社区化转变

社区管理体制创新离不开社区组织创新。生态城管委会依托生态城创新性的三级居住模式，在三个层面实现生态城社区管理体制创新（图 4-5）。

为了完善社区自主治理的体系，管委会在整个生态城层面设立社区理事会，作为枢纽性的社区自治组织，统辖各个居委会与社会组织。社区理事会在每个生态社区的社区中心内设立办公场所，用来召集本社区的各居委会与业主委员会，进行联席会议。作为枢纽型的自治组织，社区理事会的设置对于增大社会自我组织的能量，培育和发展社区组织有重要意义。

在生态社区层面，为了给社区居民提供高效、贴心、优质的服务，生态城缩小了行政层面街道一级的管辖范围和管辖人口，统一行政管理、社会经营的社区尺度，构建了大约3万人的生态社区（图 4-6），并设立新型

4.2.2 社区自治体制

社区作为社会公共事务管理的重要载体，是推进社会治理的重要构成单元，而社区自治则是社会治理创新的重要突破口。推进社区自治重点包括两个方面：①通过政府社会管理职能向基层社区下移，实现社会公共管理的社区化转变；②通过社区组织体系建设，引导并鼓励公众参与社区建设，提升社会治理的公众参与度。

1. 生态城社区治理体制建设的出发点

在我国传统的基层政权管理体制下，街道办事处是政府职能延伸的基层行政机构。由于街道办事处管辖人口过多，管辖范围较大，其行政职能行使存在一定困难，又因其下方不再设有行政机构，故将部分行政职能延伸

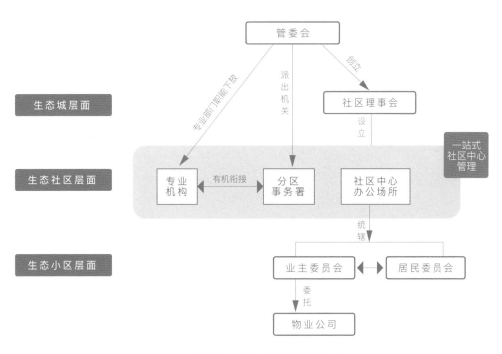

图 4-5 中新天津生态城社区管理体制创新结构图

图 4-6 中新天津生态城第二社区

政府基层组织——分区事务署。分区事务署是管委会的派出机关，主要负责社区基层事务和综合管理。与此同时，生态城管委会个专业部门在生态社区内设置机构，直接受理和办理社区行政事务，负责各专业的具体管理，并与分区事务署有机衔接。随着生态社区管辖幅度的缩小，分支机构的设立，大部分管理工作可以直接延伸到生态社区中，居委会不再需要承担大量行政化职能，避免了居委会的行政化。

在生态小区层面，围绕业主委员会和居民委员会两个核心组织，通过核心工作人员交叉任职，将社区管理与物业管理有机结合，充分维护居民和业主的合法权益。实现业主委员会和居民委员会的高度复合化。并通过业主委员会委托物业公司承担物业管理，保障社区居民的核心利益。在生态城，原则上只要为一个生态小区划分一个物业管理区域。

综上所述，生态城以生态社区为节点、以社区中心为共同载体，将管委会职能部门、分区事务署和社区理事会集中整合在一起，将多元治理主体紧密结合在生态社区层面，形成了"三明治"式的社区治理结构，从而实现行政管理的社区化转变。

3. 生态城的社区公共参与体制

公共参与是构建社区自治体制的重要环节。从 20 世纪 60 年代开始，西方国家就频繁出现居民自主参与居住区改造、环境保护的现象。如美国的阿卡迪亚（Arcadia）通过居民组成的自治组织，参与甚至是主导社区的建设，改善居住条件，提升社区环境品质，承担并优化公共服务供给，在高度的公平与自治中，提升社区的生活品质。

在我国以往的社会管理体制下，社区居民只能通过居委会来参与社区管理，但居委会过重的行政负担，使其无力再担任社区居民代言人的职责。为了改变这一局面，生态城创设社区理事会作为社区各组织的管理型枢

纽组织，领导、支持、保障生态城社区组织发展，鼓励社区居民、各类组织积极参与社区治理和社区服务。社区理事会主席由生态城党、政一把手担任，理事由生态城管委会局长、人大代表、政协委员、社区领袖等担任，从而实现生态细胞—生态社区—生态城市各层面都可以顺畅地表达诉求、参与管理。

生态城还通过改革行政审批制度，搭建公众参与的平台，实施积极的人才引入政策，创新共建、共治、共享的社区复合服务体系。同时，通过组织丰富多样的社区日常活动、建立城管志愿者队伍、拓展岗亭功能等多种方式，鼓励公众参与社区管理，共同营造良好社区环境。

4.2.3 社区协调机制

1. 完善政府公共政策制订机制

生态城在制定各项公共政策时，必须秉持公平公正的理念，既要保障公众利益，也要平衡协调不同群体的利益需求。这既是公众政策的制定依据，也是公众政策的实施目标。故而，建立以政府为主导，统筹生态城发展的公共服务治理机制，应当包括但不局限于加强公共服务规划、设定基本公共服务标准、建立基本公共服务均等化的政府问责制、公共服务绩效评估系统。

其次，在生态城公共政策的形成过程中，生态城管委会应坚持以公共服务为导向，使得公共权力做到清权确权，固化权力事项的流程，并接受内部制约和公众监督。同时，在生态城的不同发展阶段，要针对不同的受众群体和管理对象，灵活选择合理的公共政策也显得尤为重要。

2. 构建政府、市场和社会良性互动机制

在社会管理中，政府管理、市场推动和社会参与有

其局限性，必须将三者协调配合起来，建立完善的社会管理机制。因此，生态城管委会在社区综合管理中，应坚持人与人、人与经济和谐共存，有意识地形成政府、市场和社会三者良性互动的机制，建立社会广泛参与的评价和监督机制，以利于发挥三者的合力，实现社会发展与管理新模式的作用。

3. 加强社会流动机制建设

社会成员在不同社会地位间的转移现象称之为社会流动。中新天津生态城作为具有"全球意义"的生态城，其开放度、流动频率均是一般城市无法比拟的。生态城需要通过不断改革和创新，构建社会流动的新机制，以保证生态城社会发展与管理新模式的开放性。

以流动人口管理服务机制为例，生态城通过开通办理蓝印户口的绿色通道，积极争取优秀外来务工人员落户名额，推出了"大型企业员工公寓"等群体性居民引入措施，为生态城人口的引入奠定了基础。

4. 促进利益相关方协调机制建设

当前，在社会利益主体多元化，利益要求多样化，利益关系复杂化的背景下，很难充分满足不同社会群体的利益诉求，这不可避免地引发某些社会群体间的矛盾与冲突。因此，探索并建立统筹各社会阶层利益关系的协调机制，缓和社会矛盾和冲突，形成各阶层成员共建共享的社会环境，是生态城社会发展与管理模式创新的重要内容。具体包含：建设利益诉求表达的畅通渠道，开展平等对话的协商机制，动态排查社会矛盾的工作制度等。

4.3

生 态 新 城 基 本 生 活 制 度

4.3.1 社区公共服务制度

1. 生态城社区配套与空间布局

生态城根据社区公共服务均等化的理念，按照权利与义务对等的思路，制定了公平、公正、无差别的社区公共服务方案，使广大社区居民享有住房、交通、教育、医疗、文化和社区服务等方面的同等服务。

2013 年 7 月，生态城启动建设常住人口基础信息库，探索建立新型居住证制度，以此作为公共服务均等化的技术基础。

任何一种社区功能都需要相应的社区设施作为载体，

为了使生态城社区具备更为丰富、完善的社区服务，生态城对社区硬件设施进行了科学的规划建设。在公共服务体系方面，生态城构建了与"生态片区—生态社区—生态细胞"三级居住模式相适应的"生态城主中心—生态城次中心—居住社区中心—基层邻里中心"四级公共服务中心体系，合理布局教育、医疗、文化、体育等公共服务设施，并将规划建设重点放在生态社区层面。生态城规划借鉴新加坡"邻里中心"的建设经验，在生态社区层面建设"社区中心"，构建一站式综合性社区服务新模式，使生态城居民能共享更为丰富的公共服务资源（图 4-7）。

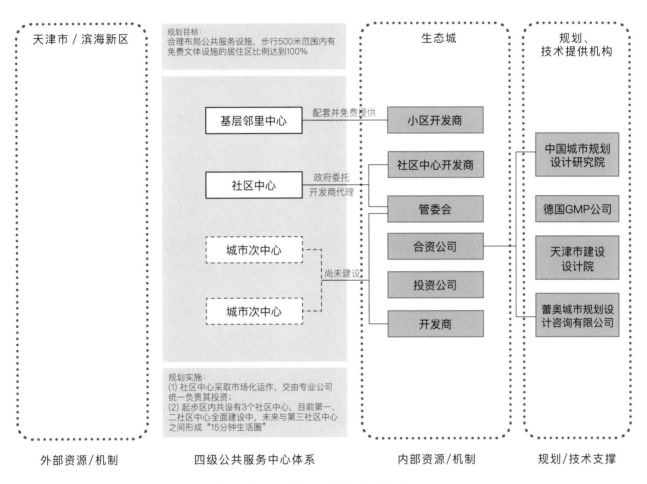

图 4-7 中新天津生态城四级公共服务中心建设示意图

社区中心是生态城一站式综合服务中心，在生态城社区服务体系中，社区中心承担着商业服务、公共服务和公共交往中心的职能。为了方便居民生活，社区中心内涵盖菜市场、24 小时便利店、餐饮、洗浴等商业功能，同时社区中心也作为公共服务中心，提供政府行政管理、行政便民、社区管理与社区自治、文化体育、医疗卫生等多项公益性服务。生态城在每个社区中心都配置有一个社区卫生服务中心、一个社区管理服务中心和一个社区文化活动中心。除了各项服务职能，社区中心还为居民提供交谈、停留、购物、休闲、娱乐的场所，为居民增进感情、密切邻里关系提供平台。目前，生态城起步

区入住的 6 000 余户居民已全部享受到社区中心的服务。社区中心之间规划实现 15 分钟可达，使得生态城通过社区中心建设，构建了快捷、便民的"15 分钟生活圈"（图 4-8）。

在生态细胞层面，生态城建设社区服务站，集中设置少部分公共服务，满足居民就近服务的需求。社区服务站按照物业、文体、商业三个板块预留小于 1 200 ㎡的服务设施，其中细胞级社区服务站占地面积 500 ㎡，内设居委会公用房、居民活动用房，同时设置简易商贩亭，便于居民购买日常菜品和小食。

生态城的城市主中心和次中心都将采用城市综合体

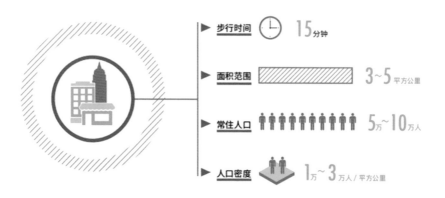

图 4-8 "15 分钟生活圈"（资料来源：上海市 15 分钟社区生活圈规划导则（试行），2016）

建设模式，内部规划建设医疗、教育、养老、娱乐、体育等综合体。市民中心是城市次中心级别公共服务设施，生态城在南部片区和北部片区中心位置各规划建设一个市民中心，并将文教体卫设施和商业设施的建设与轨道站点结合。南部市民中心用地规模 17.4hm²，服务于南部片区；北部市民中心占地 30.5hm²，服务于东北部和东部片区。生态城城市主中心级公共服务中心，设于生态城中部片区新津洲南侧，覆盖生态城中部片区和生态岛片区，用地规模约 75hm²。生态城主中心规划建设商业零售、文化娱乐、旅游休闲服务、商务办公等设施和综合性市民中心，为生态城及周边地区服务。

综合来看，生态城规划总人口 35 万人，社区服务设施总面积 280 000m²。以此计算，生态城人均社区服务设施面积约 0.8m²，完全可以满足未来居民不断增强的社会交往、文化体育活动等发展需求，形成 15 分钟社区服务圈，为开展丰富多彩的社区活动提供载体，有助于提高社区凝聚力（图 4-9）。

综上所述，生态城社区在公共服务设施和公共空间利用方面，形成了集约布局、体系共用的格局（图 4-10）。社区中心作为社区级别的管理和商业服务核心，将社区公园、小学、幼儿园、派出所、交管站、消防站等公共设施集中布置在一起，共同形成社区活动的核心区。这

种布局的最大好处就是将社区活动的连带效益发挥到极致。例如某家庭成员在接送小孩后，可就近在社区中心菜市场进行日常采购，也可以就近在社区公园晨练，参加社区中心文化站开办的培训和文娱活动，避免因各个社区设施分离所带来的活动不便。社区中心与社区公园相临后，社区中心的广场和社区公园景观绿化可以实现共享，促使社区活动更为丰富。同时，在社区中心工作、生活、学习的学生、派出所公务人员的餐饮、休憩需求可以相互借势，支撑社区中心餐饮、配送等服务，从市场层面促进公共服务不断提高。

2. 生态城社区中心开发运营模式

为了加强运营管理，生态城在规划建设时强调生态社区作为一站式社区综合服务重要载体，提升社区服务水平。

在建设规模上，社区中心的建设以生态社区的经济规模、人口基数为基础开展规划建设。每一个生态社区配置一个社区中心，占地约 1.5hm²，建筑面积约 20 000m²，整个生态城区域规划建设 10 个社区中心。在选址上，生态城社区中心一般选择生态社区地理中心位置，以保证生态城居民步行 500m 范围内可达。

在运营管理方面，生态城统一社区中心的外观、规

① 南部商务中心
② 青坨子
③ 步行街
④ 社区综合市场
⑤ 医院
⑥ 社区中心
⑦ 幼儿园
⑧ 小学
⑨ 中学
⑩ 消防站
⑪ 雨水泵站

图 4- 9 中新天津生态城起步区公共服务设施规划分布图

模、功能设置和运营管理，采用市场化运作方式，交由专业公司统一负责投资，与社区公园同步、一体化建设。社区中心的非经营性设施和准经营性设施，即公益面积部分为强制性建设内容，不得改变必备功能场所的用途，建成后移交给管委会；经营性设施的规模和功能由开发公司根据市场需求自行建设经营。

以第三社区中心为例。生态城第三社区中心由生态城授权投资公司下属全资子公司——天津生态城城市资源经营有限公司负责开发建设和运营管理。第三社区中心于 2013 年 11 月投入运营，总建筑面积 30 000m²，其中地上部分 20 000m²，地下部分 10 000m²。第三社区中心（图 4-11）建设通过动静分离的设计、一站式服务的提供，保持了居住生活片区的安逸和舒适。开业第一年，第三社区中心就累积服务居民 20 多万人次，累积接待各类参观考察 4 000 余人次。

在该社区中心的招商和运营管理中，城市资源公司首次推出"Eco & Home"创新国际生活典范的差异化社区中心模式（图 4-12）。从"五生态"和"五模式"中，形成功能齐全的配套。

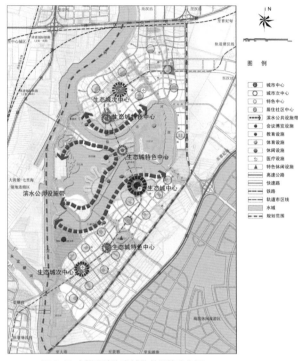

图 4-10 中新天津生态城公共设施分布图

3. 生态城大力发展社会工作

完整的社会工作运行组织体系应包含社会工作用人机构、社会工作服务机构（即"社工事务所"）、社会工作行业管理机构和社会工作行政管理机构。生态城社会工作的运行模式为：政府向社会服务机构购买专业化服务；社会服务机构将专业社工派往用人单位工作，并负责指导和管理；社会工作行业管理机构为社会工作服务机构和专业社会工作者提供行业服务并进行自律性管理；而社会工作行政主管机构主要负责社会工作领域的行政管理工作。

在社区事务组织方面，生态城将社工队伍作为组织社区事务的中坚力量，每 200 户居民配备 1 名专职社工

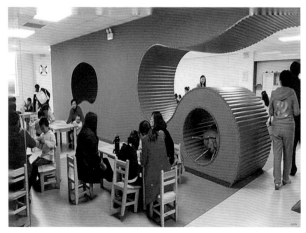

图 4-11 中新天津生态城第三社区服务中心

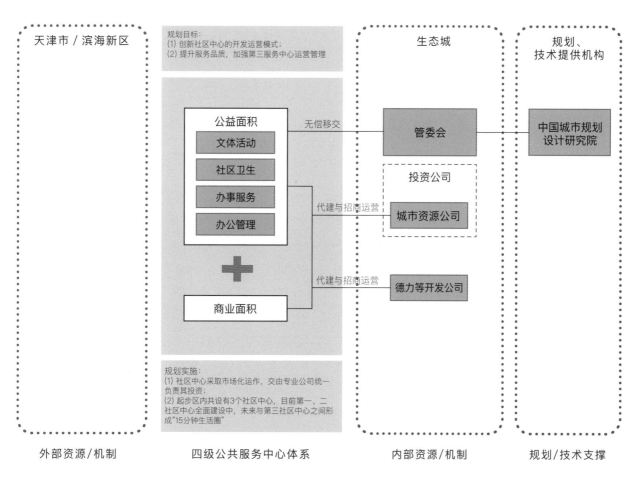

图 4-12 第三社区中心开发运营模式

辅助完成社区各项事务。首批 15 名专职社工于 2012 年 6 月通过全国公开选聘而来，并安排至新加坡挂职培训社会管理与社会服务技能，制定社工职业发展规划，为生态城社工职业化、专业化打下良好基础。在社工队伍的建设方面，生态城大力发展民办社工组织、积极倡导志愿服务。专业社工团队不仅服务于社区工作，还服务于学校、医院、慈善、助老、助残等专业服务方向。

为此，生态城制定了完善的社会工作人才管理制度：

1）实行严格的职业资格准入和职业水平评价制度

生态城将社会工作者职业水平分为三个等级，由高到低依次为高级社会工作师、社会工作师、助理社会工

作师。其中，助理社会工作师和社会工作师的资格评定，需要参加由国家相关部门举办的社会工作者职业水平考试，取得职业水平证书；高级社会工作师的职业水平评价办法待国家相关政策出台后另行制定。

与职业资格准入制度与职业水平评价制度相配套，生态城实施社会工作者登记制度、社会工作专业岗位职业资格聘任制度，并推行社会工作人才考核评估制度。生态城会依据社会工作的种类和岗位职责要求，针对性地设定不同的考核标准，在以业绩水平、工作能力、职业道德水平为核心的基础上，综合考量社会工作者的专业水平与职业素养，明确考核负责机构并与责任服务单

位、机构配合落实。用人机构需按照相关规定，聘用符合资格的从业人员。社会工作从业者在取得职业水平证书后，在行政主管机构或其委托机构进行登记并遵守其管理，对于违反相关法律规定和职业道德规范的从业人员，将由登记机构取消从业资格，并由发证机关回收证书。

2）建立完善的社会工作人员培训制度

对社会工作专业岗位的工作人员进行分层、分期、分批地全员培训，组织社会工作领域的管理人员学习先进理念，掌握专业知识，起到带头示范作用；鼓励各级领导干部通过考试获得社会工作职业资格证书；规范教育培训机构的日常管理工作，明确奖惩措施，提高师资力量，突出公立培训机构的标杆示范作用。

3）建立社会工作人才激励机制

生态城重点建设五大社会工作人才激励机制，即薪酬激励机制、社会保障激励机制、职业晋升激励机制、奖励机制和合理流动机制。

4）建立社工与志工联动机制

生态城在重视职业社会工作者作用的同时，也动员公众广泛参与社会工作，发挥志愿工作者作用。通过广大志愿工作者有效地补充和壮大社会工作的人员团队，利用志愿者组织，使得每一个具有专业优势的社会工作者可以与志愿工作者建立联系，针对不同社会工作，联合开展社会工作建设。

4.3.2 公共住宅供给制度

1. 生态城住房保障体系

公共住房建设是近年来我国十分重视的方向，尤其是针对中、低收入人群的住房保障政策。为了保障生态城内就业的中、低收入家庭住房需求，生态城综合借鉴了中国与新加坡两国保障性住房的建设管理经验，形成了以"公屋"为主体的住房保障体系。生态城保障性住房按照20%的比例进行规划，全区规划建设"公屋"2万余套，总建筑面积约150万平方米，其中，首期500套住房已全面投入使用。生态城建设的公屋、公屋展示中心等项目的投入使用深受驻区企业的欢迎，为生态城合理的住房供应结构、社会和谐发展起到了极大作用。

中新天津生态城"公屋"项目在设计、建设和管理阶段的探索实践中，充分考虑了天津的气候、文化、经济和政策等一系列的特征因素，形成了因地因人制宜，具有鲜明生态城特色的建设理念和特征。首先，生态城按照总体规划的要求，规划了超过2万个保障性住房，实现对区域中低收入家庭的全覆盖，众多企业员工与家庭已入住首期公屋。其次，为了保障生活品质不降低，即使面向工薪阶层，生态城"公屋"项目仍采用高标准建设实施。在设计、施工和绿色技术应用各方面严格执行国家相关住宅标准和生态城的《绿色建筑设计标准》，实现了户型设计多样、全部精装修、土建装修一体化施工、全部达到绿色建筑标准以及广泛应用生态环保技术。最后，在布局方面，生态城"公屋"采用了混合居住理念。在很多传统保障住房规划建设中，往往将保障房建设于城市边缘地区，在增加居民交通成本的同时，带来管理缺失、治安混乱等问题。生态城建设在规划之初便强调混合居住模式，主张建立不同社会收入群体混合居住的社区，以改善这一问题。保障房（公屋）项目规划设计综合考量社会保障、社会服务、城市布局、产业发展因素，与商品住宅共同发展，促使公屋建设融入生态城社区规划建设中，并通过市场化的运营模式，在生态城管委会建设局下设公屋署和公建署的监管下，按照市场运作模式，确保公屋项目的建设、销售、管理与后期维护。

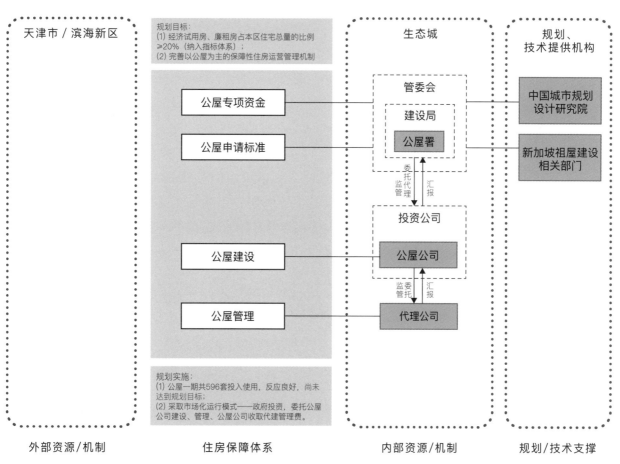

图 4-13 "公屋"建设管理模式

2. 生态城"公屋"建设管理模式

生态城"公屋"由政府成立公屋专项资金投资，并委托公屋公司建设、管理，其中公屋公司收取代建管理费作为费用支撑，并受管委会建设局下属公屋署监管。在公屋公司获得管委会授权委托并完成建设后，进一步委托代理公司进行日常销售与租赁工作（图 4-13）。

中新天津生态城公屋公司于 2009 年 12 月成立，是一家由生态城投资开发有限公司全资控股，且具有独立法人资格的国有企业。2012 年，生态城出台第 50 号文件对公屋公司的定位给出了明确的定义：公屋建设公司

是围绕公屋建设、维修、管理等各项工作，带有政府职能性质、不以盈利为目的的专业公司，其主要职能是公屋项目的投资建设和维修，同时包括建设公寓和蓝白领公寓等项目的代建工作。

生态城公屋专项资金是用于启动和支持公屋的建设、租售、维护的专项资金。公屋建设资金采用贷款与财政借款相结合的方式，其中财政借款至少达到 50% 的注资比例，用以降低公屋建设成本。管委会建设行政主管部门负责拟定公屋政策、制定建设计划、批准公屋价格，建设局下设的公屋署作为公屋公司对口监管部门，负责

173

对公屋公司进行监管，同时，社会局和商务局在公屋租赁方面与公屋公司也存在着上下级的业务关联。

为了进一步规范管理公屋的销售与租赁过程，生态城于 2013 年 10 月出台了《公屋公司销售、租赁基本管理办法》，对公屋公司代建项目的定价原则、管理形式、销售和租赁流程做出了明确的规定。将公屋销售与租赁的定价权力交由生态城管委会，公屋公司按照管委会要求执行。在公屋的购买与推广方面，生态城采用网上一站式服务，将公屋的购买条件公布于网上，采用网上接受报名、网上审查购买资格、网上选房和销售的网络化管理。同时，按照公开、公平、公正的原则，建立公屋信息公开机制和信息发布平台，在方便申请人的同时，构建了社会监督机制。

为了使公屋建设更好地满足生态城人才招引与服务提升的需求，生态城限定了公屋申购的条件，具体包括：已婚；有本市非农业户口且在生态城内就业一年以上（夫妻双方都在生态城内就业三年以上可以没有本市非农业户口）；本人及家庭成员在生态城内无他处住房；家庭年收入不高于管委会公布的家庭的公屋准入收入线，收入线依据生态城经济社会发展水平和商品房价格定期进行调整并向社会公布。

公屋的租赁主要用于吸引企业入驻与教师引进。企业人员需通过商务局领取承租卡，教师则需通过社会局领取承租卡。其他符合申购条件，但购买能力不足的申购者可以申请租赁公屋，租期为 3 年。具体执行条件由管委会建设行政主管部门确定。

3. 生态城公屋实施案例

起步区 15 号地块 1A 公屋项目是生态城第一个公屋开发项目，项目位于生态城南部片区和风路、中天大道交

图 4-14 15 号地块 1A 公屋实景

图 4-15 中新天津生态城公屋展示中心 （资料来源：中华人民共和国住房和城乡建设部．中新天津生态城 15 号地公屋项目）

叉口，于 2010 年 3 月启动建设，至 2012 年 8 月全面竣工交付使用。该项目占地 2.1hm²，建筑面积 34 500m²，由 7 栋高层和一个半地下式车库组成，在生态城中属于细胞级社区。

本着节约能源和节省用地的规划设计要求，该项目建设以经济适用的小户型为主。小区绿化率达 35%，植被丰富，绿化品质较高。一期建设包含 569 套住宅，其中 200 套为出租公屋，369 套为销售公屋，每套平均建筑面积 55 ㎡，均为南向、一室一厅小户型建筑。设计采用一层六户的标准层设计，减少公摊面积，并在户型设计方面保证功能齐全、空间利用率高。项目从节地、节水、节能、节材和室内环境等方面综合考量了各种绿色技术的合理应用，住房全部达到绿色建筑三星标准。社区内的三个组团分别建立一栋公共交往建筑，作为住户交流

的邻里空间。区内地块间设置连贯的步行系统，地块内设置近人尺度的社区廊道和商业廊道，为住户提供多样、人性化的空间环境，营造活泼的社区氛围。

至 2013 年，生态城公屋售价在每平方米 7 700 元左右，签约率 92%，入住率 84.5%，出租率 80%，为后续公屋建设积累了丰富的建设管理经验。当然，生态城在公屋建设的过程中也发现了些许不足，需要进一步完善和调整。从生态城住户的反馈来看，生态城以公屋为主体的住房保障体系仍需进一步完善，以满足不同人群的多样化需求（图 4-15）。首先，要丰富公屋的户型种类，适时适度地推出两室、三室户型，满足不同家庭结构需求，同时不断完善周边配套，保障中低收入人群享有同等的社区服务；其次要进一步深化混合居住模式，探索公屋与商品房的结合方式，促进社区不同阶层人群

4.3.3 绿色交通制度

1. 可持续绿色交通理念

1) 三大策略

绿色交通是解决城市交通拥挤和环境污染的重要手段。生态城采用 TOD（Transit-Oriented Development）模式和双棋盘路网格局，实现土地混合高效利用。规划建设"轨道交通、城内公交骨干线、公交支线"的三级公交服务体系和覆盖整个生态城的绿道网络，实现"人车分离、机非分离、动静分离"的建设目标。通过绿色交通模式的积极探索，规划努力实现公共交通占比 54%、步行占比 24%、自行车占比 10% 和出租车

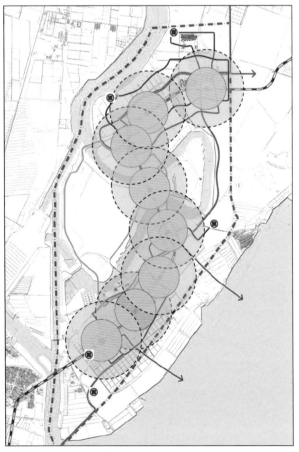

图 4-16 中新天津生态城绿色公交系统规划图

占比 2% 的预期目标，确保 2020 年生态城内绿色出行所占比例不低于 90%（图 4-16）。为此，生态城从管理层面提出了发展绿色交通的三大策略：

（1）确保控制性详细规划中的土地使用方案与道路交通方案能够有效营造绿色出行条件和绿色交通环境条件。通过整个城市空间紧凑和土地利用，社区层级的 TOD 开发模式与土地利用功能混合，日常生活服务的街区化布置等方式实现职住平衡。

（2）从交通设施及交通系统方面确保绿色交通出行的优先地位，营造绿色交通环境。生态城规划将各类交通方式的设施系统均按照绿色交通模式布置，使得多种交通方式所需设施之间的数量关系与结合方式符合绿色交通模式的要求，交通设施、各类土地利用的数量关系与结合方式均符合绿色交通模式的要求。

（3）从交通政策、管理和市场引导方式促进绿色出行和绿色交通环境成为合理选择。生态城通过交通管理手段促使交通通行的时空权利向绿色交通模式倾斜，构建不同交通方式的联动调节机制以促进绿色交通模式的形成。同时，生态城采用税费与补贴联动的调节方式，促使绿色交通模式形成，配合系统化的宣传与行政奖惩措施，促进生态城形成绿色交通模式。

2) 三个核心

此外，生态城在规划设计层面也将绿色交通理念深入到整个生态城的发展骨架之中，其核心体现在三个方面：

（1）构建紧凑的 TOD 利用模式。在规划设计阶段，生态城规划结合发展目标和绿色交通理念，采用紧凑的 TOD 利用模式。以公共交通为导向，实行区域开发模式，形成以步行、自行车及公共交通为导向的土地利用格局。实现自然生态与城市生活交融，城市骨架路网、沿线土地利用与城市景观环境相得益彰，公交站点周围 800～1 000m 范围内用地高强度开发，促进土地的多

样化混合使用，实现精心的设计。

（2）构建人性化的路网格局。生态城城市道路网络路口平均间距 150m，红线宽度不超过 30m，实行机动车单向通行管制，并有完整的非机动车通行系统。同时，创新性地提出了非机动车道路网路密度概念，规划中实现区域内非机动车道路网络密度远大于机动车道路网络密度，达到 9.4km/km²。

（3）构建机非分离、人车分离的交通环境。在生态城的绿色交通规划中，将步行与自行车交通放在首位，按照"人车分离、机非分离"的原则，进行道路断面设

计施工，保障行人与自行车路权，避免以机动车主导的交通规划设计造成慢行出行不便。

2. 生态城公共交通服务

生态城倡导绿色出行，致力于为生态城居民提供完善的公共交通服务，以不断提高生态城绿色出行比例。2013 年 6 月生态城投资公司与中新天津生态城投资开发有限公司（中新合资公司）共同组建了天津生态城绿色交通有限公司，主要负责生态城区域内绿色交通出行的组织与管理（图 4–17）。该公司以"综合交通服务运营

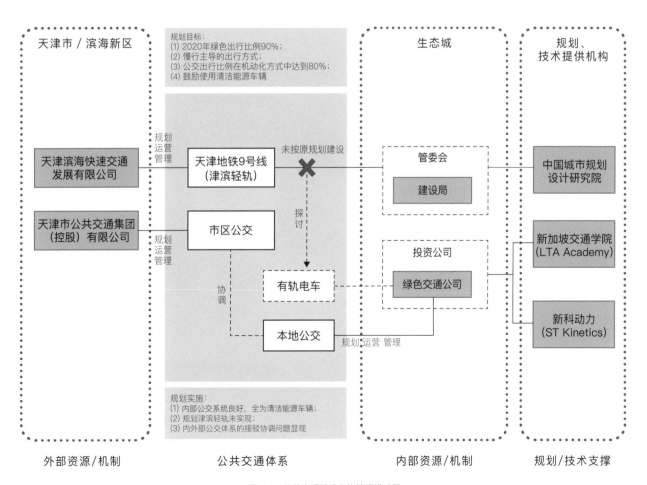

图 4–17 公共交通建设实施管理模式图

表 4-2 　　　　　　　　　　　　　　　　　2013 年生态城绿色公交系统

线路	运营时长	成效
1线	81天	日均客流量从642人次增长到最高2 402人次，运营里程总计103 497km，客流量总计达134 040人次
2线	74天	日均客流量从197人次增长到最高601人次，运营里程总计68 209km，客流量总计达27 019人次

资料来源：《生态之路：中新天津生态城五年探索与实践》

商、绿色出行的倡导者、低碳生态的引领者、清洁能源的实践者"作为企业定位，向生态城居民提供公共交通、自行车租赁、校车等服务。截至 2013 年底，生态城已顺利实现绿色出行比例大于 30% 的指标要求，节能环保车型使用率 100%。

2013 年 9 月，生态城购置了首批 20 辆公交车，同年开通了 1 号线和 2 号线两条公共交通线路，免费向市民开放，起到了良好的带动作用。公共交通服务由生态城管委会全额补贴支持，每年补贴资金约 2 800 万元。在公交站点的设置与设计上，生态城公交站大多设置在居住小区、学校、医院及商业设施附近，实现了公交站点 500m 全覆盖。同时，为了帮助生态城社区居民解决孩子接送问题，减少私家车的使用率，生态城开通了首批 5 辆校车，运行线路及站点对社区内已入驻的小区实现全覆盖。

在公交车选择方面，生态城公共交通全部采用 LNG 气电混合动力车和纯电动车为主的清洁能源车辆。这些车辆的车身、车厢内部设计均遵循"绿色、环保、简洁、大方"的原则，为乘客提供洁净、舒适的乘车环境，并通过车辆椅背海报、拉环等宣传广告向乘客宣传生态城环保理念。至 2013 年，生态城全区已有 100 多座电动汽车充电桩开始投入使用，并在未来将区域内全部公交车辆均改为电动汽车，以减少生态城的碳排放量、改善城市空气质量（表 4-2）。

3. 生态城慢行系统建设

生态城慢行系统规划最早于 2008 年 1 月，在生态城总体规划纲要阶段与生态细胞概念一同提出 (图4-18)。上文中已经谈到，生态细胞是一种 400m × 400m 的开发单元，为了实现小街廓、密路网的城市肌理与机非分离的交通模式，生态城提出通过 20m 宽的非机动通道对生态细胞进行"十"字分割，以此形成密度更高、间隔更小的，以非机动车交通为主的道路体系 (图 4-19)。同时，为了确保社区内部"十"字形非机动车通道能够在开发商与政府的动态博弈中得以落实，生态城创新地将慢行系统路口的坐标点在控制性详细规划中明确落实，落实到土地出让条件 (图 4-20)。因此，生态城保证了机动车道两侧非机动通道路口正对。在路口定位坐标的基础上，生态城进一步在城市设计导则中规定了生态细胞慢行系统的弯曲度，保证社区级慢行通道的通畅。

上述慢行系统规划概念在实施过程中备受争议。赞成方认为这是对小街廓、密路网城市肌理的一种呼应，可以在当前土地产权区属地块的情况下鼓励绿色交通出行，是一种积极有效的尝试。反对者认为，这样的模式将造成物业管理成本过高，担心过境交通将对本地块居民生活带来干扰，若在实施过程中，小区物业公司和业主委员会提出反对意见，由于权属问题，行政管理部门将不便干预，最终导致慢行系统名存实亡。同时，反对者还质疑自行车在未来慢行系统中的使用频率。反对者认为，规划编制过程中提出的这种空间使用模式，没有从后期运营模式角度进行论证，对包括自行车租赁等项目也缺乏周边的实施管理经验（2010 年，北京最大的自行车租赁公司倒闭；反对者发出意见时，共享单车还未出现）。

生态城内部生态细胞的慢行道路，在宏观规划引导下形成生态城内慢行网络，与生态城机动车道一同构建

双棋盘交通格局（图 4–21）。在满足生态城机动交通出行与非机动交通出行的同时，保障了出行的安全、绿色、可持续。然而，这种空间模式在后期物业管理阶段是否能够顺利实施仍需进一步验证。但是，这种空间模式给生态城未来交通空间拓展提供了拓展空间，为生态城密路网建设预留了弹性发展的空间，给未来的空间演进创造了可能。

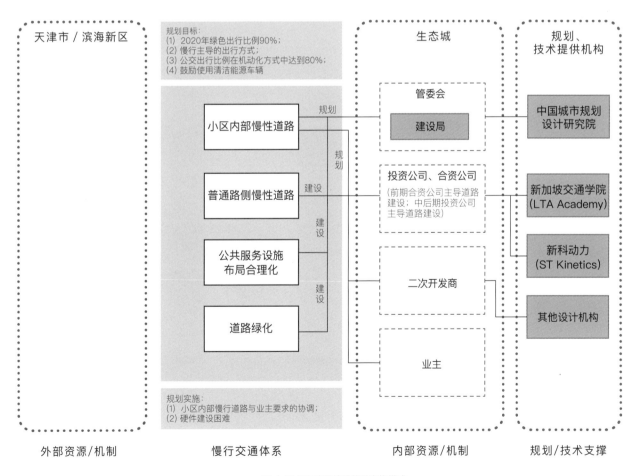

图 4–18 慢行交通建设管理实施模式

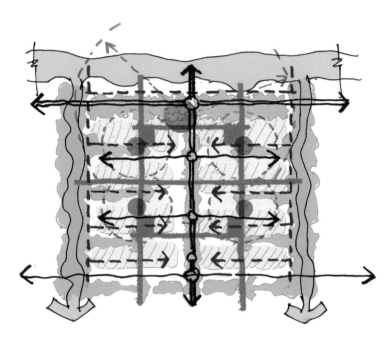

图 4-19 中新天津生态城各功能组团布局与交通模式（资料来源：中新天津生态城绿色交通系统规划研究）

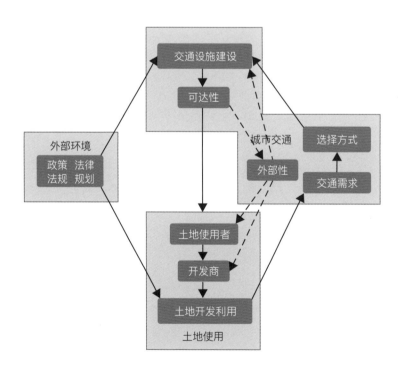

图 4-20 中新天津生态城交通与土地利用相互关系原理（资料来源：中新天津生态城绿色交通系统规划研究）

图 4-21 中新天津生态城人行道与自行车道

4.3.4 社会保障制度

1. 生态城的社会保障体系规划

根据生态城总体发展定位、人口规模、人口结构、就业特点，生态城借鉴新加坡社会保障制度的经验与建议，提出生态城劳动与社会保障发展规划。

生态城劳动与社会保障体系的建设以"逐步建立与生态城经济发展水平相适应的，多层次、广覆盖、可持续的就业与再就业、社会保障、社会福利体系；充分发挥劳动与社会保障及民政事业在解决社会问题、体现社会公平、保持社会稳定、提升人民生活质量、促进人的全面发展、推动社会文明进步等方面的积极作用；更好地服务于生态城'三和三能'发展目标的实现"为指导思想。并在此思想指导下，提出 4 个发展目标：

(1) 建立健全的社会保障体系。生态城规划建立养老、医疗、失业、工伤、生育等社会保险体系，同时发展商业保险。在借鉴新加坡中央公积金经验的基础上，生态城规划建立全民公积金制度，构建"广覆盖、多层次、可持续"的社会保障体系。

(2) 形成充分的社会就业。生态城规划建立一套灵活的就业保障机制，健全维护劳动者合法权益的体制，将失业率维持在 3% 左右。

(3) 完善住房保障制度。规划建设 20% 的保障性住房，制定并完善保障性住房的建设、分配、管理政策，形成完善的住房保障体系。

(4) 创新社会救助、慈善等社会福利事业发展。注重发挥政府、社会组织、企业和民众的积极作用，大力发展慈善捐赠和志愿服务，建立多渠道、多形式的救助体系。同时，立足社区建设与发展，利用社会政策、社会项目、社会投资等干预性手段，积极培育公益性企业，促进社会发展，提升生态城社会整体的福利水平。

生态城劳动与社会保障发展的主要任务包含八个方面，即：扩大就业，建立广覆盖、多层次、可持续的社会保障体系，建立住房保障制度，建立现代社会救助体系，构建社会福利网络，全力推进社区发展，积极培育发展民间组织，加强社会事务管理。

在就业方面，生态城大力发展知识经济、创意经济，充分增加就业机会，并大力支持自主创业，以带动生态城就业，建立健全的、制度化、专业化、社会化的公共就业服务体系，加强失业调控和对再就业的管理。与此同时，大力发展职业教育和培训，提升劳动者技能素质，强化生态城当地就业观念，结合生态城人口结构和产业定位，完善假期与保险制度，为实行灵活弹性的就业打下政策基础（图 4-22）。

在社会保障体系方面，生态城以基本社会保障均等化为政策取向；以广覆盖、多层次、可持续为原则，依据我国社会发展要求和生态城的经济发展水平，建立健全生态城社会保障体系。通过政府经营的公积金，提供

图 4-22 中新天津生态城就业岗位布局（资料来源：中新天津生态城总体规划 2008-2020）

养老、医疗保健、购房、教育等社会保障，同时健全事业、工伤、生育等基本社会保险制度，大力发展商业保险，满足市民多层次的保障需求。

在住房保障方面，生态城借鉴新加坡住房保障建设管理的实践经验，以保障住房建设为切入点，建立以解决城市中低收入家庭住房需求为核心的住房保障政策体系，走市场化住房市场和政策性住房市场同步建设的双规发展道路。主要包括：建立健全的多渠道、多层次的住房保障供应体系，建立专门的社会保障性住房开发建

设管理机构，完善保障性住房的供给和退出机制，建立健全的公积金管理制度（详见 4.3.2）。

在社会救助体系方面，生态城将该体系建立在最低生活保障制度的基础上，同时包含住房、就业、医疗、救灾、教育等专项救助，以经常性捐助、慈善救助和社会帮扶为补充，形成具有生态城特点的新型社会救助制度体系。同时，生态城建立了一套"民政主导、部门配合、社会参与、社区实施"的社会救助管理体制作为运行机制，搭建了生态城、生态片区、生态社区、生态细胞四级社

会救助工作网络和救助管理服务体系，并在生态社区建立社会救助事务综合管理服务机构，加强社会救助信息化与法制化建设，实现一口上下、政策协调、运作规范。通过"应保尽保率 100%；城市'三无'人员集中供养率 80%；在生态城建设救灾捐赠物资储备库；在生态社区建立'慈善超市'，经常性捐赠服务接收点覆盖面达100%；社会救助信息化与网络化建设达标率 100%；社会慈善事业优惠政策落实率 100%"等工作性指标任务，构建完善的社会救助体系。整个生态城合理规划和配置社会福利设施，推进社会福利改革，构建社会福利网络。根据人口导入规划，按照统筹规划、合理布局、资源整合、先后有序的原则，对社会福利服务设施（包括在生态片区层面设社会福利院、在生态细胞层面设老龄服务和幼托中心等）的数量、布局、规模档次等进行全面规划，实现资源的合理配置和高效利用；推进社会福利改革，形成政府指导、社会参与、机构自主经营的社会福利工作局面。培育公益性企业，提升社会福利服务水平。借鉴国际上社会福利改革的经验，研究制定社会投资的战略与政策，积极培育公益性企业（Social Enterprise）。在生态城片区，建设生态城社会福利院，实现对生态城片区服务全覆盖；建设一所儿童福利院，床位达到 100张。在生态社区内，规划建设老龄服务中心，覆盖面达100%，每千名老人配备社会福利机构床位数达 50 张以上，社会福利彩票发行量增幅 10%。

在社区发展方面，借鉴新加坡经验，建立社区关怀基金，并成立社区发展理事会对基金使用进行管理，针对不同人群实行不同的公共援助计划。大体上将公共援助计划分为三类：社区关怀—自立，着重帮助贫困人士自力更生，通过社区企业基金、就业扶助计划以及社区关怀过渡计划帮助有就业能力的人提升技能，重新就业；社区关怀—成长，帮助有育儿帮扶需要家庭的儿童，主要的计划有托儿所经济援助计划、幼儿园经济援助计划、

学生托管经济援助计划，以及儿童成长辅助计划；社区关怀—激发，着重帮助需要长期援助的贫困人士，使他们能更好地融入社会，通过公共援助金计划实施。以社区服务中心达标率 100%、社区服务站达标率 100%、社区活动场所达标率 100%、社区自治率 100%、选民参选率 90%、社区文明评估达标率 90% 等指标作为主要工作性指标。

在培育发展民间组织方面，生态城坚持培育与监管并重，以能力建设为重点，充分考虑生态城的经济、社会发展阶段和水平，由政府积极引导、培育和发展民间组织，为民间组织营造良好的发展环境。根据现行的法律法规，协调落实民间组织税收、人事、财务及社会保障等优惠政策。针对社会发展领域中可以进行社会化服务的项目，如教育、文化、社会福利等，通过公开招标的形式，采用"项目管理"方式，交由民间组织承接，推动社会服务市场的形成。生态城在"放手"的同时，也要加强民间组织的能力建设与监督管理。完善法人治理结构，建立财务公开制度和信息披露制度；建立民间组织自律机制，完善社会监督与评估机制，建立相应的惩罚机制；将无法登记的基层经济类、文化类、公益类民间组织等纳入备案范围。该项工作通过"民间组织登记或备案率 100%；民间组织评估达标率 90%"等工作性指标考核。

在社会事务管理方面，生态城努力提高广大人民各项基本权利保护的工作管理水平与工作服务能力，积极推动社会事务管理改革进程，为生态城建设与发展创造良好的社会环境。生态城利用自身良好的环境发展婚姻服务产业，移风易俗，提倡文明、健康、简朴的殡葬仪式，尝试海葬、树葬等形式，打造绿色殡葬风气。整体工作围绕"婚姻登记合格率 100%；收养登记合格率 100%；在生态城建设一所生态化的殡仪服务中心，殡仪馆达国家二级；海葬、树葬率年增长 5% 以上"等工作性指标开

展引导与考核。

为了更好地完成劳动与社会保障的发展任务，实现发展目标，生态城在我国就业基本情况的基础上（表4-3），提出生态城就业服务体系与就业原则。生态城就业服务体系主要包括职业介绍、就业训练、失业保险、劳动就业四个层面的系统构建。生态城促进劳动就业，本着扩大就业、平等就业、统筹就业的原则，同时倡导灵活就业、就近就业。通过劳动保障对灵活就业给予实质性保障。

生态城有着独特的社会保障配置标准和体系。生态城的社会保险以全国社会保障情况（表4-4）为参照，形成生态城的养老社会保险、医疗社会保险、失业保险、工伤保险、生育保险、重大疾病保险、补充医疗保险等。

社会抚恤一般包括牺牲、病故军人抚恤费，烈士军属、复员军人补助费，伤残军人抚恤费，见义勇为者奖励等。对此，生态城实行多渠道、多形式、多元化安置办法，妥善安置复原退伍军人，深化军休工作改革，不断提高抚恤对象生活质量和生活水平。生态城社会优抚的工作性指标包括：完善优抚标准自然增长机制，抚恤优待面100%；退役士兵安置率100%等。

生态城住房保障政策借鉴新加坡住房政策体系，中低收入人群的住房主要通过政府分配来保障，而高收入人群则是通过市场购买商品房。如表4-5所示，低收入阶层在满足特定收入条件下，可居住价格低廉的租赁型组屋；中等收入阶层可以选择购买组屋。在市场和政府的双重调控下，充分保障了各阶层民众的住房权益（详见4.3.2）。

2. 生态城社会保障发展的保障措施

1）深化体制改革，为劳动与社会保障发展提供体制保障

生态城按照构建社会主义和谐社会的要求，将民政、劳动与社会保障事业纳入到经济社会发展规划当中，作为政府绩效考核的重要指标。同时，加强劳动与社会保障及民政事业发展的统筹与协调，建立公共政策的评估机制。

2）加强专业技术团队建设，为劳动与社会保障发展提供人才保障

生态城加大人才引进、教育培养力度，基本形成了适应现代化、国家化和生态化要求的劳动与社会保障、民政事业人才团队，并根据生态城社会发展规划，加强了组织机构、人才队伍建设和人事管理，为贯彻落实发展规划和工作任务提供人才保障。

3）加强政策与法制建设，为劳动与社会保障发展营造良好的发展环境

生态城完善决策制度，把调查研究、专家论证、社会听证等关键环节纳入决策程序，有效提高决策的科学化、民主化水平。同时，加强制度建设、完善管理和服务标准、规范行业管理，并通过深入开展法制教育、强化法律意识、充实法治队伍、健全执法责任制和过错追究制度，提高干部职工的法制观念和执法水平。加大社会开放度、增强社会透明度、扩大社会参与度，为劳动与社会保障及民政事业发展营造良好的发展环境。

4）加强"数字化"建设，为劳动与社会保障发展提供现代化手段

生态城以"数字化建设""信息化管理"为主要目标，以"便民""透明""高效"为宗旨，开发建设生态城劳动与社会保障、民政等公共服务与管理平台等应用信息系统。利用系统建立了业务基础数据库，并健全了信息的采集、处理、分析、利用以及分享机制，整合了公共数据，强化了民政工作的信息化管理水平，完善劳动和社会保障制度，提升服务管理水平。生态城利用网络手段，完善了劳动与社会保障及民政事业政策法规的传播和咨询网络。

5）建立检测与评估机制，确保劳动与社会保障健康、有序、科学地发展

生态城的社会发展与管理目标是社会和谐与社会进

步，这必然是一项社会系统工程，其中，文化、教育、体育、卫生、劳动、社会保障及民政事业之间关联密切。因此，对劳动与社会保障、民政事业发展目标的设定与评估管理必须兼顾其他社会领域的发展，体现生态化社会发展的全面性、整体性、协调性和系统性特征与要求。当制订发展目标进行评估和监测时，一方面需要劳动与社会保障、民政与文化、体育、教育、卫生等方面综合起来进行整体评估，并将其纳入生态城"经济—社会—环境"

符合生态系统的指标体系之中；另一方面，根据劳动与社会保障、民政部门自身的特征和规律，构建目标管理体系，适应社会生态结构化对公共服务和社会管理的要求。通过构建双重的目标管理体系，加强劳动与社会保障、民政事业方面发展的综合统计和信息采集、整理、分析、反馈与交流等应用工作，监测和引导劳动与社会保障及民政事业健康、有序、科学地发展。

表 4-3　　　　　　　　　　　　　　我国就业基本情况（2003—2007）

项目	2003年	2004年	2005年	2006年	2007年
经济活动人口（万人）	76 075	76 823	77 877	78 244	78 645
就业人员合计（万人）	74 432	75 200	75 825	76 400	76 990
第一产业（万人）	36 546	35 269	33 970	32 561	31 444
第二产业（万人）	16 077	16 920	18 084	19 225	20 629
第三产业（万人）	21 809	21 809	23 771	24 614	24 917
就业人员构成	100%	100%	100%	100%	100%
第一产业	49.1%	46.9%	44.8%	42.6%	40.8%
第二产业	21.6%	22.5%	23.8%	25.2%	26.8%
第三产业	29.3%	30.6%	31.4%	32.2%	32.4%
在岗职工人数（万人）	10 492	10 576	10 850	11 161	11 427
国有单位（万人）	6 621	6 438	6 232	6 170	6 148
城镇集体单位（万人）	951	851	769	726	684
其他单位（万人）	2 920	3 287	3 849	4 264	4 595
城镇登记失业人数(万人)	800	827	839	847	830
城镇登记失业率	4.3%	4.2%	4.2%	4.1%	4.0%

资料来源：《中国统计年鉴 2008》

表 4-4　　　　　　　　　　　　　　　　2008 年全国社会保险基本情况

年份	失业保险			城镇职工基本医疗保险		工伤保险		年末参加生育
	年末参保人数（万人）	全年发放失业保险金人数（万人）	全年发放失业保险金（万人）	年末参保职工人数（万人）	年末参保退休人数（万人）	年末参保人数（万人）	年末享受工伤待遇的人数（万人）	保险人数（万人）
1994	7 968	196.4633	5.0755	374.5924	25.7408	1 822.1	5.8	915.9
1995	8 238	261.313	8.1964	702.6144	43.256	2 614.764	7.0522	1 500.209
1996	8 333.057	330.7884	13.8704	791.1835	64.4715	3 102.6	10.1	2 015.6
1997	7 961.372	319.0445	18.678	1 588.907	173.0503	3 507.8	12.5	2 485.9
1998	7 927.9	158.1	20.3907	1 508.656	368.9817	3 781.3	15.3	2 776.7
1999	9 851.997	271.4046	31.8722	1 509.41	555.8993	3 912.3	15.1	2 929.8
2000	10 408.4	329.7489	56.1984	2 862.781	924.1684	4 350.274	18.8	3 001.64
2001	10 354.6	468.547	83.2563	5 470.741	1 815.174	4 345.349	18.7086	3 455.056
2002	10 181.6	657	116.7736	6 925.8	2 475.4	4 405.6	26.5	3 488.2
2003	10 372.4	741.6	133.4448	7 974.9	2 926.8	4 574.8	32.9	3 655.4
2004	10 583.9	753.5	137.4983	9 044.4	3 359.2	6 845.167	51.8808	4 383.8
2005	10 647.67	677.8	132.3767	10 021.7	3 761.2	8 478	65.1	5 408.5
2006	11 186.6	598.1	125.7582	11 580.3	4 151.5	10 268.5	77.8	6 458.9
2007	11 644.6	538.5	129.4	13 420	4 600	12 173.3	95.99	7 775.3

资料来源：《中国统计年鉴 2008》

表 4-5　　　　　　　　　　　　　　　新加坡住房政策体系

收入阶层	购买条件（新加坡元）	租赁、购买组屋类型
低收入阶层	<800	租赁一房式、二房式
	800~1 500	租赁一房式、两房式、三房式
中等收入阶层	<2 000	购买二房式
	<3 000	购买三房式
	<8 000	购买四房式或更大组屋、转售组屋、私人发展商建设的组屋
	<12 000（多代同堂家庭）	购买四房式或更大组屋、转售组屋、私人发展商建设的组屋
低收入阶层	>8 000	购买共管式公寓、花园式住宅
	>12 000（多代同堂家庭）	购买共管式公寓、花园式住宅

资料来源：根据《新加坡住房制度及其启示》整理（卢海林.《厦门特区党校学报》，2007 第 1 期）

和 畅 路
HECHANG ROAD

天津医科大学中新生态城医院
SINO-SINGAPORE ECO-CITY HOSPITAL OF TIANJIN MEDICAL UNIVERSITY

第三社区中心
THE THIRD COMMUNITY CENTER

家 和 园
HARMONY GARDENS

美 林 园
NEW FIELD OF GREEN

天津外国语大学附属滨海外国语学校
TIANJIN BINHAI FOREIGN LANGUAGES SCHOOL

景 杉 园
PARK TOWER

4.4

生 态 新 城 平 安 生 活 制 度

亚伯拉罕·马斯洛（A. H. Maslow）在《人类激励理论》（*A Theory of Human Motivation*）中提出了生理需求、安全需求、社交需求、尊重需求和自我实现五个由低到高的人类需求。生态城除了构建良好的基本生活制度以满足基本生活、生存的需求外，还利用数字化管理等先进技术，构建了良好的安防网络制度，满足居民安全需求，与基本生活制度一同为生态城社区品质塑造构建扎实基础。

4.4.1 数字协同管理制度

早在生态城《城市总体规划》就已明确提出：要充分利用数字化信息处理技术和网络通信技术，科学整合各种信息资源，将生态城建设成为高效、便捷、可靠、动态的数字化城市。生态城将城市的智能化、数字化建设渗透到城市管理的方方面面。在管理方面，生态城围绕着"统一共享"的基本目标，开展了数字化顶层设计，构建数字协同管理制度，随后，在 2012 年，生态城编制了《中新天津生态城智慧城市 2013—2015 年行动计划》，制定了详细的城市数字化、智慧化行动计划与实施方案。

1. 生态城数字化社区建设

从生态城建设之初的数字城市概念到后来的智慧城市概念，城市建设管理的数字化一直是城市信息化建设的重点，也是我国城市现代化发展的重要组成部分。城市数字化设计和城市信息化建设的各个方面，是一个基于网络环境的城市空间信息服务体系，其主要建设内容包括城市设施的数字化、城市网络化、城市的智能化以及公众服务平台的网络化建设等。

生态城自建设开工以来，由政府城建部门和生态城投资公司牵头，着力开展社区服务信息网络化建设和社区组织体系建设，探索创建"数字化社区"模式，采用智能化社区服务方式，建立了健全社区管理服务信息网络。通过网络为居民提供了了解生态城社会发展的窗口，开辟了建议、咨询、投诉、求助的畅通渠道，构建了共参社区事务、共享社区服务、分享生活经验、结交兴趣好友的平台，实现教育、医疗卫生、社区组织建设、城市管理、社会治安和社区服务等多种日常管理服务工作的网上运行，实现了社区综合管理服务网络化。同时，生态城建立了社区管理的各类数据库，以数据库为基础，向生态城居民提供事务办公、政策咨询、职能办理、信息查询和便民服务等功能。此外，生态城还建立了居民服务卡制度。居民通过使用生态城研发的居民服务卡，可以实现水、气、热以及各项服务业服务一卡结算，为社会的服务提供与管理优化给予支撑。同时，居民服务卡还可以通过垃圾分类回收等行为获得奖励点数，用以支付社区公共服务，促进居民自主进行绿色社区生活。

通过数字化协同管理手段，生态城实现了自上而下、通畅快捷地管理，自下而上的社区自律、自我激励，打通了自上而下管理与自下而上治理的通道，建立了独特的社区治理体系（图 4-23）。

2. 生态城数字化城市管理

为了做好城市管理工作，生态城确立了打造"精品城市"的目标定位，动员全社会广泛参与到城市管理发展中，建立由管委会主要领导负责的智能化城市管理协调联动机制，以多部门联通为基础的执法服务体系和大城管格局。

1）生态城实施城市网络化管理

城市网格化管理指通过网格划分管辖范围，以网格为单元确定管理的负责人、标准、职责，从而将管理定量化，同时消除管理空档。生态城在划定网格时，以街道为网格经纬线，以社区、学校、公园、市场、广场为基础，以行政管理工作量大小、网格面积均衡为依据，将生态城划分为 6 个网格。网格内通过定点位、定管段、定时段、定线路、定队员以及定标准实现管理的细化，形成"大队管面、中队管线、队员管点"的"三位一体"的全方位网格化管理机制。

2）生态城管委会建设智能化城市管理平台

生态城智能化城市管理平台（一期）于 2011 年 10 月投入运行，在城市单元网格管理的基础上，结合城市部件、事件进行管理。管委会成立了"城市管理监督指挥中心"，将市政职权、能源职权、公安职权、交管职权整合纳入城管服务体系，利用城市管理监督指挥中心（图 4-24），整合城管执法指挥调度、城管派遣、应急处置、城市热线处置等功能（图 4-25），同时划分责权、共享数据、同步更新，为数字化城市管理构建了"一张图、一个系统、一个平台"（图 4-26）。

3. 生态城基础设施数字化管理运营

基础设施的信息化建设与数字化管理运营是数字协

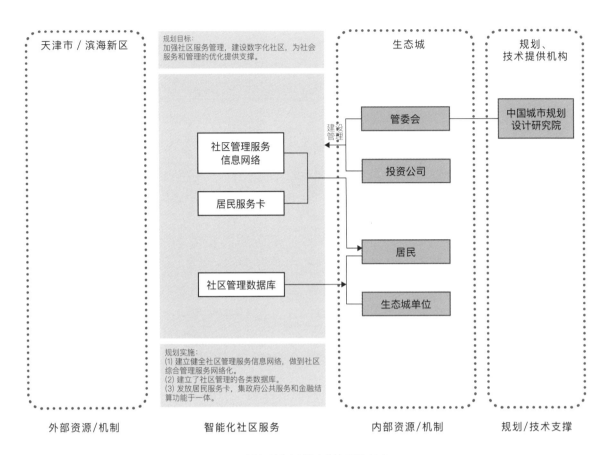

图 4-23 中新天津生态城数字化社区服务管理

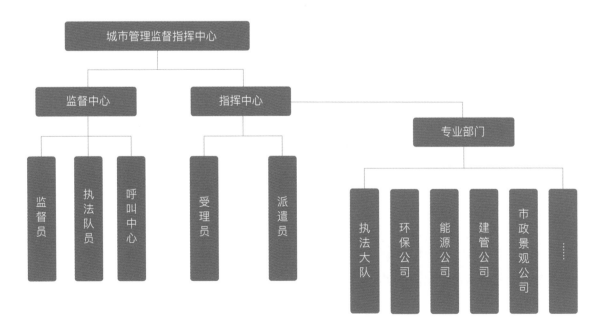

图 4-24 城市管理监督指挥中心组织架构图

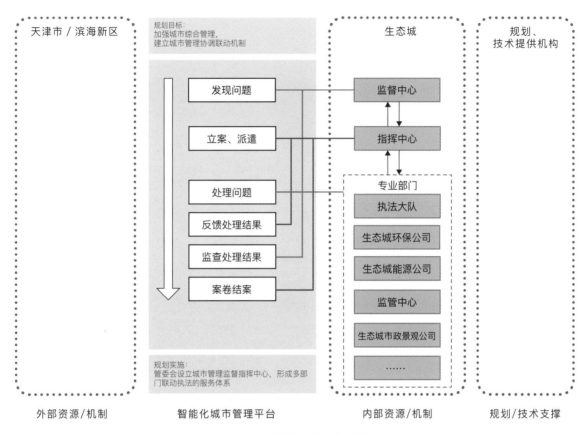

图 4-25 智能化城市管理平台工作机制构架图

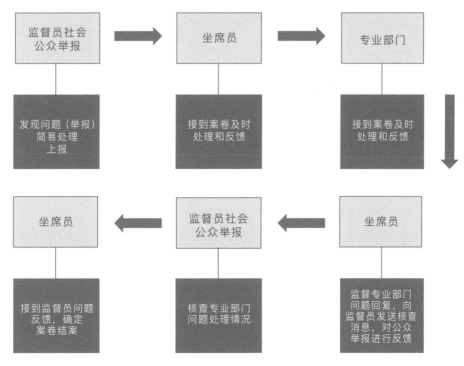

图 4-26 智能化城市管理平台案卷工作流程

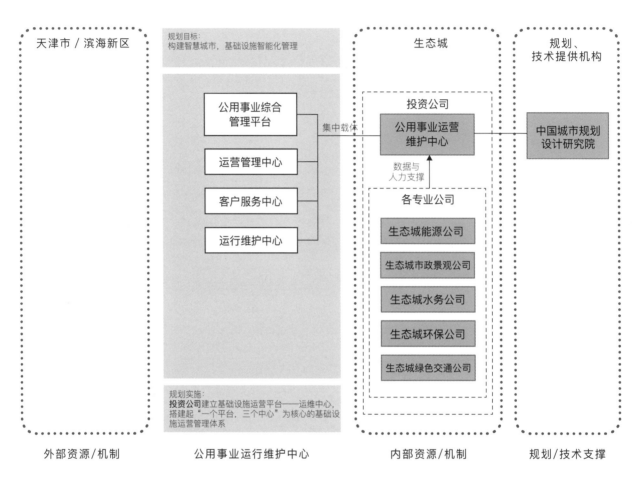

图 4-27 中新天津生态城基础设施运营体系示意图

同管理的重要基础,自生态城全面启动智慧城市建设以来,一直致力于推进城市信息的共建、共享与综合应用,以加强基础设施的数字化建设与管理运营。2013 年 1 月,生态城成功入选我国首批智慧城市试点城市,开始打造"一个平台,三个中心"为核心的基础设施运营管理体系(图4-27),构建智能化的基础设施建设管理。

同年 5 月,生态城公用事业运行维护中心(运维中心)投入使用。运维中心是生态城基础设施运营体系"一个平台,三个中心"的重要组成部分和集中载体,是生态城公用事业运营综合管理的平台,是围绕着公用事业设施运行维护、

客户服务和运营管理的综合性平台(图 4-28)。

生态城运维中心总建筑面积 20 000m²,内部设有办公区、监测调度区、食宿区、仓储区和停车区。中心共有工作人员 200 余名,实行 7 天 ×24 小时全天候、全方位工作管理,承担生态城全区范围内市政公用设施的运行监测、维修维护、应急抢修、客户服务和运营管理。自成立以来,运维中心已实现供热管网稳定运行与换热站无人值守、供气管网输配管理与动态分析和燃气泄漏自动关断等智能化管理方案,为生态城基础设施安全稳定运行和优质的社区民生服务提供了有力保障。

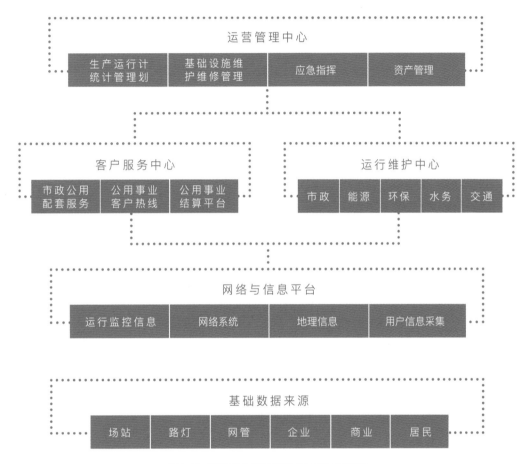

图 4-28 中新天津生态城基础设施运营体系构架图

4.4.2 灾害预防应急制度

1. 生态城防灾管理和防灾规划面临的主要问题

生态城属于新城建设范畴，其防灾管理和规划尚属一片空白，因而生态城在吸收我国优秀城市与先进国家城市防灾建设先进经验的同时，从规划建设之初就开始重视并筹备城市防灾、减灾建设，规划建设合理的防灾减灾体系，合理规划城市的防灾空间形态用地的安全布局、防灾基础设施保障以及抗震、防洪、消防、地质灾害防御等专项措施，保障生态城的防灾与公共安全。构建可持续发展的灾害预防和应急机制。在规划建设过程中，生态城面临着多样的挑战。

（1）生态新城须在综合防灾与公共安全领域构建我国生态城市的样板。一方面，我国当前的城市防灾减灾的管理面临条块分割、法制不健全、机制不协调的问题；另一方面，生态城作为天津市滨海新区的一部分，配合我国综合配套实验区的优势，自身能复制、能实行、能推广的定位，能够进行城市综合防灾与公共安全管理领域的创新，探索建立合理高效的管理体制、完善的配套法律法规体制、协调高效的防灾机制。

（2）改变我国目前以单一灾种防御为主的防灾减灾方式。生态城需要在传统防灾减灾模式的基础之上，迎接综合防灾挑战，依据"大安全观"，建设健全生态城全面防灾和社会安全机制、保障机制以及救灾机制等防灾减灾机制，为城市安全运行和应急救灾保障提供保证体系。

（3）在生态城当前规划建设阶段，应构建合理实用、适合生态城和谐、安全总体要求的城市综合防灾和公共安全规划体系、城市规划和建设的防灾控制技术指标体系、城市防灾保障基础设施建设体系、工程建设抗灾防灾技术体系。

（4）在规划管理技术人员对防灾减灾、公共安全不熟悉，相关技术指标体系不健全的情况下，应培养专业管理和技术人员，落实城区、社区防灾与安全控制要求。

（5）在我国城市规划建设信息化管理落后的基础上，生态城应从一开始对各种建设工程进行信息化统一管理，对建设工程、重要城区、重要系统进行安全风险评价与控制。

（6）在我国法律未对防灾救灾基础设施做出规划建设安排、防灾层次和设防要求过粗、保障要求不明确的情况下，生态城应加强防灾保障问题的规划安排，促进生态城城市防灾安全的可持续保障。

（7）在构建城市、城区、社区、公众多层防灾体系的同时，应加大公众参与，提高公众防灾意识和自救能力。

（8）应完善综合防灾与公共安全规划实施、建筑工程抗灾防灾建设、城市应急救援等方面的制度体系。

2. 生态城城市综合防灾减灾体系

中新天津生态城位于海河平原东部，东临渤海湾，是自然灾害多发区。在该区域，几乎每年都有来自陆地和海洋的双重自然灾害侵袭，其自然灾害有着灾害类型多样、形成关系复杂、发生频率日益提高、伴随滨海地块开发而威胁增大的特点。因此，建立科学、合理的综合防灾、减灾体系显得十分必要。自建设以来，生态城一直结合防、抗、避、救等相关内容，健全防震减灾机制（图4-29）。

在城市防灾空间建设方面，生态城以都市圈为出发点，根据城市防灾减灾的要求，构建城市防灾的空间布局结构。为了从根本上提高生态城抗震防灾能力，构建防灾保障型都市，生态城从多个方面展开体系布局。首先，生态城将城市防灾布局科学化，合理布置城市各区域职能，以保证城市各类救灾设施的安全性和可用性。其次，建立和完善生态城的安全恢复重建体系，保证其顺利运行，加快完成生命线基础设施建设，合理布置城市防灾空间，以抵御各类自然灾害。在城市建设用地选择方面，要求不受地裂、塌陷、滑坡、崩塌等地质灾害的侵害，避开危险地段。在此基础之上，得以创建生态城的安全环境。

在综合防灾与公共安全保障建设方面，生态城按照国家要求，建设完善了应急道路系统建设、供水安全保障、供气安全保障、供电安全保障、通信安全保障和避难疏散场所。

在生态建筑防灾方面，生态城首先从源头上保障建筑安全。建筑的防灾安全规划要优先保证以抗震、抗风为主的结构安全，这是生态城安全建设的基本要求。其次，针对生态建筑中的公共活动场所，生态城要求明确公共活动场所存在的潜在安全问题和事故灾害特点，合理规划疏散设施和疏散行动组织。最后，生态城在规划建设地下空间时，制定了科学的地下空间减灾应急措施。

图 4-29 中新天津生态城综合防灾规划图

4.4.3 公共安全防控制度

1. 生态城公共安全保障

在今天的社会中，所有社会人员都要遵守既有的社会秩序，而这种社会秩序的长期稳定，需要一定的社会公共力量来维持。这一社会公共力量既包含社会舆论，也包含政府法律条例。在社会发展与管理过程中，生态城坚持公共机构应当按照相关法律法规严格执行，尽量做到依法治城。一种优秀、科学的社会制度不仅应当具有刚性特质，也应当具有弹性特征。如果弹性不足，当制度延伸到社会各个不同领域时，会压缩社会活动的选择空间，削弱人们的积极性；刚性不足则会影响社会运行的基本底线，难以维持最基本的稳定发展。因此，生态城不只强调社会管理的作用，还通过社会非正式制度（如责任意识、道德规范等）建设，促进社会秩序正常、稳定。

社会公共安全是关系到人民基本切身权益的重要问题，保障社会公共安全是政府的重要职能之一。人类社会的稳定、可持续发展依仗一个安全的社会环境，因而生态城的发展和治理需要注重对公共安全环境的营造，将其作为城市发展进程中的重要一环。

随着21世纪各个国家和地区公共安全事件的接踵而至。英、美、法、日、俄等各国均力图建设完善的公共安全机制。虽然侧重点有所不同，但社会稳定发展的基本目标是相同的。尽管如此，世界各地的安全事件仍不断发生。

为了应对全球不断恶化的安全环境，生态城从六个方面构建了相对完善的公共安全体系：

（1）健全预警机制，构建良好的危机意识。生态城在社会治理中积极采用预防的方式，在危机还未到来时，及时发觉并采取积极措施将危机予以消除。

（2）健全保障机制。生态城加大力度对保障机制进行制度设计，完善如危机预警机制、分级机制、事故应急机制、非程序化决策机制、公共安全基金、民间援助机制等。

（3）建立行政管理系统，以强化公共管理。生态城坚持将安全意识贯彻落实到政府主导的行政管理体系中，使得政府具有足够的公共安全意识和责任感。

（4）建立财产层面的保障机制，保障城市公共安全。通过建立财产保障，为预防各类突发事件提供深厚的物质基础，生态城在每年年度预算中，将公共安全的保障经费列入财政预算。

（5）健全社区治安体系。社区治安是公共安全体系中的重要组成部分，在社区治安中，需要着重强调社区居民及当地社会组织的作用。因此，生态城建立了一个符合自身实际的公共安全体系，并且充分发挥一切社会有利因素，维护并完善这一体系。

（6）建立公共安全宣传机制。生态城教育部门在各类学校中开展公共安全教育，社会媒体采用报刊、网络、广播等手段，宣传社会公共安全预警和应急措施。

2. 生态城公共道德培育

"公共道德"是市民群体在公共场所的行为举止的综合体现，需要市民在各类交往活动中逐渐积累起来。公共道德既是市民共有的文明特征，也是市民们进行社会交往的文明细则，同时，良好的公共道德可以营造出良好的道德舆论氛围，从而对居民产生潜移默化的影响。

因而，培养生态城市民的"公共道德"是生态城公德培育的根本任务，这既能提升生态城社会发展和管理创新影响力，又能改善生态城发展的"软环境"。同时，生态城市民的"公共道德"还应内化为市民的一种文明心态，文明心态是市民对待、处理自然生态和人文生态关系的精神境界。对此既要有层次要求、整体导向，又要将其作为生态城市民文明道德的普遍要求。

4.5

生 态 新 城 品 质 生 活 制 度

4.5.1 教育科研制度

生态城秉承着教育发展国际化的理念，坚持优先发展教育、协调发展教育，促进教育公平、优质、国际化。生态城倡导专家治校，推动国际合作项目，创新教育体制，鼓励市场竞争，推动事业单位改革，强化监督管理，并提出了全面提高区域教育综合实力和现代化水平，赶超世界中等发达国家教育水平的发展目标。

截至 2014 年 12 月，生态城已拥有在校学生 1 316 人，幼儿园儿童 900 余人。这些学校和幼儿园的开办，完善了生态城的基础教育体系，为生态城社区居民提供了优质的教育资源，大大增强了教育品牌的吸引力。时至今

日，优异的教育资源已经成为生态城引人注目的资源品类，城内多处"学区房"成为天津居民追捧的对象。因此，生态城形成了一个独特的教育品牌光环，对拉动区域房地产发展、拉动区域社会经济发展起到良好的带动作用(图4-30)。

建设初期，生态城确立建设教育集团，实行集团化办学、学区制管理新模式（图 4-31）。为此，生态城积极引入外部优质教育资源，同国内外优秀教育机构联合办学，在区域内实现优质教育资源的均衡化、普惠化。中新天津生态城同天津外国语大学合作，建立了天津外

图 4-30 中新天津生态城教育设施

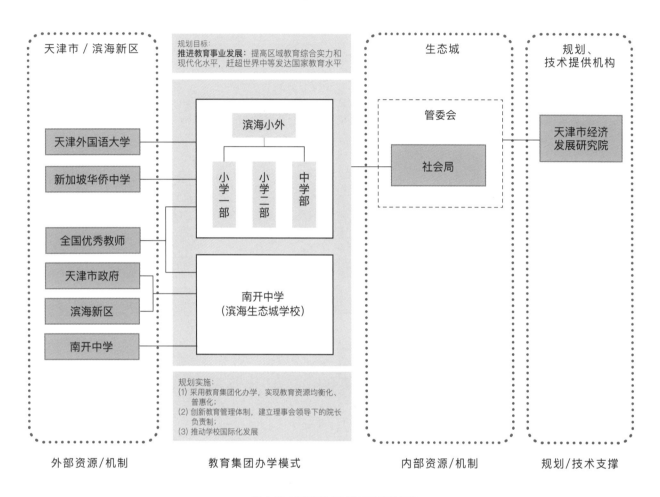

图 4-31 中新天津生态城教育发展模式图 1

国语大学附属滨海外国语学校（简称"滨海小外"）。滨海小外由生态城管委会负责投资、建设和日常运营，天津外国语大学派出优秀教师和管理团队，并进一步向全国招收优秀教师。滨海小外小学二部于 2013 年 9 月正式开学，滨海小外小学一部与中学部于 2014 年也全面投入使用。目前，滨海小外在生态城开设了三个校区，实行统一招生，三所学校由一套班子统一管理，两所小学之间保持同等的硬件水平，共享师资与教学资源，实现一校制内的学区制。按照此前生态城公布《招生办法》，以中生大道为界，生态城将南侧第一社区、第二社区、

动漫园板块居民子女划在小学一部就读，北侧第三社区、第四社区、生态岛板块、原旅游区、中心渔港居民子女划在小学二部就读。同时，南开中学也在生态城建立了直属分校，设置初中部、高中部。校区建筑已于 2016 年 9 月交付。南开中学滨海生态城学校由天津市政府和滨海新区各出资一半，由生态城管委会负责建设管理。未来，生态城北部片区、东北部片区还将联手国内其他优秀院校，同样采用教育集团化的办学模式。

　　为了提高教育服务水平，生态城积极落实各项教育惠民政策。生态城社会局从十余家幼教机构中筛选出由

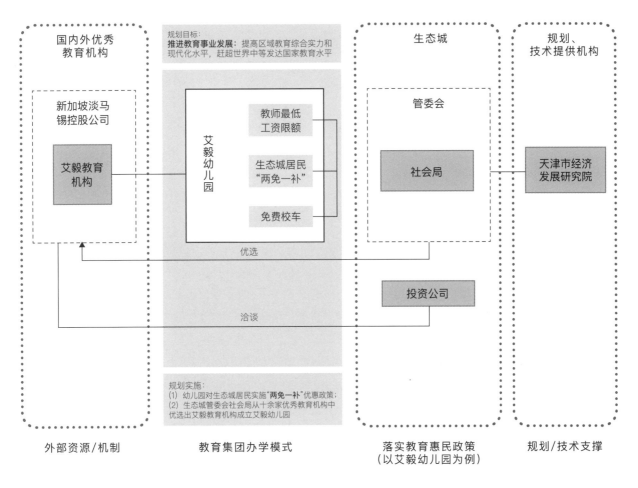

图 4-32 中新天津生态城教育发展模式图 2

新加坡淡马锡投资控股的艾毅教育机构，在生态城创办了两所艾毅多元智能幼儿园，主要面向生态城及周边区域 2～6 岁的中外儿童。为了大量保证幼儿园管理和教学品质，生态城明确了幼儿园每个班幼儿教师的最低薪资水平，大量留住优质教师资源。同时，针对生态城的居民，管委会拨付专项资金，实施"两免一补"优惠政策（图 4-32），具体涵盖：①学费补贴，在生态城购房并居住的补贴 1 000 元 / 月，购房但没有居住的补贴 500 元 / 月；②餐费补贴：对生态城购房居民免费提供餐费补贴；③校车服务：根据学生需求及座位情况向生态城居民免费提供，同时根据需求调整、增加现有校车线路。这些教育政策的出台深受居民、家长的喜爱。

与此同时，生态城结合自身战略资源优势，在教育改革领域大胆探索形成自身的亮点和特色。其一，建立了理事会领导下的校长负责制，理事会成员由教育机构合作双方、上级主管部门、社会人士、家长代表组成，对学校发展的重大问题进行协调、决策和监督，加强了区域内的教育督导服务工作；其二，利用中新合作的平台优势，积极推动学校的国际化发展。生态城与新加坡华侨中学、澳大利亚维省高中联盟等进行接洽，其中新加坡华侨中学与生态城滨海小外签署了合作备忘录，两校间除开展日常交流合作外，还将探索"国际教育直通车"模式。未来，生态城还将积极发展高等教育、社区教育、职业教育、老年教育、特色培训等，以形成完备的终身教育体系。

1. 生态城教育设施规模与布局

1）生态城教育设施规模

生态城教育设施主要分为基础教育设施、职业教育设施、高等教育设施以及社会教育设施。教育设施的规划与布局应与整个社区的人口规模、建设规划及产业发展规划相适应。基础教育设施的规模、布局与社区规模、人口结构关联度较大，因此生态城在基础教育设施的建设规模上，主要以我国目前教育水平，特别是直辖市教育水平为基准，以国际基础教育设施情况为参照进行规划。

表4-6　全国及各直辖市每十万人口各级学校平均在校生数（单位：人）

年份 地区	幼儿园	小学	初中阶段	高中阶段
全国	1 787	8 037	4 364	3 409
北京	1 356	4 216	2 106	3 223
天津	1 774	4 784	2 985	3 686
上海	1 726	2 938	2 355	2 393
重庆	1 907	8 492	4 689	3 523

表4-7　　每35万人拥有各级在校生数量预测（单位：人）

衡量标准	幼儿园	小学	初中阶段	高中阶段
全国平均标准	6 255	28 130	15 274	11 932
天津平均标准	6 209	16 744	10 447	12 901

表4-8　　生态城中小学教育所需教师数量（单位：人）

学校类型	小学	初中	普通高中	普通中专
所需教师数量	465	428	477	845

根据表4-6，因为全国平均标准中包含较大数量的农村人口，其情况与大型城市差异较大，所以生态城在校生数量计算主要以天津市为标准计算。如按照生态城的人口容量达到35万人测算，则生态城各级学校预计在校人数如表4-7所示。

生态城的基础教育设施以天津市目前的师生比为标准，根据人口规模的增长逐步建设。按生态城最终人口规模35万人计，生态城共需要教师的数量大约为2 215人（表4-8）。

生态城的平均班额（学校班级人数额度）是国内领先的，并在适当的条件下与国际接轨（表4-9）。因此，生态城中小学阶段班额控制为30人左右，并向25人靠拢。按此标准，参照估算的在校生数量，得出生态城中小学班级数量（表4-10）。

按照平均班额30人的近期发展规模，以教育部关于中小学教职工编制的规定为标准划分，分别按照校均12个班、24个班、36个班计算，生态城共需要中小学校数量如表4-11所示。这样推导出来的数字仅具有参考价值，实际情况可能依生态城居民人口规模和年龄结构的不同而发生变化。

2）生态城教育设施布局思路

生态城教育设施的布局总体按照义务教育就近，职业教育及高等教育产学研结合，社会教育"重心突出、多点覆盖"的原则进行规划。义务教育阶段的教育设施（包括幼教）按居住区规模配套建设。生态城通过义务教育学校资源的均等化，鼓励就近入学；职业教育和高等教育设施结合生态城产业发展思路进行规划，实现产业园区的产学研一体化；社会教育则以公共图书馆、博物馆、文化馆等为核心，利用基层文化设施建立分布在各产业园区及居民社区的社会教育基地，通过多种途径覆盖企业职工、社区居民等不同群体，实现教育的社会化与终身化。

表 4-9　　上海、伦敦、巴黎、东京平均班额比较（单位：人）

	上海 (2004年)	美国 (2002年)	伦敦 (2003年)	巴黎 (2002年)	东京 (2002年)
幼儿园	31.3				26.1
小学	36.0	21.7	26.8		30.4
初中	40.8	22.6	21.8	23.5	33.4

表 4-10　　生态城中小学教育班级数量（单位：所）

	幼儿园	小学	初中阶段	高中阶段
25人/班	248	670	418	516
30人/班	207	558	348	430

表 4-11　　生态城中小学校数量预估（单位：所）

	幼儿园	小学	初中阶段	高中阶段
校均12个班	17	47	29	36
校均24个班	9	23	15	18
校均36个班	6	16	10	12

2. 生态城教育发展的保障措施

1）完善公共财政体制，加大政府对生态城教育的财政投入

总体来看，在我国教育资源仍然属于短缺资源。据统计，2012 年我国高等教育毛入学率为 30%，比 2011 年上升了 4.1%，但相较于西方发达国家高等教育毛入学率平均 50% 的发展水平，仍存在较大差距。因此，必须不断扩大教育供给和办学规模，完善公共财政体制，加大财政对教育的投入。中新天津生态城建立和完善了义务教育经费保障机制，对义务教育经费实行预算单列；通过市级财政转移支付，增加教育经费投入。从政府投入看，到 2010 年，生态城财政性教育经费占 GDP 比例应达到 4%；2020 年生态城财政性教育经费占 GDP 的比例至少应达到 4.5%，以此保障生态城生均公用经费、教师收入和终身教育经费三项指标居全国领先水平。

2）创新教育体制，加大社会参与

教育体制改革，要保证教育的公平性和公益性，同时拓展多元化办学渠道，发动社会各种力量参与。我国现行的教育结构体系以选拔教育为基础，过度地发展选拔教育，不利于大众化再教育、职业技术教育和素质教育发展，有悖于教育发展均等化、公平性的原则。学习型社会是未来社会发展的趋势，而由选拔教育阶段向大众化教育阶段过渡，并最终进入普及化阶段，是建设学习型社会的必由之路。因此，生态城的教育结构体系应始终体现教育社会化和教育终身化的理念。显然，在这种教育发展理念指导下，政府无法独立承担教育的资金和管理，需要社会的多元参与，这就给教育产业发展提供了机会。教育体制改革也体现在办学体制改革方面，应积极拓展多元办学渠道，支持民办教育发展，建立民办教育非营利机制、扶持机制、奖励机制以及政府购买服务等机制。

3）均衡配置教育资源，做大做强教育品牌

随着未来生态城人口导入，就学需求将快速增长，生态城应进一步扩充基础教育资源，继续做好新学校和幼儿园的开办。例如，加快推进原旅游区第一所幼儿园和 23 号地块幼儿园的开办，协调推进 29 号的幼儿园、旅游区第一所学校的建设，做好南开中学滨海生态城学校的开办运营工作。

硬件配套方面，在全面实施素质教育、生态环保培训推广工程、基础教育均衡发展工程、职业教育工程、终身教育工程之间均衡配置教育资源，按照高标准实施学校建设，实现区域内教育设备配置基本均等化，形成科学合理的教育结构和学校布局结构。

软件配套方面，在生态城层面对教育资源进行宏观调控，加强人才建设，为优质教育夯实基础。人才是第

一生产力，生态城教育发展应建立多种形式相结合的人才激励机制。加大教育人才选拔、培养、引进、使用和激励的力度，建设教育人才高地，推进教育内涵发展。统一生态城师资招聘标准和教职工绩效考核标准，与国内外教育机构合作，提供国内外进修机会，促进生态城教育与国际接轨。通过学校、教师间的竞争和绩效考核制度，依照市场机制调配教育资源，实现资源优化配置。

4）提升教育质量和管理品质，促进教育国际化

适应教育的专业化、国际化趋势，加强教育的对外交流和合作，强化和深化学术研究，拓展学生的视野，力争在国际竞争中取得优势地位。同时，打破体制界限，推进国内外合作办学与交流，开通国际教育直通车。充分利用生态城政策、资源优势，加强生态城教育与国际，特别是新加坡的合作与交流。主要途径有：合作创办教育实体；在生态城内开设与国际接轨的各类课程；加强学生、教师之间的国际交流，特别要注重使生态城学生走出去，把国外教师请进来；鼓励生态城内外籍人士参与生态城社区教育，进行文化沟通与互动。

在管理体制方面，应进一步完善以生态城整体统筹为主的教育管理体制。建立基础教育由生态城整体统筹、各校校长具体负责，社区教育由生态城规划指导、生态社区管理与实施的管理制度。

4.5.2 医疗卫生制度

1. 生态城两级卫生服务体系

构建完善的公共卫生服务体系与生态城居民的健康密切相关，是促进经济稳步发展和社会和谐进步的重要基础。生态城按照国际先进水平和标准，结合自身城市特色、人口特点与需求来构建卫生服务体系，以保证生态城居民人人享有公平、优质、便捷、负担合理的医疗、卫生、保健服务，保证生态城居民主要健康指标在国内的领先水平，最终达到建设生态宜居城市的目标。

根据国家医改方案的要求，借鉴新加坡覆盖全民的医疗卫生体系，生态城坚持社区优先、基层优先的卫生发展思路，率先在生态城建立以基础社区卫生服务中心为主体，综合医院为保障的"综合医院—社区卫生服务中心"两级卫生服务体系，实行"双层双向转诊制度"。

具体来讲，生态城在"四级公共服务体系"的基础上实行医疗体系的两级配备：一个方面，引入优秀医疗资源，建设一所高水平、国际化的三甲综合医院，以及几所契合生态城居民需求、特色鲜明的专科医院（图4-33）；另一方面，在每个生态社区建立一个社区卫生服务中心。在该体系中，综合医院及社区卫生服务中心均由政府投资且重点加强社区卫生服务中心的建设。生态城第三社区卫生服务中心已投入使用，与天津医科大学合作建设的综合医院已经完成了医院功能定位、管理体制、运营模式和人力资源管理体系方面的沟通建设，以及首批50名医护人员的招聘工作，于2015年开诊。至此，生态城综合医院与社区卫生服务中心实行一体化管理，将有限且珍贵的医疗资源直接投放在社区卫生服务中心，实现生态城社区首诊、分级医疗和双向转诊（图4-34）。

同时，生态城在推进公立医院改革方面也做出了诸多努力和探索。①对综合医院的内部管理取消行政级别，改为由卫生行政机关与合作单位组成的理事会领导下的院长负责制；②改变公立医院传统的"以药养医"的赢利模式，使医院主要收入来源于"医保付费"，形成以"政府购买服务"为主导的效能型财政补贴机制，用"效率决定买单"，刺激所有的医疗卫生服务机构提高管理水平和医疗服务质量。目前，生态城已经完成了以第三

图 4-33 天津医科大学中新天津生态城医院（资料来源：张洋摄）

社区卫生服务中心为试点的医保支付改革方案。

2. 生态城社区卫生服务中心

作为生态城的医疗卫生服务网点，社区卫生服务中心以居民的医疗卫生服务需求为导向，使社区居民可以充分享受优质的医疗服务。生态城采取了多项措施促进社区卫生服务中心的发展，如：生态城管委会社会局制定并下发了社区卫生服务中心目标任务清单以及考核标准，对提升服务能力提出了明确要求；社区卫生服务中心完善了儿保、妇保等能功能，延长了开诊时间，进行了居民健康档案分析，有针对性地制定居民体检套餐方案；开展了慢性病患者规范化管理、健康教育等基本公共卫生服务，努力打造以大健康观为统领，集预防、医疗、保健、康复于一体的特色鲜明的区域健康管理体系。

在对社区卫生服务理念、管理方式和服务内容的探索实践中，为了更好地向居民提供健康管理和医疗服务，生态城借鉴国际先进经验，围绕社区卫生服务中心推出家庭医生式服务模式。每 300 ~ 500 户居民配备一名家庭医生，为生态城居民定期进行健康评估和个性化的健

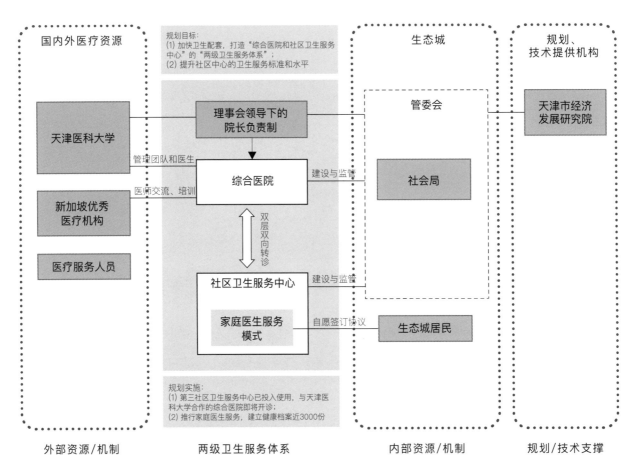

图 4-34 中新天津生态城两级卫生服务体系

康指导，并提供免费体检。

家庭医生式服务是家庭医生与居民签订的一种服务关系，为签约家庭提供基本医疗及健康管理服务，这种服务是以家庭医生为核心、社区卫生服务中心为平台实施的团队服务。服务费用大部分都会被纳入可报销的范畴或者包含在公共卫生服务费中，因此居民无须承担高额的医疗费用。

在生态城居住超过半年的社区家庭，根据自愿原则，建立健康档案，在签订《家庭医生式服务协议书》后，

就能享受社区卫生服务中心提供的家庭医生式服务。签约居民不仅可以享有原有的基本医疗服务，还可以享有以健康管理为主要服务内容的五项特殊服务：个人健康评估及规划、健康点对点管理服务、主动健康咨询和分类指导服务、健康咨询和指导（特殊人群提供上门服务）、特困对象减半或减免医疗费用。

社区居民签约家庭医生式服务，不仅预约、看病方便，省去了挂号候诊时间，同时，一旦病情需要，可以直接通过绿色通道转诊到二、三级医院专科、专家门诊处。

3．生态城卫生事业发展的保障措施

生态城正在着手建立更为完善的医药卫生管理、运行以及价格监管机制，加快与社会人文有关各方面的建设，保障医疗体系顺利施行。根据政事分开、管板分开等准则，科学合理确定各个机构之间的职责内容，进而形成一个职责明确、协调统一、定位准确的管理体制，以保证生态城卫生事业发展目标的实现。

1）建立政府主导的多元卫生投入机制

发展生态城的公共卫生不但需要明确政府、社会及个人的责任所在，而且需要确立政府在此过程中所占据的主导地位。一是，政府极需加大对医疗卫生的扶持力度，尽量减少居民在基本医疗中需要缴纳的费用。其中，居民享受均等化的公共卫生服务资源，费用由政府承担；基本医疗服务则由三方共同承担；而特殊的医疗服务主要由个人负担。二是，保证社区卫生服务中心有足够的、能保证正常运转的费用，如基本设施建设费用、设备购买费用、人员聘用费用等。三是，鼓励和引导生态城社会资本发展医疗卫生事业。在鼓励、引导社会资本的同时，还应该按照相关法律法规，强化对社会兴建医疗机构的监督，并且鼓励发展慈善事业，如可以给予一定的优惠政策，支持民办慈善医疗机构，或者向医疗机构捐赠物资等。

2）建立医疗机构运转机制

生态城医疗卫生机构应当完全属于公益性质，因此需规划并逐步建立起一套高效有序的医疗卫生机构运转机制。具体方法如下：卫生机构所有收支纳入预算管理范畴，根据工作量不同，科学安排人员编制，确定人员薪水标准以及经费水平；明确各个工作岗位职责，建立完善的用人制度，强化绩效管理，提升各个机构工作效率及服务水准；健全生态城基层医疗机构的运转机制，生态城社区卫生服务中心等基层医疗卫生机构，要明确

各项服务职能，应用恰当的技术、人才、设备以及药物，努力争取以低成本满足人们的医疗需求，坚持医疗机构本该具备的公益特质；不断加强机构内部的管理，充分发挥绩效作用，保证各机构的服务水平，并建立以工作职责为关键的任聘制度和有效的运转机制。

3）建立医疗卫生创新机制

生态城以卫生事业为基本，为人民群众服务，保障他们的健康生活，逐步建立起一套完整、合理的、可持续的创新机制。加大力度培养相关人才队伍，如对公共卫生专业及护理人员的培养。另外，强化生态城医务人员的可流动性，探索注册医师多点执业的可行方法。逐渐完善生态城医疗机构的任人制度，明确任职条件。优化生态城医务人员执业环境，强调医德医风，加强对医务人员的道德素质以及专业素质的培养，全面而有力地发扬救死扶伤的医务精神。从而最终在生态城营造一种人人热爱医疗科学、人人敬重医务工作者的良好社会风气，使医患关系变得更加融洽和谐。

4）创立可分享的医疗卫生数据库

在信息化的条件下，生态城要着眼于促进医疗医保以及财务管理等各方面的信息化发展，也要努力构建公共服务信息平台，并逐步完善资源可搜集、流通及时顺畅、信息实时公开、利用方便灵活且随时可监管的医疗数据系统。在采集居民健康档案的基础上，建立社区医疗数据平台；在电子病历基础上，加快生态城医疗机构的数字化建设；充分运用有关信息化技术，加快城市医院和社区医疗机构之间的合作，扩大医疗服务范围；建立和健全生态城医疗监管的信息网络，严格监控药品质量，实时监测总结居民用药状况，并严格监控药品的研制以及生产销售过程。

5）建立合理的医药价格机制

生态城完善科学化后的医药价格机制，应当能够及

时反映市场供需状况以及药品的生产成本变化情况；严格监管医疗服务价格，由政府来控制明确非营利性医疗机构的服务价格，而其余医疗机构则视具体情况合理定价；在除去财政补助后服务成本的基础上，使医疗卫生服务成本和相关劳务价值相匹配；因为各个医疗机构和医生的专业水平和服务水准不相同，所以应当实施分级定价的方式。严格监管控制公共医疗机构的收费，并积极摸索按病种来确立价格的方法；建立完善的价格监管制度，如实时监控设备销售价格、严格审查各项服务成本以及适时调整各项医疗服务价格。

6）建立有效的医疗卫生监控机制

逐步建立起完善的网络监管机制，如明确监管职责，创新监管方法，强化依法监管力度，在政府主导的基础上积极鼓励社会各方参与。健全医疗监控机制，提高对医疗卫生的监管水平。提升医疗服务水平，并健全评估医疗服务的相关机制。使管理制度和服务过程趋于科学化，规范疾病诊疗，建立医疗服务水平的监测平台；严格监管医疗机构进入和运转，监控好各类公共卫生，如饮用水以及食品卫生等。在各类法规基础上，严厉惩处各种不利于群众生命财产安全的违法违纪行为。

4.5.3 文化艺术制度

1. 生态城公共文化设施建设

1）生态城公共设施建设目标

中新天津生态城公共文化设施建设目标定位：在公共文化设施的人均占有数量上达到国内先进水平，在标志性公共文化设施建设上形成地方特色，并与国际看齐。生态城在文化设施规划建设时，将全球五大都市文化资源及上海市各城区文化设施情况列表如下（表4-12，表

4-13），以作为生态城公共文化设施建设的参照。

2. 生态城公共文化设施规模与布局

公共文化设施规模方面，生态城借鉴国内文化建设较先进城市的经验，将人均拥有公共文化设施面积最低标准设定为0.2m²，略高于上海市平均水平0.18m²。根据生态城"两头小，中间大"的生态城社区管理模式，公共文化设施在生态社区层面最为发达，人均面积为0.1m²，在生态片区和生态细胞层面人均面积均为0.05m²。生态城总体人口规模为35万人，分为4个生态片区，16个生态社区，64个生态细胞。按照该标准，生态城各级公共文化设施规模大致如表4-14所示。

公共文化设施布局方面，按照社区的三个层级进行布局：

1）生态片区

在四个生态片区根据不同片区功能和条件统筹建设标志性公共文化设施，如生态主题公园、动漫乐园等，以及普惠性公共文化设施，如图书馆、文化馆、小型美术馆等；

2）生态社区

在生态社区层面在社区中心内建立社区文化中心，主要包括阅览室及开展书画、歌舞等文化活动的场地及相关设施。

3）生态细胞

在生态细胞层面建立文化活动站，主要满足生态细胞内的居民，特别是老年居民的文化活动需要，包括书报阅览室、棋牌室、兴趣小组活动室等。除专门的公共文化设施外，还应鼓励机关、社会团体、院校、企业和事业单位的内部文化设施向社会公众开放，起到补充作用。

表 4-12　　　　　　　　　　　　　　2008 年全球五大都市文化资源一览

指标	伦敦	纽约	巴黎	上海	东京
国家级博物馆的数量	22	16	19	6	8
其他博物馆的数量	162	85	138	100	71
公共图书馆的数量	395	255	303	248	369
每10万人口拥有公共图书馆数量	5	3	N/A	1	3
公共图书馆的年借阅量（百万册）	38	15	N/A	11	84
人均公共图书馆年借阅量（册）	5	2	N/A	1	7

资料来源：2008 年伦敦发展署公布的《伦敦：一次文化大审计》调查报告，转引自上海情报服务平台，其统计口径与我国的统计存在差别。

表 4-13　　　　　　　　　　2008 年上海市中心城区艺术表演场所、图书馆、群艺馆、文化馆基本情况

户籍人口（万人）	艺术表演场所		公共图书馆		群艺馆、文化馆（个）
	个数（个）	坐席数（个）	个数（个）	读者人数（万人次）	
	21	32 097	2	135.11	1
60.74	3	2 556	1	106.23	1
31.01	2	737	1	56.25	1
90.01	1	800	1	87.05	1
61.37	3	1 160	2	55.70	2
31.00	1	250	1	59.33	1
86.83	1	150	2	128.03	3
69.61	3	1 705	2	20.66	2
79.35	–	–	2	51.72	2
108.16	2	2 117	3	87.53	1

表 4-14　　　　　　　　　　　　中新天津生态城公共文化设施规模

层级	人口规模（人）	文化设施面积（㎡）	该层级文化设施总量（㎡）
生态城	350 000	17 500	17 500
生态社区	20 000	2 000	3 2000
生态细胞	5 000	250	16 000

3. 生态城文化发展的保障措施

1）生态城文化发展体制与机制保障

（1）运营管理机制从行政管理向公共治理转变。公共治理在现今可谓是一种全新的管理方式。生态城文化管理应当在满足人们的精神需求和发展生态文化的基础上，利用市场有效机制，改变政府文化管理功能，其中包含三个方面：一是将"管"与"办"分离，逐渐实现从"办文化"到"管文化"的变化；二是实现从管理下属机构到管理社会文化的变化；三是政府行为从"审批文化"的传统向"服务文化"方向转变。

（2）文化资源从条块分割向网格整合转变。文化发展所涵盖的范围不仅局限于文化设施建设、文化产品与文化服务的提供上，还涉及城区建筑规划建设、教育、体育、环保等多个方面，超越了传统的文化概念。然而，当下在文化界中，原先那种条块分割式的资源分配方式依然如故。因此，文化资源的整合要引入"网格整合"的理念与方式，从而全方位地实现对文化市场、文化生产、文化产品、文化管理以及文化规划、文化需求、文化权益保障的整合。

2）生态城文化发展的人才保障

重视文化艺术人才的教育培训，不断提高文化艺术人才队伍的业务水平和整体素质。优化文化艺术人才的层次结构，对高层次文化艺术人才实行特殊政策，对有突出贡献的优秀文化艺术人才实行重奖。拓宽人才引进渠道，面向全国、全社会招聘，引进高精尖文化艺术人才。不断完善人才激励政策，逐步建立符合文化事业单位特点，体现岗位绩效和分级分类管理的薪酬制度。建立科学合理的考评评估机制，明确考核标准和方法。

3）生态城文化发展的投入保障

财政对文化艺术的促进可以通过政府直接投入和间接引导社会力量两个方面实现，其财政政策的工具主要是市政府预算和地方税收。第一，增加文化建设支出在整体财政预算计划的比重，并在相关法规中明确体现这一理念；第二，合理确定各级财政预算资金所投入的文化活动的领域、项目，重点支持关系文化发展整体性、全局性和长远利益的资金需求及其所在领域；第三，改善预算投入资金的利用方式，除了直接的财政拨款之外，可以利用配套资金投入、各级政府合力投入、财政贴息投入、财政支持担保贷款投入等多种资金支持的方式；第四，发掘潜在的文化建设财政资金来源，为增加财政对文化建设的投入奠定资金基础，如设立文化建设专项基金，及在地方税收中安排适当的比例建立同文化发展相联系的专项收入，实行专款专用；第五，利用税收手段促进文化建设事业的发展，利用减免税收等政策引导市场和社会财力参与文化建设。

4）生态城文化发展的评估体系

在公共文化事业方面，经常出现政府部门已投入很多，但因缺少科学的反馈机制和指标评估体系，无法对文化发展工作进行量化评价，了解文化发展工作的实际效果等情况。因此，在生态城建立一整套科学的文化发展指标评估体系，能够真实反映文化事业发展的速度、程度、资源投入的效率，以及市民对文化事业发展的满意度，有利于推动公共文化事业的进一步发展。

生态城文化发展评估体系可根据生态城文化发展方向与重点从事的公共文化事业、文化产业两方面入手，对公共文化设施建设与服务完善、社区居民对公共文化事业发展的满意度、生态城创意产业发展程度等多方面进行量化评估，并以此作为文化发展的指导与依据。

5）生态城文化发展的法制保障

通过法制建设健全的文化艺术知识产权保护体系，从立法、执法和普法三方面保障生态城文化健康发展。首先要加快立法，明确管理的权限、职责和约束、规范、监督、保护管理行为；二是要狠抓执法，严格依法执法、按章办事，抓队伍建设，坚持廉洁自律、不徇私情，强化监督约束机制；三是要做好普法，利用宣传栏、黑板报、手机短信等多种形式进行宣传，普及法律知识。

6）生态城文化发展的合作与交流

通过引进和输出两种方式加强与其他国家，特别是新加坡的文化合作与交流，借鉴新加坡在文化发展，尤其是文化产业发展中的成功经验，做好外来文化本土化和传统文化的国际化工作，形成中西合璧、博采众长的生态城文化特色。其主要形式有：引进国际文化机构与文化产品，提升生态城文化发展品质；通过互访等形式进行民间国际文化交流，进一步培育生态城特色民间文化；以不同主题的国际文化节为载体搭建国际文化交流平台，使生态城居民足不出户就能享受世界文化风情；充分利用网络平台，在文化产品、文化服务和文化发展经验等方面进行国际交流。

4.5.4　体育健身制度

1. 生态城体育设施的建设

1）建设现代化的、一流水平的城市体育设施

根据规划目标，2020 年生态城要向世界展示"自身高度，自身特色，自身风格，自身气派"。紧抓建设生态城的历史契机，加快体育场馆建设，完善全市体育场馆建设布局，形成现代化的科学、文明、健康的体育生活环境。对此，生态城应当尽量为人民群众提供数量充足的运动场所，加快完成各个区域的体育场地建设（图 4-35）。生态城内各种体育设施的建设都不可忽视，如竞技、大众等类型的体育设施。力争在生态城建成一个布局科学、功能多样、设备齐全、运营顺利的体育保障体系，充分利用公园、慢行道路、河滨等公共场所，实现公共场所的开放性和有效性。到 2020 年，实现公共体育设

施用地人均 0.6 ～ 0.7m^2 的目标。社区体育设施用地争取逐步达到人均 0.3m^2。

重视学校体育场馆建设，全部学校达到国家级、市级体育设施配备标准，40% 以上的学校达到全国一流体育设施——有塑胶跑道田径场、游泳池、体育馆。完成每个片区一个健身房（1 000m^2）、一个游泳池、一块绿地运动场和一个体质监测站的规划任务，尤其在新建社区以及在全区的整体规划中强调体育健身设施配套建设思路。并由此加强政策引导，合理布局一批经营性的高档健身场所，确保公共体育场所 100% 的社会开放率，以满足不同消费水平市民的健身需求。

2）推进体育设施园林化、园林设施体育化

规划新建公共体育设施，要结合城市景观建设和市民休闲娱乐的需求，推进体育设施园林化。本着"全国样本"的定位原则，设计构建从全民健身、业余训练、体育比赛、休闲娱乐以及体育文化多个方面出发，并兼顾不同层次人群的可承受度。加强绿地公共运动场和体育公园建设，充分利用公园、广场、公共景观绿地以及其他可用空间。同时，在市政工程和绿化环境的规划中，确保环境的前提下，为体育训练和全民健身提供可用空间，体现发展为人服务的人本主义思想。

图 4-35 中新天津生态城健身中心

2. 生态城体育发展的保障措施

中新天津生态城在体育事业的建设、推进、发展过程中，正逐步建立与经济体制相适应，与国际一流城市相匹配的体育管理体系和运行机制。

（1）大力推进生态城体育管理体制，改革和运行机制创新，稳步推进、分类指导、逐步实施继续推进体育行政管理机构改革，实现政事分开，管办分离。体育行政部门应当充分认识并发挥自身的各种职能，如宏观调控以及行政管理职能，并且努力建成一套办事快速、运行得当的体育管理机制。大力扶持民间力量开展体育项目，无论是社会团体、民间组织还是个人，都应予以大力支持，并鼓励这些社会体育团体举办各类体育活动，另外，还应该合理地促进中介组织的成长进步，形成社会各界共同参与体育发展的氛围。

（2）深化用人和分配制度改革，逐步建立以市场经济为导向的选人机制，深化以岗位管理为特征的用工机制，以体现绩效为依据的工资分配制度。将用人制度科学化合理化，从而形成一种人员可进可出、职务可高可低、待遇可升可降的良好局面。建立以能力和业绩为导向的社会化人才评价机制，逐步加大事业单位内部分配制度改革力度，建立以鼓励劳动和先进为目的的健全激励保障机制，实现按岗位定酬、按任务定酬、按业绩定酬。坚持精神奖励和物质奖励相结合，建立事业单位人事代理制度。

（3）建立多渠道筹资机制加大政府投入，扩大公益性体育设施的供给，保证重点项目的建设。市政府要制订产业结构专项政策，鼓励多元化体育服务业投资形式，支持私营、个体及国内外投资者参与开发市体育赛事、健身娱乐、体育中介、体育咨询、场馆管理等体育经营活动，鼓励经营实体的建立。政府在市场准入、工商登记、土地使用、信贷税收、劳动用工等方面提供便利。设立全市体育事业发展基金，通过投融资政策，推动体育服务业的发展。鼓励社会及海内外各界人士对体育事业的资助和捐赠。

（4）落实实施《体育法》，完善体育法制重视体育法制的建设工作，努力使体育立法走上合理化轨道。制定生态城居民健身相关条例，合理解决居民健身体制、健身体育设施建设以及体育设施管理等重大问题，保证体育事业得以全面发展，保障居民在体育层面的所有权益。制定竞赛市场管理条例、新城规划实施制度4体育市场管理规定，规范竞赛市场管理。建立体育行业和产品的服务标准认证体系，规范体育市场生产、销售、服务行为。要努力贯彻落实"依法行政，依法治体"的指导方针，强化体育依法管理，建立和健全体育法制系统以及执法监管制度，保证体育事业的健康可持续发展。做好普法宣传教育，建立行政执法制度。

（5）扩大体育对外交流，充分利用生态城对外交流和对外的友好关系，扩大体育合作面，转变思想、拓宽视野、加强互动，变互访交流为技术合作，开辟新的体育交流途径。积极推动人员往来和技术培养，采用联合办学、人员技术引进、外派人员等多种形式，学习先进技术和经验，切实增强生态城体育事业建设水平，扩大生态城影响，树立良好形象。

4.6

小结：面向社区治理的生态新城规划实施制度

从项目财政转变为公共财政，从社区管制变为社区治理。中国正处于深刻的经济社会发展转型期，尤其是在环境保护、文化发展、社会治理等诸多方面，过去以经济建设为中心的阶段难以全面顾及的问题，现在已日渐成为未来发展的重点和长期关注主题。中新天津生态城的开发与建设，与当前政府职能转变的大趋势相当吻合，而诸多生态城社区建设的相关目标，无不与全面深入的社会参与息息相关。因而以服务型政府实现新公共管理模式的社会治理新体系，就成为生态新城的一个新的核心主题。这一点在生态城规划建设之初大部分学者的研究之中尚不突出，却会在之后若干年内成为一个显著发挥积极作用的重大领域。政府在社会治理模式创新中的角色必然发生转变，社区职能归位不可避免。而从现实支撑角度看，政府财政已经初步具备向公共财政实现转变的条件，政府应进一步归位于公共利益的协调人

角色，不必自上而下的实现对社区和居民的所谓"管理"，而应强调自下而上与专业管理相结合的社会"治理"与和谐发展模式。

作为一种边界条件，社区的规模与其自治体系的建立是密切相关的，当前大部分中心城市街道建制动则10万甚至20万人以上，普遍存在过于庞大，无法实现有效公共服务的供给。而以二级开发企业及商业公司实现的物管体系，又无法实现公共服务的规模效应和适当的公共价值外延，因而从中界定"城市社区"的概念，是建立城市新区社会治理单元的首要步骤。中新天津生态城将这一社会治理单元界定在2.5万～3.5万人规模，约150hm² 占地，称之为生态社区。生态社区由约10个10～15hm² 用地的生态细胞组成。每个生态细胞0.2至0.3万人，实则一个独立的房产开发单元，尺度与居委会、物管公司对应。3个生态社区加上部分产业、商业办公、

交通和绿化用地构成生态片区。生态城起步区实则就是一个生态片区，约 790hm²。我们将中新天津生态城这种由"生态片区—生态社区—生态细胞"构成的三级社区治理模式称之为"三明治式"的城市社区治理模式。

通过合理确定城市社区的真实服务边界，确定其适当的规模和配置标准，规划合理的公共服务设施，以实现合理的社会治理基本框架就显得尤为重要。社区服务中心的建立，可以充分满足一定规模城市社区的社区公共服务供给，同时建立良好的公共交通等绿色交通架构，便利居民出行通勤，并通过合理规划教育医疗设施，确保通过有效的社会保障体系设计实现居民就近就业，实际上正是城市可持续发展理念的全面体现。根据社区公共服务均等化的理念，按照权利与义务对等的思路，制定公平、公正、无差别的社区公共服务方案，使广大社区居民享有社区服务、住房、交通、教育、医疗、文化、体育等方面的同等服务。而这些服务，一方面可以在生态新城政府和城市综合服务商主导下，以公共服务必需品形式，无偿公益或锁定利润的形式提供，还可以充分调动市场的服务活力，以更高质量的社会服务形式提供，来作为必要补充。在这些社会服务活动中，应大力鼓励社区志愿团体、社会团体、非营利公益机构等参与社区治理，这些组织机构将成为社区治理的主力。

如果仅从执行层面看，上述模型似乎显得十分理想化，而事实上当今较发达城市的经济社会发展阶段已经支持了这样一种新的社区治理模式，特别是互联网技术、移动终端技术、物联网技术的迅速普及，已经深刻影响

着新一代城市管理和社会治理技术的发展。地方政府在城市管理领域的技术能力提升速度有目共睹，数字协同能力快速提升，过去许多难以想象的公共服务内容和标准，如今都早已不是空想；而地产开发和运营企业也正在迅速与终端设计和制造企业联手，面向物联网化的全面、多元参与的社区管理和物业管理模式快速转变。

这一发展趋势必需应该得到城市科学领域的密切关注，这不仅是生态新城和城市新区应该研究和把握的方向，同样也是所有城市管理领域的新课题、新思维。而能够在生态新城层面将此类方式方法运用得当，将是极具价值的。因为这不仅意味着城市在运营管理方面的全面性、均衡化、优质化的发展，更意味着我们能够追溯运营管理中的诸多细节问题，从而帮助我们判断日后应如何进一步制定规划，提出优化对策，设计更有效的实施机制和方法。换言之，多元化的参与反馈不仅是一种中短周期的管理需求，更是中长周期规划发展的必要支撑。这个过程在当前的技术条件下尽管尚未成熟，但已经势在必行。

CHAPTER 5

第 5 章

中新天津生态城彩虹桥入口区（资料来源：张洋摄）

生态城市是人类社会从工业文明时代迈向生态文明时代的必然产物，处在工业文明的黄昏与生态文明的黎明的交割期内，生态城市还将面临漫长的发展和等待。制度保障是生态新城建设最为重要的要素。

　　中国生态新城政府要借鉴世界行政管理发展的经验，大胆改革以适应转变发展方式的需要。在整合自身职能的基础上，形成决策权、审批权和监督权适度分离，政府主要精力是做好决策和监督。

　　经济测算和财政平衡应该纳入规划日常工作，尤其是在总体规划、五年经济社会发展规划、建设项目库、年度投资计划等节点上，要做好近期规划和经济支出的衔接。

　　在城市开发层面，建立资源高度整合的开发模式。生态新城综合运营公司是规划实施的主要执行组织，由一级开发公司和二级总包开发公司，形成双保险的 AB 角开发制度，构建资源整合的城市综合运营商制度；在城市基础设施和公共设施建设运营方面，投资公司提出了投资一体化、建设标准化、运营系统化、管理信息化的建管一体理论；建立全产业链的低碳房产开发管理制度，将规划中的绿色生态要求融入土地二级开发过程。

　　生态新城政府应积极探索从项目财政运行模式，逐渐转变为公共财政运行模式，为社区治理奠定提升转型的物质基础。通过发动社区自治的力量，政府在社区层面逐渐降低管理成本，不断增高管理效能。通过合理确定城市社区的真实服务边界，确定其适当的规模和配置标准，规划合理的公共服务设施，实现合理的社会治理基本框架。

5.1
生 态 新 城 未 来 发 展 展 望

　　城市是人类的化身。城市也是改造人类、造福人类的场所。城市最重要的功能和目的是化力量为形态、化能量为文化、化生物繁衍为社会创新。城市是人类爱心的具体物象，最优化的城市发展模式应该是关怀人、陶冶人的模式。改造城市的力量来自人类社会，其中最关键的因素是政治力量、经济力量和社会力量，而引导这三种力量协调发展的则是文明和制度。

　　回顾人类城市的发展历史，从农业文明到工业文明，再到曙光乍现的生态文明，城市随着科技和艺术的进步亦不断自我完善。在生态文明时代，城市发展出了互联、智能、低碳、可持续的生态特质。但是，处在工业文明的黄昏与生态文明的黎明的交割期内，生态城市还将面临漫长的发展和等待。当前，在很长一段时间内，我国的生态城市发展还只是处于初级阶段，实际称之为生态新城更为合适。生态新城虽然要比常规新城建设标准更高，内涵更丰富，但是同样面临着新城人口导入和社会发展不确定等问题。这需要我们有切合实际的规划目标，

营造切合实际的规划实施条件，除了人才的培养外，制度保障是最为重要的要素。

　　从当前单项条件看，虽然技术、资金和规划水平等都不是问题，但从实施的效果看，我国同类生态新城项目的规划目标、定位和内容能够顺利实施的并不多，实施效果差异很大，一些项目甚至陷入停滞状态。这主要由于我国生态新城项目普遍还未建立起相对完善的规划实施制度。反思当前同类项目现状，中新天津生态城规划获得了较好的实施效果，其实施规划的制度体系值得仔细研究，从中提炼经验得失。中新天津生态城规划实施的制度体系，真正实现了能实行、能复制、能推广的"三能"目标，进而实现人与自然、人与经济、人与社会的"三和"目标。

　　生态城市是人类社会从工业文明时代迈向生态文明时代的必然产物。在国际环境中，随着可持续发展理念深入人心，以及低碳经济环境逐渐完善，随着智能化、低碳化、互联网技术的不断发展，生态城市的探索正在

积蓄更强大的力量。在国内环境中，中国传统文化中自古就有天人合一、和谐共融、格物致知的生态城市理论基因，中国能够天然地接受生态城市的发展理念。在中国探索生态文明和新型城镇化的进程中，我国结合自身经济、社会、科学技术等条件资源的限制和发展方向，对生态城市的探索以一种初级阶段的形态表现出来，开展了一大批生态新城项目。这批生态新城项目肩负着探索我国新型城镇化发展道路的职责。对于我国今后增量型的新型城镇化项目，当前这批已开展的生态新城积累的宝贵经验会对其有所借鉴，这些经验也会对旧城整治这类存量型的新型城镇化项目起到积极的借鉴作用。

本书所涉及的各方面研究，是对中新天津生态城近年的规划管理和实践经验的归纳和总结。从研究框架到内容方面还存在一些不足，尤其是在社区治理层面。由于生态城截至 2015 年入住人口约为 9 万人（约 3 万户），其和谐社区、社区治理、公共服务供给模式等课题需要在今后更长期的一个研究时段中不断去深化观察推敲的

论题，本书所总结的经验希望能为中国生态新城的规划实施制度框架研究添砖加瓦。

目前，对中国生态新城的实践研究刚刚起步，相对于大多数城市有百年以上的生命周期，对于中新天津生态城短短 10 年时间的观察研究仅仅是对中国生态新城研究的一个起始片段，还需要在更长的时间、更广的范围对其实践和理论加以总结提升。下一步需要在国家层面形成以案例研究为基础的个案集成，通过对中国当代生态城新城的实践总结，提炼我国新型城镇化的新城发展模式。虽然我国当前城市化进程逐渐放缓，形成了一批城镇建设存量需要时间予以消化，但是相对于发达国家 85% 以上的城镇化率，我国的城镇化增量还有很长的一段路需要走。可以预见，探索生态城市的宝贵经验必将是 21 世纪的中国献给世界人类城市文明的礼物。

行政管理层面的规划实施制度

1. 行政分权制度

中国生态新城政府要借鉴世界行政管理发展的经验，大胆改革以适应转变发展方式的需要。在整合自身职能的基础上，形成决策权、审批权和监督权适度分离，政府主要精力是做好决策和监督。当前中国生态新城的行政管理制度需要提高效率、创新转型。在初期阶段，生态城管委会掌握了较大的资源配置权力，利于起步区快速建设。但从长期看，权力过分集中而又缺乏监督，会影响生态新城的发展。这往往导致一届政府，一届规划思路。中新天津生态城的经验是，规划一旦制定，最重要的不是去修改规划，而是去执行规划（外部条件变化导致的重大调整除外）。这需要创新和改革规划实施过程中涉及的行政管理制度，以此来保障规划实施工作的有效执行。应在政府部门大部制模式的基础上，通过将决策权和执行权分立，成立专业委员会—管理委员会制度。将专业委员会作为决策机构，同时赋予人事权，类似于企业的董事会。将管理委员会作为执行及机构，赋予管理权，类似于企业的经理人团队，其人员编制虽可参照行政编制，但实则完全可按照职业经理模式进行任免。同时，可将行政审批和技术审查并行。由于规划管理过程中，技术审查的工作量巨大，通过将技术审查工作从行政审批工作中相对剥离的方式，同时优化备案制

度和注册制度，能够让专业的人做专业的事。这部分工作人员不再受到原有行政人员编制的困扰，政府可按照向社会采购服务的方式，根据发展需要，面向社会购买这类服务工作。进而大大提高行政管理的工作效率，使规划实施在行政管理环节更加专业化、精细化。通过制度保障生态新城的综合规划按照确立的经济社会发展目标稳步推进。这需要生态新城政府努力成为学习型政府、服务型政府和创新型政府。根据当前的科学技术、社会生产力发展水平和经济社会发展趋势，审时度势地进行行政管理体制改革，使上层建筑不断适应下层发展。

2. 经济平衡制度

经济测算和财政平衡应该纳入规划日常工作，尤其是在总体规划、五年经济社会发展规划、建设项目库、年度投资计划等节点上，要做好近期规划和经济支出的衔接。对生态新城最好的经济扶持政策是"不予不取，自我平衡"。支出方面，在规划伊始，就要同步开展生态新城总体投资测算，即使是结合规划概念方案进行固定投资估算也是非常必要的。只有形成投资规模概念，才能结合投入产出分析经济平衡周期，在多方商务谈判中量化商谈内容。随着城市总体规划、控制性详细规划的细化，城市固定资产投资可以与其并行精算，同时将规划内容分解为建设项目数据库，结合10年年度建设计划方案，形成10年投资计划。这一投资计划并非一成不变，它的作用是把生态新城的规划与建设衔接起来，形成一种近期建设规划。在此过程中，建设项目库和10年投资计划可以在五年经济社会发展规划中不断完善，同时还可在每年的年度投资计划实施评估基础上，按照年度调整更新。在收入方面，同样可以结合建设项目数据库中的住宅、产业和商业办公三类建筑规模大小类推经营规模，从中推算相应的税费收入。除了土地出让金、建设类税收外，住宅类收入更偏重于销售类税收，产业和商

业办公更偏重于营业类税收。从政府财政方面，整个生态新城规划实施涉及的支出和收入资金差值的信息将辅助政府作出下一步的工作决策，如招商重点、建设时序、扶持对象等。通过财政预算，结合收支平衡点，合理制订资金使用计划。创新财政投融资模式，合理安排规划实施时序。要做好由项目财政向公共财政转变的准备，加大环境配套投资支持力度，发挥社会投资力量，建立产业引导基金。

3. 政府企业化管理制度

在审批管理方面，要大胆尝试面向市场的企业化管理模式。生态新城政府决策部门要下大力气做好规划，同时利用好这一过程进行集体学习，统一思想。但是在实践中要充分认识资源的有限性，规划实施起步阶段不宜大面积铺开，要找准起步区和切入点，按照小规模、渐进式的方式集中资源滚动前进，高标准的建设也要把好钢用在刀刃上。规划实施行政许可内容纷繁，涉及多个重要行政部门。当规划落实到项目实施阶段，除了上位规划编制、管理等工作，立项、选址、土地、规划、环评、能评、建设、消防、人防、房管等行政许可环节，决定了规划实施的效率。除了将现有的行政审批权集中起来，还应将上述审批环节中的技术审查工作分离出来，形成社会服务模式。政府从行政许可审批许可中节省下来的精力，可以真正投入到过程引导和事后评价工作中来，真正发挥监管、监督的"裁判员"角色，调动市场上"运动员"的积极性。对于承担规划实施的"运动员"，为了保证其自身质量，同时减少规划实施过程的管理成本，应不断完善准入制度和注册制度。例如，许可一个深刻理解生态可持续理念的景观设计师团队参与到生态新城景观设计工作中，将会大大提高规划中强调的本地植物物种选择比例，从而降低后续若干年的绿化运营的灌溉用水、人工养护等管理成本，真正将规划实施落在实处，提高效率。反之，将会造成巨大的资源浪费。在行政管理工作中，还需要结合规划指标体系的内容，进一步将规划任务分解，最终落实到部门、岗位上，将规划这一"乐曲总谱"通过规划实施过程，形成具体的岗位工作手册。最后，要利用信息化的网络技术，搭建信息共享平台，形成协同作业，使规划实施工作在行政管理的流程中，环环相扣、互补共赢、减少摩擦、共同推动、精准发力。

总之，生态新城应结合我国国情，创新借鉴世界范围内的行政管理经验，在规划、建设和运营环节上形成制度，落实规划。通过转变政府职能，提高了公共管理服务效率。城市规划实施首先需要的是服务市场经济的决策型政府，要建立"精简、统一、效能"的政府组织架构和公务员队伍，形成对企业"全过程、全方位、全天候"的决策服务体系，创造科学规范的管理秩序和法治化环境，积累一整套符合中国国情、适合本地实际情况的新做法、好做法。要始终坚持创新，在管理体制、运行机制等方面不断改革，用制度的先进性来提高系统的效率，保持机体的活力，提升区域的竞争力。行政管理的分权制度，新型经济平衡制度和高效率行政服务模式是生态新城规划实施的制度保障。

5.3
城市开发层面的规划实施制度

在城市开发层面，建立资源高度整合的开发模式非常重要。包括三个方面：

1. 资源整合的城市综合运营商制度

生态新城综合运营公司是规划实施的主要执行组织。为了形成有力支撑，生态新城应进一步形成双保险的 AB 角开发制度，即成立两个较为完备的企业组织。一个是一级开发公司负责土地整理、城市基础设施类的建设和运营。另一个是二级总包开发公司，负责生态新城所有经营性用地的二级开发，并负责经营性土地对外招商分包开发。两个公司形成城市综合开发的双支撑结构，这能增强生态新城规划实施的执行力。作为城市综合运营公司，落实规划的过程就是将城市资源变为城市资产的过程。即通过对土地的投入，形成市政公共设施配套完善的城市综合开发。但是，新城公司并非单一的城市土地开发商。它与政府一同肩负新城开发的重任。其中一部分甚至是非市场行为或者超长期的固定利润回报模式。作为城市开发的平台公司，投资公司与合资公司是城市建设运营的支撑主体。除了市政建设，它们还全面参与到政府的社会管理过程中，为其中的市场服务部分贡献力量，所以这两个公司的自身特点决定其本身大部分业务是微利型或利润锁定型，但有长期、稳定的盈利保障。

生态新城的综合运营企业，本质上已经超出了传统意义上的城市一级开发概念，而是融合了城市运营管理流程在内的整体性的大型公共服务供应商概念。在将城市资源转化为城市资产的过程中，通过建立公用事业建设和运营的创新模式，集成统筹市政能源监管模式，实现绿色循环的资源环保利用模式，建设宜人的景观绿化，形成经济优质的公共设施建设运营状态。从城市运营层面实现城市土地有效增值，把过去一个时期以做熟土地再进行有偿出让或转让的企业利益旧模式扭转过来，开启以人为本、以城为本，实现土地纵深发展价值的新模式。

2. 一级开发建设管理集成制度

在城市基础设施和公共设施建设运营方面，投资公司提出了投资一体化、建设标准化、运营系统化、管理信息化的建管一体理论。通过以道路建设为先导，整合雨污水及能源类管网建设，采用统筹集成、信息化管理的方式，构建以道桥市政公司和能源公司为先导的公用事业子公司。在城市规划实施中，路网格局至关重要，道路及沿线管线是最先开始建设的，所以一旦确定，城市发展框架就定型了。中新天津生态城在规划层面对路网研究投入了巨大精力，在后续建设中，道路路网几乎全部按照规划确定的定线进行建设。在此基础上，生态城结合城市环卫开展了固废资源循环利用，结合水资源治理开展了生态水循环利用的系统方案，按照循环经济的思路，环保公司和水务公司在专利研发、标准输出、服务外包方面拓展了盈利空间，在经济方面为企业注入了生存活力。生态城景观公司虽嵌套在市政公司内部，但从重要性来看，应该将其独立运营。但要注意解决好道路施工和道路绿化的配合问题。除了景观美化，生态城市绿化工作应加强生态保育和修复工作，从突出地域特色的角度，大胆探索本地植物的引入，提高本地植物指数，尽可能保护原生湿地资源，降低运营期间的绿化管理成本。在公共设施建设方面，建设公司应肩负探索生态城绿色建筑的历史任务。作为政府公建的代建公司，无论是从财政支持，还是绿色建筑技术研发投入方面，都应该成为标杆和试点。这需要政府和企业形成共识。最后，通过建立信息共享、运营联动的一体化数据平台，生态城投资公司将上述资源进行了高度整合，既拓展了业务交叉点潜在的业务范围，又形成了"1+1>2"整合效应。

3. 二级开发全产业链低碳管理制度

只有建立全产业链的低碳房产开发管理制度，才能将规划中的绿色生态要求融入土地二级开发过程。生态新城可用统一的城市规划目标将具体建设项目从设计、建设和运营三个阶段串接起来。在住宅地产方面充分实现生态住宅和生态社区的创新探索，引入国内外多个开发公司，以开放多元的开发模式形成相互竞争的住宅发展态势。产业地产方面，围绕产业发展规划，清晰地落实了产业园区的规划思路，在控制合理发展规模的同时，按照多元特色化发展模式，探索低碳循环产业。逐渐形成了以文化创意产业、旅游产业、教育产业、低碳科技产业、低碳金融产业等为主的产业园区。在工程咨询、建设管理、物业服务方面，形成了集聚效应，使生态城能在项目的全寿命周期内提高开发效率和经济效益，同时能够集约能源资源。通过政府和综合运营商一再坚持这种全寿命周期开发服务的理念，这种集聚式的采用形成了二级开发服务制度。

通过资源整合，中新天津生态城突破了原有土地开发的概念限制，在城市开发中，实现了价值链在产业链上的全线延展，规避了既往在城市新区土地开发中的一些可能导致城市土地价值受损的短期行为，实现规划到建设到运营管理的全面接轨，让生态城所绘制的美好蓝图真正付诸实施。从这一个层面看，生态城这种整合城市开发资源、购买社会化公共服务的制度值得借鉴。

5.4

社区治理层面的规划实施制度

生态新城政府应积极探索从项目财政运行模式，逐渐转变为公共财政运行模式，为社区治理奠定提升转型的物质基础。通过发动社区自治的力量，政府在社区层面的管理成本将逐渐降低，管理效能不断增高，主要应探索以下两方面制度：

1. 以生态社区为中坚层的"三明治式"社区治理制度

从项目财政转变为公共财政，从社区管制变为社区治理。生态新城的开发与建设的相关目标，无不与全面深入的社会发展参与息息相关。以服务型政府实现新公共管理模式的社会治理新体系，成为生态新城核心主题之一。政府在社会治理模式创新中的角色必然发生转变，社区职能归位不可避免，而从现实支撑角度看，政府财政已经初步具备向公共财政实现转变的条件，政府应进一步归位于公共利益协调人角色，不必自上而下地实现对社区和居民的管理，而应强调自下而上与专业管理相结合的社会治理与和谐发展模式。

作为一种边界条件，社区的规模与其自治体系的建立是密切相关的，当前大部分中心城市街道建制动则 10

万甚至 20 万人以上，普遍存在过于庞大，无法实现有效公共服务的问题。而以二级开发企业及商业公司实现的物管体系，又无法实现公共服务的规模效应和适当的公共价值外延。因此，有必要从中界定"城市社区"的概念，这是建立城市新区社会治理单元的首要步骤。中新天津生态城将这一社会治理单元界定在 2.5 万～ 3.5 万人规模，约 1.5km² 占地，称之为生态社区。每个生态社区由约 10 个 10 ～ 15hm² 用地的生态细胞组成。每个生态细胞 0.2 万～ 0.3 万人，实则为一个独立的房产开发单元，尺度与居委会和物管公司对应。3 个生态社区加上部分产业、商业办公、交通和绿化用地构成生态片区。生态城起步区就是一个生态片区，约 7.9km²。我们将生态城这种由生态片区—生态社区—生态细胞构成的三级社区治理模式称之为"三明治式"的城市社区治理模式。生态新城应将以往街道层面的管理权限，真正下放到了生态社区层面。

2. 多源头公共服务的社区供给制度

通过合理确定城市社区的真实服务边界，确定其适当的规模和配置标准，规划合理的公共服务设施，以实现合理的社会治理基本框架就显得尤为重要。社区服务中心的建立，可以充分满足一定规模城市社区的公共服务供给，同时建立良好的公共交通等绿色交通架构，便于居民出行通勤。同时合理规划教育医疗设施，确保通过有效的社会保障体系设计实现居民就近就业，这些正是城市可持续发展规划理念的全面体现。根据社区公共服务均等化理念，按照权利与义务对等的思路，制订公平、公正、无差别的社区公共服务方案，使广大社区居民享有社区服务、住房、交通、教育、医疗、文化、体育等方面的同等服务。而这些服务，一方面可以在生态新城政府和城市综合服务商主导下，将公共服务品以无偿公益或锁定利润的形式提供；也可以充分调动市场的服务活力，以更高质量的社会服务形式提供，作为必要补充。在这些社会服务活动中，应大力鼓励社区志愿团体、社会团体、非营利公益机构等参与社区治理，这些组织机构将成为社区治理的主力。

如果仅从执行层面看，上述模式有的似乎显得十分理想化，而事实上当今较发达城市的经济社会发展阶段

已经支持了这种新的社区治理模式，特别是互联网技术、移动终端技术、物联网技术的迅速普及，已经深刻影响了新一代城市管理和社会治理技术的发展。地方政府在城市管理领域的技术能力提升速度有目共睹，数字协同能力快速提升，过去许多难以想象的公共服务内容和标准，如今都早已不是空想；而地产开发和运营企业也正在迅速的与终端设计和制造企业联手，面向物联网化的全面、多元参与的社区管理和物业管理模式快速转变着。这一发展趋势必应得到城市科学领域的密切关注，这不仅是生态新城和城市新区应该研究和把握的方向，同样也是所有城市管理领域的新课题、新思维。而能够在生态新城层面将此类方式方法运用得当，将是极具价值的。因为这不仅意味着城市在运营管理方面的全面性、均衡化、优质化的发展，更意味着我们能够追溯运营管理中的诸多细节问题，从而帮助我们判断日后应如何进一步制定规划，提出优化对策，设计更有效的实施机制和方法。换言之，多元化的参与反馈不仅是一种中短周期的管理需求，更是中长周期规划发展的必要支撑。这个过程在当前的技术条件下尽管尚未成熟，但已经势在必行。

中新天津生态城动漫城内湖航拍鸟瞰图（资料来源：张洋摄）

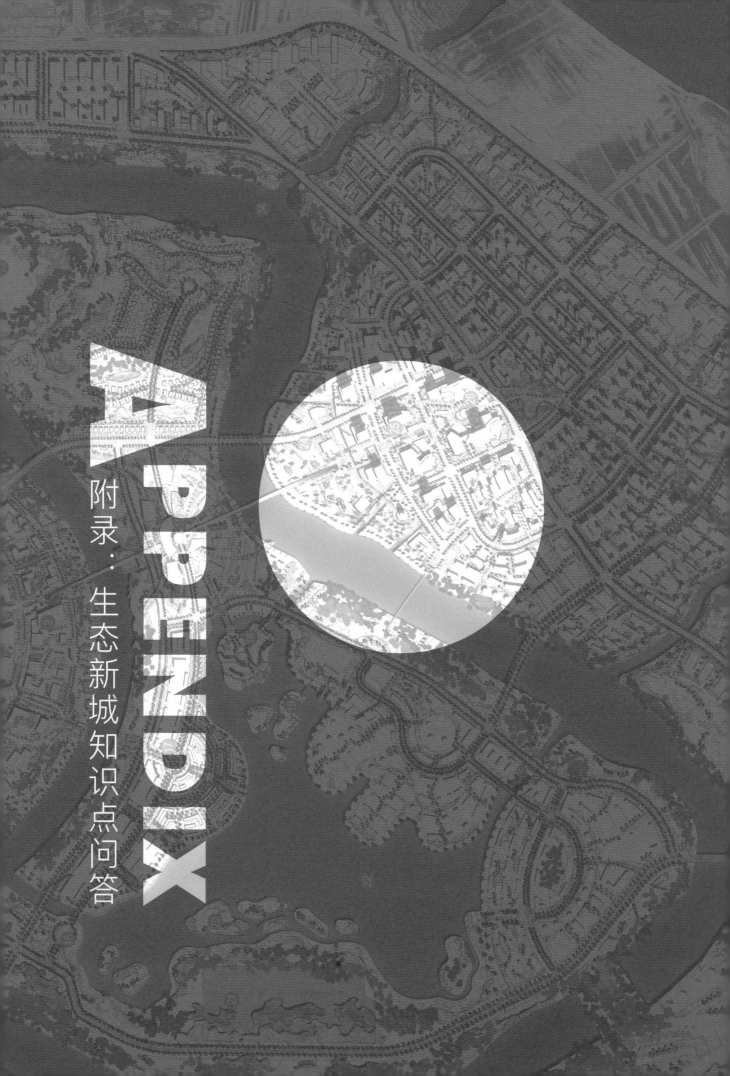

APPENDIX

附录·生态新城知识点问答

1 问：生态城市目前处在什么样的发展阶段？

答：目前，在世界范围内涌现的生态城市大部分处于初始探索阶段，主要倾向于生态技术的集成应用，只有少数优秀项目在低碳产业和生态社区等领域开始探索生态型的发展管理机制。

2 问：在工业文明之前，生态新城建设思想包含的主要内容？

答：在工业文明之前，生态新城建设思想总体向有机状态靠近，主要内容有：
①创造必要条件，开发人类智慧；②让家庭、邻里单位、小城镇在新形势下焕发新的生机；③开展近期生态规划，形成网络发展态势，并以沿河流域作为重点规划单元，实现与周边独立城镇的紧密联系；④在中心区发展用于居住的花园城市；⑤构建均衡发展的经济模式；⑥复兴城市历史文化，使历史成为传统观念与生活理想兼具的载体；⑦引进并发展人性化的新生态技术。

3 问：有哪些影响全球系统的因子，其相互作用机制是什么？

答：影响全球系统的五大因子是经济、环境、人口、资源和粮食。全球系统的五个因子之间存在一个封闭的反馈环路，它联结一个活动和这个活动对周围状况产生的效果，而这些效果反过来又作为信息影响下一步的活动。在这种环路中，一个因素的增长，将通过刺激和反馈的连锁作用，使最初变化的因素增长得更快。

4 问：《我们共同的未来》提到的可持续发展的目标和内容包含什么？

答：可持续发展的目标有：恢复经济增长；改善增长质量；满足人类基本需求；确保稳定的人口水平；保护和加强资源基础；改善技术方向；在决策中协调经济与生态关系。可持续发展的内容不仅提到了经济社会和自然环境，也包含了城市管理机制。

5 问：在资源约束的环境下，城市主要从哪些方面实现其可持续发展的需要？

答：从传统的经济发展方式转为社会、经济以及环境相结合的发展方式；科学调控人口数量；培养低碳可持续的经济增长点、解决就业、满足居民基本需求；提供高效质的公共服务以及居住环境，推动知识以及文化的累积；避免资源损耗，借助高科技运用来促进发展。

6 问：西方发达国家的生态城市建设的动力主要有？

答：第一类，环保思维实践型地区：在可持续观念的影响下，自发的社会实践。典型城市有德国埃朗根、弗莱堡。其本质是对现代生活方式带来的社会与生态问题的一种社区团体应答，有别于大规模的新城实践。

第二类，技术驱动型地区：基于低碳产业经济的发展需求，开展了生态城市的实践。典型地区有英国贝丁顿零能耗发展项目、阿布扎比马斯达尔城。由于全球化环境中的低碳经济是未来的新兴经济模式，且市场潜力巨大，因而激发了跨国财团参与的热情。

第三类，资源倒逼型地区：为减轻资源压力，开展了生态城市的实践。典型国家有日本、新加坡。它们属于海洋岛国，对外交通联系受到制约，自身资源有限，无法自给自足，对于资源节约、集约和循环利用的需求较为迫切。

第四类，制度创新型地区：以制度创新为切入点，开展了生态城市的实践。典型城市有巴西的库里蒂巴，通过创造性地完善自身制度，获得政策驱动和持续的发展动力。

7

问：巴西库里蒂巴如何通过管理创新完成了生态城市的探索之路？

答：①制定了"库里蒂巴总体规划"，提出严格控制城市扩张，减少市中心区交通量，保存历史街区，建立便捷实惠的公共交通系统；②创建了全球第一个 BRT 系统，大大增强了公共交通的吸引力，同时绿地系统中连续慢行道的设置也进一步提高了慢行交通的出行比重；③坚持 TOD 开发模式，将土地综合利用与公共交通的发展充分结合；④启动垃圾兑换计划，通过巧妙的城市管理制度实现了垃圾分类和回收利用；⑤将洪泛区改造为湿地公园，不仅为市民提供了休闲空间，也解决了洪水泛滥问题，实现了城市的智慧发展。

8

问：当前中国生态城市建设的现状？

答：我国关于生态城市建设理论的研究较为丰富，但还未达成统一的认识。同时，也开展了一定的生态新城实践，该类新城的规划标准普遍较高，但没有形成一套管理模式，导致生态科学技术、人力物力和资源等配置水平不尽如人意，使得规划实施方面遇到了各种各样的阻力和困难，导致最终的实施效果也不如人意。

9

问：城市管理制度和管理模式对生态新城发展的重要性？

答：城市的管理制度和科学技术是一对耦合关系，二者缺一不可。目前生态新城建设中缺乏有效的制度体系和管理模式，导致了技术实施层面遇到了种种困难。从实践的效果看，在生态新城的发展阶段，初始设定的城市管理制度和管理模式，将直接决定规划的实施品质和成效。

10

问：中新天津生态城的实践总结？

答：通过对中新天津生态城开展综合规划评估和实施评估，总结得到的心得有：通过适度超前的规划，可以取得较好的实施效果；通过超前的制度设计工作，可以实现超预期的实施效果。同时，生态城的发展中，也遭遇过挫折，例如由于规划实施制度尚未建立，导致规划无法实施；规划及其实施的制度保障不足，导致了一些城市建设执行的问题。生态城近年的规划实施效果也进一步印证了制度保障的重要性。

11 问：什么是"大部制"？

答：所谓"大部制"，或叫"大部门体制"，就是在政府的部门设置中，将职能相近、业务范围趋同的事项相对集中，由一个部门统一管理，最大限度地避免政府职能交叉、政出多门、多头管理，从而提高行政效率，降低行政成本。

12 问：我国行政体制改革试点中，深圳模式是怎样的，有什么特点？

答：深圳模式的特点在于政府的执行权、决策权、监督权分开，以"委""局""办"的形式，将政府职能部门划分为决策部门、执行部门、监督部门三大板块，称为"行政三分制"。"委"从各部门集中同一领域的抉择职能，"局"则明确互相交叉各机构执行职能，通过"局"与"委"之间的联系，实现分离、执行、监督、决策等多方的相互协调与制约。

13 问：我国行政体制改革试点中，顺德模式是怎样的，有什么特点？

答：顺德进行了以转变政府职能为核心的改革，其特点主要在探索行政三分制的基础上，实现了力度最大的"大部制"整合。在数量最小化的"大部制"机构中，还形成了"决策上移、执行集中、监督外移"的"顺德版"行政三分模式。

14 问：新加坡有哪些行政管理方面的先进经验，值得中国的生态新城借鉴？

答：新加坡政府采用的是独具特色的"小政府大服务"式的政府机构体系，以及公务员监督与管理模式，将西方行政管理制度与东方"儒家价值观"和谐并处，市场经济和权威管理的"天然合璧"。主要经验有：①机构设置精简高效，新加坡只设中央一级政府，仅由 15 个部门组成；②实行行政部门与法定机构分权的管理体制与运作机制；③新加坡行政官员和公务员在部门间多有兼职。

（详见本书 2.1.2 章节）

15 问：美国在城市管理历史过程中，有哪些先进经验可为生态新城借鉴使用？

答：美国在城市管理的历史过程中，形成了 3 种管理制度，较为推崇和适合我国国情的是"市议会—市政经理制"，该制度是基于超党派按区划选或普选形成的小型市议会，多为七至九人左右，负责政策法律的制定，以及年度预算的批准等。通过议会聘用市政经理，负责起草市政年度预算及行政管理事务，授予市政经理任命行政官员，制定并实施奖惩的权力；负责市议会的召开，由市议会根据其政绩确定其任期。

16

问：什么是行政三分？

答：行政三分是行政权内的"分权"，是指在一级政府管理系统内部，将决策、执行、监督职能分离，并在运行过程中使之相辅相成、相互制约、相互协调的一种行政管理体制，是当代世界政府改革的主流方向之一。

17

问：我国生态新城应在行政体制方面做哪些调整改革？

答：按照"决策、执行、监督"行政三分的思路，在大部制的基础上做深化改革，在理念上强化服务型政府的建设，政府职能向社会管理和公共服务转变，机构设置上要减少行政层级，实现扁平化，成为一个服务型的政府。

18

问：生态新城行政架构中的专业委员会作用是什么，应该如何设置？

答：专业委员会作为研究和决策部门，主要职能是规划、决策和事项审议。专业委员会对相关政策、规划、年度建设计划和年度财政预算等具有决策权。例如审议五年经济社会发展规划、城市法定规划编制、城市设计导则、绿色建筑设计评价标准、城市管理条例和办法等。内设机构可分为：①产业发展委员会；②社会发展委员会；③国土规划与建设交通委员会；④城市管理与环境保护委员会。

19

问：生态新城行政架构中的管理委员会作用是什么，应该如何设置？

答：管理委员会作为执行部门，主要职能是组织、协调和行政审批等。管委会下设"专业局"，兼有新加坡法定机构和中国事业单位的公共服务职能，人员既可以是行政编制，也可以是事业编制，具体人员按照企业化的模式进行管理，办事员可面向社会招聘。

20

问：生态新城在规划初期，如何制定投资测算和年度计划？

答：在控制性详细规划编制完成的基础上，利用 GIS 平台，建立项目数据库，对开发建设项目逐项梳理，得出投资预算，并及时根据财政收支要求，调整开发策略。

21

问：如何运用 GIS 软件，建立项目库，并得出投资预算？

答：基于相对稳定准确的控制性详细规划，利用 GIS 软件，将 CAD 文件的矢量信息转化为数据信息，对所有的开发建设项目逐项梳理。所有矢量信息可划分为点、线和面三种。按点统计的有环境监测设施、电信设施、小型市政场站、桥梁等，只统计其等级、规模和单方造价等信息；按线统计的有道路、市政管线等，只统计其长度、断面宽度、单位造价等信息；按面积统计的有绿化用地、大型市政场站、产业、公建和住宅用地等，只统计其用地面积、建筑面积、土建成本等。全部建设项目可进一步按属性划分为环境治理、市政交通、产业、公建和住宅五大类。最终可以计算出生态城建设的总体投资规模。

例如，道路、绿化和建筑类项目可按照单位面积参考已经开展的招投标价格进行测算，场站和桥梁可以参照个体工程规模按照招投标价格进行类比测算等。

22　问：生态新城的资金来源一般有哪些？

答：以中新天津生态城为例，建设和运营的资金来源总共有两块：一块是外部的市场投入，如入驻企业和房地产开发税费；另一块则是政府的税收。城市的一级运营主要在初期取得资金平衡，主要依靠政府财政税赋返还的形式。政府财政税费收入来源有以下几大方面：一是土地出让费，按照两国政府合作框架协议，生态城可建设用地注入合资公司，政府将从中抽取土地交易税、转让税等；二是建设期间配套费、人防异地建设费、电力通信费用等；三是营业税，包括建设单位、房地产开发单位、驻区企业经营税收和个税；另外，通过对生态新城的先试先行，还将获得国家（如财政部、科技部等）和国际（如全球环境基金、美国能源基金会）的经费支持。

23　问：生态新城可以通过哪些积极措施，确保自身的项目资金需求？

答：①创新投融资体制，采取市场化运作，最大限度地利用社会资金。积极引进社会资金，通过政府推动和项目带动，有效激活社会投资，实现投资主体多元化；②利用生态优势，做大做强产业项目，筹集建设资金；③合理安排开发时序，妥善处理先为后为的关系，做到紧张平衡和动态平衡；④积极沟通协调，努力取得国家政策支持，有效缓解建设初期的资金紧张局面。

（详见本书 2.2.3 章节）

24　问：政府作为城市管理者，可以使用哪些合理手段，综合调控各方经济利益？

答：政府应使用合理手段，运用政府的宏观调控能力，综合调控城市开发建设中各方的经济利益。如级差地租现象，可在城市规划阶段，对土地的用途、开发强度等做出不同的控制。对于要使用的低碳技术的区域，要从更大范围去做平衡工作，尤其是二次分配领域。通过经济税收和补贴的方式，由政府进行对低碳产业鼓励和引导。在 2010 年，生态城就探索生态技术增量成本申请国家补贴，获得了财政部 50 亿元补贴的经费，分 10 年拨付，当年就获得 5 亿元补贴。

25　问：如何通过制度改革与创新，将行政审批与技术审查分离，保障行政上的决策高效？

答：中新天津生态城在 2011 年成立了绿色建筑研究院。用一种市场化服务的方式，将项目的规划设计中与行政审批对应的技术审查内容拆解出来，由绿色建筑研究院完成。一方面缓解了生态城规划管理部门人员专业度较低，从事行政审批之余技术审查力不从心的问题；另一方面，形成了生态城在地服务的规划设计企业，这一市场空间能够让其自给自足，技术审查的服务相当于一种政府采购的服务。另外，房地产开发企业在地有关生态规划设计领域的咨询需求，也为绿色建筑研究院提供了基本市场的保障；同时，由于还能承担和组织一些政府科研课题，科研经费也可以支撑其基本运营。这种规划管理部门和绿色建筑研究院运作的制度组合实践，既将行政审批和技术审查工作进行了高效地分离，又将行政管理的成本难题用市场服务的方式解决了。

26 问：如何利用生态新城绿色建筑的先进技术，反哺城市建设运营？

答：在政策上，可以通过加强绿色建筑、绿色交通的财政支持，提升这类与城市建设相关的低碳产业，从而优先在生态城形成龙头产业核心，进而可以通过技术输出甚至标准输出，形成强大的税收来源，反哺城市建设运营。在绿色建筑中推行精装修中的节能家电大宗采购，引导绿色家电区域销售总部的税收落地。

27 问：如何保障规划实施能够按照审批的内容落地？

答：加强过程引导和事后评价。以生态城推行绿色建筑全覆盖为例，生态城要实现绿色建筑 100% 覆盖的目标，需要对中国当前整个规划、设计、施工和运营体系的管理和工作方法都进行革新。因而，生态城建设局规划部门首先在绿色建筑评价标准的基础上，形成了绿色建筑设计标准，并要求从修建性详细规划到施工图都要按照绿建要求进行设计，同时组织本地的天津市建筑设计院有关专家开展绿色建筑图纸审查。生态城建设局也积极地从事绿色施工过程的监管方法。这样，生态城的绿色建筑推广就实现了过程控制和事后评价并行，保障了规划能够实施落地。

28 问：为实现生态城市的具体目标，应如何操作？

答：以中新天津生态城为例，最后为落实指标建立了量化目标导向制的实施体系，并实现可操作、可统一、多极多层的指标分解，将 26 个指标拓展至 51 项核心要素，明确得出 129 项关键环节，细化得出 275 项控制目标、100 项统计方法。分解得出 723 项具体措施，形成了指导建设生态城细节"路线图"。建立指标体系，需要高效落实每个指标，为此应当配以科学的管理工具。

29 问：如何在现有招投标管理制度上进行改进，确保设计团队的质量？

答：要形成准入制度和注册制度，主要通过以下三方面：

（1）建立准入制度。一方面，对拟进入生态城的参与招投标的企业进行资质核查和备案制度。这就像建立一个半透膜一样，让清水流进来，把一部分杂质预先挡在外面，所有经过准入许可的单位，才能参与项目的招投标，在相对较多优质单位的投标竞争环境中，优化的招投标环节才能发挥效果。另一方面，需要强化规划设计单位的准入机制和标准，并在适度环节，定期组织绿色规划设计培训等课程，其结业证书等可作为准入资质审核的要件，并结合其在生态城的业绩评价，作为今后参与投标的加分项，以作鼓励。

（2）建立注册制度。对生态城投标参与设计、监理和施工负责人，采用专业注册师执业的模式，通过绑定防止投标团队和实际工作团队不一致的现象。在项目推进过程中，始终形成中标团队注册人员终生负责制度。项目以其签字为准，将责任和权力匹配到具体责任人身上。

（3）优化参与招投标评审的专家库。如按照公正度、专业水平建立级别，越是重大项目，参评专家的级别要越高；同时公正监督机关应该被纳入公众监督范围，其结果还应建立公信举报机制，对参与人员起到震慑作用。

30

问：如何在部门整合后，发挥协作优势，提高部门间行政管理的工作效率？

答：在组织架构方面，应用现代化信息技术优势搭建行政管理机构的数据平台，互通规划信息，通过量化控制及时调整规划与实现过程中的偏差。在建设规划过程中，于公众平台公开发布信息，提升公众监督水平，保障实施效率的提高。建设管理生态城规划，应在地理系统的数据库基础上，拓展控规数据库，建立规划建设项目数据库，以此来支撑不同发展阶段的各项规划编制。

同时，通过建立新型控规管理平台，实时应对外部环境变化，让国土、建交、房管、规划、商务、发改委等多个行政部门联网共享，建立跨行业跨部门的大型部门网络，从而能够动态提升控规的可操作性与经济性，建立动态调整控规的信息基础。在一个城建系统内部，如果建管部门针对城建项目的立项申请，通过以数据库为审查基础的方式，录入建设主体上报的相关进度计划，那么城建或建管部门与规划部门就能够对照数据库实施项目进行跟踪监督，适时推动项目进度。比对年度项目建设计划，并做出修正，实现政府部门与企业二者在项目建设过程中互相联系、互相监督，提升行政管理工作效率。

31

问：中新天津生态城实践过程中，在行政管理领域有哪些做法值得借鉴推广？

答：①行政管理制需要创新转型，提高效率；②生态城规划实施的经济平衡制度；③不断完善规划实施的行政许可制度。

32

问：为保障前期规划设计的质量，在申请经费时，应如何框定设计费用的多少？

答：强化城市建设运营的品质，通过强化整体规划设计的方式，提升净地出让的品质，例如每笔出让土地费用当中，最低应按照不少于 0.5‰（1% 更为理想）的比例用于地块的规划、模拟设计和规划设计条件编制。

33

问：新城开发中，有哪些常用的经验型指标？

答：①新城或区域开发的常用经济测算指标是：每平方公里 100 亿元造价；②一般新城镇规划中，住宅、产业和商业三大类经营性用地应占到建设用地的 50% 左右。

34

问：小街廓、密路网开发时需重点考虑什么内容？

答：小街廓、密路网的社区发展模式，需要前置条件的配合。首先，由于路网密度增加，土地出让成本中需要增加这一增量成本。其次，在市政管线排布时，应结合道路管线设计综合考虑管沟的排布位置和方式，并以此确定管线在道路两侧的位置和道路及两侧建筑的退线距离。

35

问：一级开发公司在启动伊始需要与政府达成何种共识，才可以有效推动项目开发？

答：政府可以将市政管理权限下放，授权给一级开发公司建设、经营和收益，并由政府回购，运营以政府采购服务的方式向公司购买。例如道桥、场站、绿化等市政基础设施由一级开发公司代建和运营，政府回购；对水厂、能源类设施授权经营，政府扶持；对邻里中心等公共设施项目，由政府提供一定政策和土地的优惠，由一级开发公司提供服务，并进行自我经济平衡。

36

问：在精细化土地开发前提下，规划设计应做出何种变化？

答：①控规需要更为精细化地优化，尤其是在经济性测算上；②从城市品质的角度，需要引入城市设计进行控制；③建立土地模拟设计制度；④总规、控规、总体城市设计和导则，在编制时需对政府负责；⑤专规、详规和具体设计则更多应对一级开发公司负责。

37

问：在完成市政规划后，一级开发公司应如何开展市政建设工作？

答：新城开发可由政府和一级企业在完成集成的市政规划后，按照建设时序，成立道桥管网建管公司，由该公司代建道桥、能源、通信、电力、环卫等管线，并负责日后道路桥梁养管和雨污水泵站调排工作。同时成立能源公司，负责外部能源接入协调，分布式能源站和末端用户服务工作。从而形成以市政交通和能源两个公司紧密配合的市政集成建设管理模式，在建设过程中统筹其他相关建设运营公司，为实现大集成智能化管理目标奠定基础和搭建框架。

38

问：在废弃物回收中，有没有性价比较高的实施方案？

答：通常，城市常规的有机垃圾可分为四类：绿化落叶垃圾、餐厨有机垃圾、粪便污水（黑水、黄水）、污水污泥垃圾。其中，绿化落叶垃圾可收集处理，生产供绿化建设用地腐殖质土壤的"肥料池"；餐厨有机垃圾，可分为两类：①饭馆等集中类场所的，可通过餐厨垃圾微生物降解机进行处理，产生物可用于改良土壤；②家庭餐厨垃圾可统一在厨房水池排水部分安装垃圾打碎装置，按照市政污水提取污泥的方式进行处理，但是这一标准还需要推广，制造成本有待降低；粪便污水和生活污水，可通过污水厂处理后，形成干化污泥砖。这些污泥砖可提供给垃圾发电站作为燃料。

39

问：如何改进管理模式，协助实现窄街道、密路网的格局？

答：窄街道、密路网的规划设计原则，要形成宜人尺度的林荫道路。并同时解决地下管线排布路由问题，在道路红线外侧，建设用地内，规划确定了 8m 到 12m 的带状绿化带。这条带状绿化用地，在用地所有权上属于出让地块，规划条件确定为地块绿化用地，但计入出让地块的绿化率，其地下允许城市级别市政管线使用，并且地上绿化用地也由生态城市政景观公司统一进行栽植。这就产生了产权界定和养管责任问题。为了保证起步区施工阶段的统一形象，生态城管委会要求市政景观公司在土地出让前就统一对 12m 和 8m 绿化带进行绿化布置。由于出让土地仍将该用地作为出让用地的一部分，即地块开发商拥有绿带所有权，但城市强制要求按照绿化统一要求使用。

40

问：如何实现示范性项目与经营性项目相结合？

答：从时间和空间维度，秉持兼顾公众利益与开发者利益的理念，可以实现二者的结合。诸如代建公共设施，先期无偿使用，后期无偿移交给政府；或在开发者自有地块中，先期作为宣传功能使用，后期更改用途作为配套设施。均可实现示范性项目与经营性项目的融合，此类做法可在规划中，或合作协议中提前约定。

41

问：如何能为居民提供更具吸引力的物业服务？

答：融合社区的物业服务制度，是未来发展的趋势。可考虑由所在地的街道办事处建立物业服务公司，受到社区居委会监督和指导。公司中的各层员工均从社会上招聘而来，并且具有独立的公司法人，下设数个物业管理处，物业管理处由街道办和公司共同管理和监督。此外，街道办还成立了与此相关的物业管理委员会，参与的机构涵盖了社区居委会、派出所以及物业公司等。委员会定期举行会议，会议期间将按照相关制度法规商讨协调和妥善布置社区各大事项。物业公司旗下的各社区管理处主任则由各个社区居委会负责人兼任。街道办不介入公司日常管理事务，公司采用市场运转方式。由公司总经理管理公司的日常事务，并且负责制度的制定、公司人员的培训以及市场的开拓等工作，社区管理处主任则主要负责完成社区的各项具体管理工作。

42

问：生态新城社区的层级应该如何架构？

答：形成"生态细胞—生态社区—生态片区"的三级生态居住模式：社区生态细胞为居住小区、生态社区为居住社区、生态片区为综合片区。

43

问：生态新城社区的合理规模应为多少？

答：生态细胞规模在 400m×400m，人口规模 8 000 人左右；生态社区由 3 ~ 4 个生态细胞构成，规模在 800m×800m，人口规模约 3 万人；生态片区由 3 ~ 4 个生态社区构成，规模在

1600m×1600m，人口规模约 12 万人。

44 问：生态城社区治理的组织架构应该是怎样的？
答：以生态社区为核心枢纽，形成三级管理体制。第一级为生态城层级，该层级由管委会设立社区理事会，负责统辖各居委会与社会组织，召集联席会议；第二级为生态社区层级，该层级设立分区事务署，作为管委会派出机关，负责社区基层事务和综合管理，管委会各专业部门下派人员设置专业机构，直接办理社区行政事务；第三层级为生态小区层级，围绕着业主委员会与居民委员会，通过物业管理与社区管理交叉，核心人员交叉任职，保障居民核心利益（图 4-5）。

45 问：在社会治理要求下，生态片区层面应如何组织？
答：生态片区（即生态城）层面由管委会设立社区理事会，社区理事会在每个生态社区的社区中心中设立办公场所，用来召集、组织业主委员会与居委会，开展联席会议，优化基层自制。

46 问：在社区治理要求下，社区层面应该如何组织，如何将管理工作延伸到社区？
答：①在生态社区层面成立政府基层组织——分区事务署，负责社区基层事务和综合管理；②管委会专业部门向生态社区下派专业分支机构，直接办理专业行政事务，将使用频繁、审批容易的专业行政事务管理内容下沉至生态社区。

47 问：在社区治理要求下，生态小区（生态细胞）层面应该如何组织？
答：围绕业主委员会和居委会，通过业主委员会与居委会核心成员交叉，实现人员的高度复合与核心利益的高度融合，保障居民核心利益。同时，将以往过重的行政负担，如登记、证明等职能从居委会卸除，交由生态社区层面，确保居委会的核心职责为居民代言人。

48 问：在社区治理的要求下，社区协调机制的构建包含哪些方面？
答：①完善政府公共政策制定机制，包括但不局限于加强公共服务规划、设定基本公共服务标准、建立基本公共服务均等化的政府问责制、公共服务绩效评估系统；②构建政府、市场、社会良性互动机制；③加强社会流动机制，如通过开通办理蓝印户口的绿色通道，积极争取优秀外来务工人员落户名额，推出了"大型企业员工公寓"等群体性居民引入措施，为生态城人口的引入奠定基础；④构建利益相关方协调机制，包括但不局限于建设表达利益诉求的畅通渠道，开展平等对话的协商机制，动态排查社会矛盾的工作制度等。

49

问：有哪些措施可以优化政府公共政策制定机制？

答：加强公共服务规划；设定基本公共服务标准；建立基本公共服务均等化的政府问责机制；构建公共服务绩效评估系统；公共权力清权确权；固化公共权力事项流程；公共权力行使接受内部制约与公众监督；灵活选择合理政策。

50

问：生态新城公共服务体系应如何架构？

答：构建与"生态片区—生态社区—生态细胞"三级居住模式相适应的生态城主中心—生态城次中心—居住社区中心—基层邻里中心"四级公共服务中心体系。生态片区层面建设生态城城市中心、城市次中心，由管委会、合资公司、投资公司、开发商共同负责建设、运营；生态社区层面建设居住社区中心，由管委会委托社区中心开发商代建，专业公司负责；在生态细胞层面建设的基层邻里中心，由小区开发商免费配建。以此满足不同区域、不同层级的服务需求（图4-7）。

51

问：社区中心是什么？包含哪些功能？

答：社区中心是生态城一站式综合服务中心，在生态城社区服务体系中，社区中心承担着商业服务、公共服务和公共交往中心的职能。

社区中心应该涵盖菜市场、24小时便利店、餐饮、洗浴等商业功能，同时涵盖政府行政管理、行政便民、社区管理与社区自治、文化体育、医疗卫生等多项公益性服务功能。故而社区中心应该配置一个社区卫生服务中心、一个社区管理服务中心和一个社区文化活动中心，集中布置社区公园、小学、幼儿园、派出所、交管站、消防站等公共设施。

52

问：社区中心应该具有怎样的建设规模？

答：占地约15 000 ㎡，建筑面积约20 000 ㎡；选址上保证生态城居民步行500m范围内可达。

53

问：社区中心应该如何运营管理？

答：①应统一外观、规模、功能设置和运营管理；②应采用市场化运作方式，交由专业公司统一负责投资；③建议社区公园同步、一体化建设；④公益性部分强制建设，完成后交由管委会，经营性内容开发公司自行建设、管理。

54

问：基层邻里中心（社区服务站）是什么？

答：基层邻里中心(社区服务站)在生态细胞层面设置，集中了物业、文体、商业设施。面积小于1 200 ㎡，满足居委会、居民活动、小商贩功能。其中极小的居住区可设置细胞级社区服务站，占地面积500 ㎡，内设居委会公用房、居民活动用房，同时设置简易商贩亭，便于居民购买日常菜品和小食。

55

问：生态新城社会工作如何运行组织？

答：政府向社会服务机构购买专业化服务；社会服务机构将专业社工派往用人单位工作，并负责指导和管理；社会工作行业管理机构为社会工作服务机构和专业社会工作者提供行业服务并进行自律性管理；社会工作行政主管机构主要负责社会工作领域的行政管理工作。

如某片区需要老人看护的社会服务，生态城通过筛选后，向专业看护服务机构购买专业化的看护服务。在下达需求后，该公司派遣相关专业社工进行服务，其中社工的培训、管理由服务提供机构确保，并且社工需要满足相关的职业资格考核。同时，生态城成立的社会行业管理机构、社会工作行政主管机构负责社会工作的行政管理，如社工的职业资格登记、准入等。

56

问：生态城社工配置标准的经验数量是多少？

答：建议每 200 户居民配备一名专职社工辅助完成社区各项事务。

57

问：社会工作人才应如何管理？

答：实行严格的职业资格准入资格，并建立社会工作者职业水平评价制度；建立完善的社会工作人员培训制度，对社会工作专业岗位的工作人员进行分层、分期、分批地全员培训；建立社会工作人才激励机制；建立社工与志工联动机制。

58

问：保障性住房的建设规模与服务对象是什么？

答：保障性住房应按 20% 的比例进行规划，保障生态城中就业的中、低收入家庭（包含众多企业员工与工薪阶层）。

59

问：保障性住房的建设应以什么为标准？

答：保障性住房应采用高标准建设，保证户型多样的同时，在布局中采用混合模式，将保障性住房与一般商品房混合，优化社区氛围，便于社区管理。

60

问：以保障性住房为代表的"公屋"应如何建设管理？

答：首先应由政府成立公屋专项资金，资金由管委会建设区下设公屋署负责；其次，公屋署委托公屋公司作为投资公司建设、管理，其中公屋公司收取代建管理费作为经费支撑；再次，政府下设专职主管机构，由公屋署对建设行为进行监管，同时出台相关管理办法，如公屋申请标准；最后，由委托代理公司进行销售和租赁。

61

问：如何确保绿色交通理念得以实行？

答：在管理上实行三项确保：①确保控制性详细规划中的土地使用方案与道路交通方案能够有效营造绿色出行条件和绿色交通环境条件；②从交通设施及交通系统方面确保绿色交通出行的优先地位，营造绿色交通环境；③从交通政策、管理和市场引导方式促进绿色出行和绿色交通环境成为合理选择。

在规划上实现：①构建紧凑的 TOD 利用模式（公交站点周围 800～1000m 范围内采用地高强度开发方式，促进土地的多样化混合使用）；②构建人性化的路网格局（包含非机动车道路网络）；③道路网络路口平均间距 150m，红线宽度不超过 30m，实行机动车单向通行管制，并构建完整的非机动车通行系统）；④构建机非分离、人车分离的交通环境。

62

问：社会救助管理体制应该包含哪些内容？

答：社会救助信息化、法制化；建设救灾捐赠物资储备库；建立"慈善超市"、经常性捐赠服务接收点；社会救助信息化与网络化建设；全面规划福利服务设施；培育公益性企业。

63

问：如何开展数字化社区建设？

答：①制定数字化社区建设规划与行动计划；②进行城市基础设施数字化建设；③进行城市网格化管理；④建设智能化城市管理平台。

64

问：什么是居民服务卡制度？

答：是以生态城数据库为基础向居民提供的一种便民服务。通过使用居民卡可以实现水、气、热以及各项服务业服务一卡结算，获取行为奖励点数，并通过点数支付社区公共服务。

65

问：如何用市民卡制度引导居民行为，实现社区自制？

答：可以通过市民卡积分政策给予需要倡导的行为以奖励，需要抵制的行为以惩罚。如在垃圾分类方面，可通过居民卡向进行垃圾分类的居民，依据分类垃圾的数量赠予奖励积分，居民可以使用奖励积分消费社区中的乒乓球、篮球设施，从而调动居民主动进行垃圾分类。

也可以通过积分消费的方式，避免公共服务设施被长时间占用。如篮球活动场地的使用，可设置一定的积分成本，增加少量成本，引导居民轮流使用。

66

问：什么是城市网格化管理？

答：通过网格划分管辖范围，以网格为单元确定管理的负责人、标准、职责，从而将管理定量化，同时消除管理空档。网格一般以街道为网格经纬线，以社区、学校、公园、市场、广场为基础，以行政管理工作量大小、网格面积均衡为依据。网格内通过定点位、定管段、定时段、定线路、定队员以及定标准实现管理的细化，形成"大队管面、中队管线、队员管点"的"三位一体"的全方位网格化管理机制。

67 问：什么是智能化城市管理平台？

答：是利用城市管理监督指挥中心，整合城管执法指挥调度、城管派遣、应急处置、城市热线处置等功能，同时划分责权、共享数据、同步更新，为数字化城市管理构建的"一张图、一个系统、一个平台"（图4-25）。

68 问：什么是公用事业运行维护中心？

答：运维中心是生态城基础设施运营体系"一个平台，三个中心"的重要组成部分和集中载体，是生态城公用事业运营综合管理的平台，是围绕着公用事业设施运行维护、客户服务和运营管理的综合性平台。总建筑面积约 20 000 ㎡，内部设有办公区、监测调度区、食宿区、仓储区和停车区。需要工作人员 200 余名，实行 7 天 ×24 小时全天候、全方位工作管理，承担生态城全区范围内市政公用设施的运行监测、维修维护、应急抢修、客户服务和运营管理。

69 问：如何构建良好的教育条件以吸引居民入住？

答：积极引入外部优质教育资源，同国内外优秀教育机构联合办学，在区域内实现优质教育资源的均衡化、普惠化；积极落实各项教育惠民政策，明确教师最低薪资水平，实行专项资金补贴；结合自身特色开展特色制度改革，如免费校车、学费补贴等。

70 问：如何保障教育的发展？

答：完善公共财政体制，加大政府对生态城教育的财政投入；创新教育体制，加大社会参与；均衡配置教育资源，做大做强教育品牌；提升教育质量和管理品质，促进国际化教育。

71 问：什么是"两级卫生服务体系"？

答：以基础社区卫生服务中心为主体，综合医院为保障的"综合医院——社区卫生服务中心"两级卫生服务体系，该体系实行"双层双向转诊制度"。指的是当居民生病需要诊治时，首先到社区卫生服务中心进行诊断，若社区卫生服务中心无能力治疗，则直接转至综合医院，同时将病例情况由网上传至综合医院相关科室；当在综合医院确诊后，需要后续治疗或医疗、康复服务且无须在综合医院提供的，可进一步转至所在居住社区的社区卫生服务中心，进行就近治疗。

72

问：如何推进社区医疗卫生服务网点服务建设？

答：制定并下发社区卫生服务中心目标任务清单以及考核标准，对提升服务能力提出明确要求；社区卫生服务中心完善了儿保、妇保等功能，延长开诊时间，进行居民健康档案分析，有针对性地制定居民体检套餐方案；开展慢性病患者规范化管理、健康教育等基本公共卫生服务，努力打造以大健康观为统领，集预防、医疗、保健、康复于一体的特色鲜明的区域健康管理体系。

同时，围绕社区卫生服务中心推出家庭医生式服务模式。每 300～500 户居民配备一名家庭医生，为生态城居民定期进行健康评估和个性化的健康指导，并提供免费体检。

73

问：什么是家庭医生式服务？

答：该服务是家庭医生与居民签订的一种服务关系，为签约家庭提供基本医疗及健康管理服务。服务费用的大部分都会被纳入可报销的范畴或者包含在公共卫生服务费中，居民无需承担高额的医疗费用。根据自愿原则，建立健康档案，在签订《家庭医生式服务协议书》后，就能享受社区卫生服务中心提供的家庭医生式服务。

服务包含基本医疗服务、健康管理、个人健康评估及规划、健康点对点管理服务、主动健康咨询、分类指导服务、健康咨询和指导（特殊人群提供上门服务）、特困对象减半或减免医疗费用。

如家中老人、孩子有过往疾病，需要定期治疗，或不便于出行的可通过家庭医生的上门服务，提供治疗，必要时也可通过"双层双向转诊制度"转至综合医院。

74

问：如何保障社区卫生事业发展？

答：建立政府主导的多元卫生投入机制；建立医疗机构运转机制；建立医疗卫生创新机制；创立可分享的医疗卫生数据库；建立合理的医药价格机制；建立有效的医疗卫生监控机制。

75

问：生态新城开发初期，政府主要有哪些工作重点和要点？

答：在新城发展初期，新城政府的工作往往是多头平行推进的。例如产业方面，为了今后的财政税收和经济发展，招商工作面临着寻找定位，并力争实现零的突破；建设方面，则要找准发展方向，划定起步建设区，集中力量在短时间内，为第一批管理者、建设者提供工作和生活服务的场所，并要向来访者展示项目的良好形象和面貌。随着起步区建设工作的开展，在形成一定建设规模后，社会服务方面的供给数量和品质将进一步决定是否能持续吸引新来人群，并将他们长期留在这里居住工作与学习。生态新城政府将行使一系列的法定权力，如经济、社会发展和城市规划制定权、决策权、审批权、监督权等，并需要提供一系列的公共服务。由于生态新城建设是一项规模浩大的社会集体协作行为，既要实现生态、低碳、可持续等宏观发展目标，又要让来这里工作生活的人们得到充分发展，这就需要生态新城政府必须具备更好的学习能力、创新能力和执行能力。

参考文献

[1]Peng Chengyao, Wang Shuying, Zhang Jie, Lim Chin Chong, Ooi Lin Kah. Sustainable In-Situ Water Resource Management Strategies in Water Scarce Urban Environment: A Case Study of Sino-Singapore Tianjin Eco City [R]. Power and Energy Engineering Conference (APPEEC), 2011Asia-Pacific, 2011.

[2]Camillo Sitte. The art of building cities [M]. Hyperion Press INC, 1986.

[3]Richard T. LeGates,Frederic Stout. The City Reader[M]. London,New York, Routledge, 2003.

[4]Llewelyn Davies.Urban Design Compendium [M].UK: English Partnerships & The housing Corporation , May 1971.

[5]Gwendolyn Hallsmith.The key to sustainable cities: Meeting human Needs, Transforming Community Systems [M]. Canada: New Society Publishers,2007.

[6]Nancy Jack Todd , John Todd.From Eco-cities to Living Machines: Principles of Ecological Design[M]. Berkeley.California :North Atlantic Books,1993.

[7]Wheeler, Stephen, Timothy Beatley.The Sustainable Urban Development   Reader[M].London and New York. Routledge.2004.

[8]Wheeler. The Sustainable Urban Development Reader[M].Routledge,2004.

[9]Richard Register.Eco-cities :Rebuilding Cities in Balance with Nature[M].Canada: New Society Publishers,2006.

[10] 仇保兴 . 中国城市化进程中的城市规划变革 [M]. 上海：同济大学出版，2005.

[11] 仇保兴 . 追求繁荣与舒适：中国典型城市规划、建设与管理的策略 [M]. 北京：中国建筑工业出版社，2007.

[12] 国家统计局 . 中华人民共和国 2014 年国民经济和社会发展统计公报，2015.

[13] 顾斌，沈清基，郑醉文，等 . 基础设施生态化研究：以上海崇明东滩为例 [J]. 城市规划学刊，2006.

[14] 刘星，叶炜，高斌 . 低碳理念下的生态型市政基础设施规划：以中新天津生态城为例 [A].

[15] 清华大学建筑节能研究中心 . 中国建筑节能年度发展研究报告：2008[M]. 北京：中国建筑工业出版社，2008.

[16] 中国城市科学研究会 . 绿色建筑：2008[M]. 北京：中国建筑工业出版社，2008.

[17] 桂萍，孔彦鸿，刘广奇，等 . 生态安全格局视角下的城市水系统规划 [J]. 城市规划，2009（04）：61-64.

[18] 吴良镛 . 人居环境科学的发展趋势 [J]. 水木清华，2011(1)：16-19.

[19] 马世骏，王如松 . 社会经济自然复合生态系统 [J] . 生态学报，1984，4(1)：1-9.

[20] 黄光宇，陈勇 . 生态城市理论与规划设计方 2002[M]. 北京：科学出版社，2002.

[21] 孙施文 . 有关城市规划实施的基础研究 [J]. 城市规划，2000 (7)：12-16.

[22] 道格拉斯·诺思 . 制度、制度变迁与经济绩效 [M]. 上海：三联书店，1994.

[23] 芒福德 . 城市发展史：起源、演变和前景 [M]. 倪文彦，宋俊岭，译 . 北京：中国建筑工业出版社，2005.

[24] 王其亨 . 风水理论研究 [M]. 天津：天津大学出版社，1992.

[25] 于海漪 . 南通近代城市规划建设 [M]. 北京：中国建筑工业出版社，2005.

[26] 阿瑟·奥沙利文. 城市经济学 [M]. 苏晓燕，等译. 北京：中信出版社，2003.

[27] 伊恩·伦诺克斯•麦克哈格. 设计结合自然 [M]. 黄经纬，译. 天津：天津大学出版社，2006.

[28] 约翰·M·利维. 现代城市规划 [M]. 张景秋，等译. 北京：北京人民大学出版社，2003.

[29] （美）凯文·林奇. 城市形态 [M]. 林庆怡，等译. 北京：华夏出版社，2001.

[30] （日）芦原义信. 街道的美学 [M]. 尹培桐，译. 天津：百花文艺出版社，2006 .

[31] C·亚历山大. 城市设计新理论 [M]. 陈治业，等译. 北京：知识产权出版社，2002.

[32] （丹麦）杨•盖尔. 新城市空间 [M]. 何人可，译. 北京：中国建筑出工业版社，2003：29.

[33] （美）卡森. 寂静的春天 [M]. 吕瑞兰，李长生，译. 上海：上海译文出版社，2008.

[34] （美）梅多斯. 增长的极限 [M]. 李涛，王智勇，译. 北京：机械工业出版社 2006.

[35] 张京祥. 西方城市规划思想史纲 [M]. 东南大学出版社，2005.

[36] 鲁敏，张月华，等. 城市生态学与城市生态环境研究进展 [N]. 沈阳农业大学学报，2002，33(11)：76–81.

[37] 迈克尔·布鲁顿，希拉·布鲁顿. 英国新城发展与建设 [J]. 于立，胡伶倩，译. 城市规划，2003，12：78–81.

[38] 张捷，赵民. 新城运动的演进及现实意义：重读 Peter Hall 的《新城——英国的经验》[J]. 国外城市规划，2002，05：46–49.

[39] 黄胜利，宁越敏. 国外新城建设及启示 [J]. 现代城市研究，2003(04)：12–17.

[40] 迈克·詹克斯. 紧缩城市：一种可持续发展的城市形态 [M]. 周玉鹏，等译. 北京：中国建筑工业出版社，2004.

[41] 黄肇义，杨东援. 国内外生态城市理论研究综述 [J]. 城市规划，2001，01：59–66.

[42] （美）理查德·瑞吉斯特. 生态城市伯克利：为一个健康的未来建设城市 [M]. 沈清基，译. 中国建筑工业出版社，2005(4).

[43] 冯世骏，王如松. 社会—经济—自然复合生态系统 [J]. 生态学报，1984(4).

[44] 杨保军，董珂. 生态城市规划的理念与实践：以中新天津生态城总体规划为例 [J]. 城市规划，2008，32(8).

[45] 蔺雪峰，叶炜，郑舟，等. 以目标为导向的中新天津生态城规划及发展实践 [J]. 时代建筑，2010(5).

[46] 卡塔琳娜·舒伯格. 曹妃甸指标体系 [J]. 谭英，译. 世界建筑，2009(6).

[47] 中华人民共和国国民经济和社会发展第十二个五年规划纲要 [R]. 人民出版社，2011.

[48] 仇保兴. 第三次城镇化浪潮中的中国范例：中国快速城镇化的特点、问题与对策 [J]. 城市规划，2007(6)：9–15.

[49] （美）约翰·康芒斯. 制度经济学 [M]. 赵睿，译. 北京：华夏出版社，2009.

[50] （德）柯武刚，史漫飞. 制度经济学：社会秩序与公共政策 [M]. 韩朝华，译. 北京：商务印书馆，2000.

[51] 奥威尔·鲍威尔. 城市管理的成功之道 [M]. 姜杰，孙倩，译. 北京：北京大学出版社，2008.

[52] 戴维·奥斯本. 重塑政府：企业家精神如何改革公营部门 [M]. 周敦仁，等译. 上海：上海译文出版社，2013.

[53] 唐华. 美国城市管理：以凤凰城为例 [M]. 北京：中国人民大学出版社，2006.

[54] 中新天津生态城管委会. 中新天津生态城年度建设项目投资计划（2008–2020）[R].2010.

[55] 中新天津生态城管委会. 中新天津生态城经济指标测算（2008–2020）[R].2010.

[56] 中新天津生态城管委会 . 中新天津生态城十二五建设发展规划 [R].2010.

[57] 蒋峻涛 . 规划为什么有时不好用：削弱城市规划实效的原因分析 [J]. 规划师，2007(1).

[58] 罗晓勇，杜纲 . 项目驱动型组织协同绩效管理研究：以天津生态城公司为例 [J]. 中国人力资源开发 , 企业论坛，
2009 (8)：63–67.

[59] 孟群 . 我对投资公司战略的一点理解 [C]. 2011.

[60] 王维基 . 对深化研究公司发展战略的一点看法 [C]. 2011.

[61] 张立博 . 中新天津生态城园林景观设计 [M]. 上海：上海科学技术出版社，2013.

[62] 张立博 . 中新天津生态城常用园林植物 [M]. 上海：上海科学技术出版社，2013.

[63] 张立博 . 中新天津生态城园林施工技术与管理 [M]. 上海：上海科学技术出版社，2013.

[64] 万红 . "三和" "三能" 下的生态创新 [N]. 天津日报，2012，06，15，010.

[65] 清华大学建筑节能研究中心 . 中国建筑节能年度发展研究报告 2008[M]. 北京：中国建筑工业出版社，2008.

[66] 孙晓峰 . 生态城市规划初探：以中新天津生态城总体规划为例 [J] . 建筑节能，2010(8)：36–40.

[67] 王海兰 . 建设生态城的路径选择 [J]. 环渤海经济瞭望，2008(5)：25–27.

[68] 陈蓓 . 关于天津市雨水利用的思考 [J]. 城市，2007(1)：67–69.

[69] 王海兰 . 建设生态城的路径选择 [J]. 环渤海经济瞭望，2008(5)：25–27.

[70] 姜中鹏，刘宪斌，曹佳莲 . 海岸带湿地生态系统破坏原因及修复策略 [J]. 海洋信息，2006(3)：14–15.

[71] 梁文娟 . 生态城指标体系研究：以淄博市文昌湖为例 [A].

[72] 中国城市规划学会 . 多元与包容：2012 中国城市规划年会论文集 (09 城市生态规划)[C]. 中国城市规划学会，
2012：19.

[73] 姜中鹏，刘宪斌，曹佳莲 . 海岸带湿地生态系统破坏原因及修复策略 [J]. 海洋信息，2006(3)：14–15.

[74] 李迅，曹广忠，徐文珍，等 . 中国低碳生态城市发展战略 [J]. 城市发展研究，2010(1)：32–39，45.

[75] 仇保兴，王俊豪 . 市政公用事业监管体制与激励性监管政策研究 [M]. 北京：中国社会科学出版社，2009.

[76] 中国城市科学研究会 . 绿色建筑：2008[M]. 北京：中国建筑工业出版社，2008.

[77] （法）多米尼克·高辛·米勒 . 可持续发展的建筑和城镇化：概念、技术实例 [M]. 邹红燕，译 . 北京：中国建筑工业
出版社，2008.

[78] 休·罗芙（Sue Roaf）. 生态建筑设计指南 [M]. 栗德祥，等译 . 北京：中国林业出版社，,2008.

[79] 深圳市建筑科学研究院有限公司 . 共享设计 [M]. 北京：中国建筑工业出版社，2009.

[80] 叶祖达 . 低碳生态城区控制性详细规划管理体制分析框架：以无锡太湖生态城项目实践为例 [A]. 城市发展研究，
2014(7)：91–99.

[81] 严梅 . 社区管理与物业管理的融合创新模式 [J]. 企业经济，2013(8)：165–168.

[82] 王一鸣 . 中国城镇化进程挑战与转型 [J]. 中国金融，2010(4)：32–34.

[83] 陈佳贵，黄群慧，吕铁，等 . 中国工业化进程报告（1995–2010）[R] . 社会科学文献出版社，2012.

[84] 张康之，张皓 . 在后工业化背景下思考服务型政府 [J]. 四川大学学报 ,2009,(1).

[85] 王勇 . 后工业化不确定性治理向度的服务型政府若干思考 [J]. 天府新论，2012(5)：84 –89.

[86] 俞可平 . 推进国家治理体系和治理能力现代化 [J] . 前线，2014(1)：5.

[87] 周晓丽 . 传统公共行政、新公共管理、新公共服务比较张立波研究 [J]. 天府新论，2006(3)：76–80.

[88] 冯佳 . 社区治理推动社会治理改革前行 [N]. 中国社会报，2014，04.

[89] 王力平 . 论地方政府角色在社区治理中的失位与归位 [J]. 前沿，2011(17)：137–141.

[90] 夏建中 . 治理理论的特点与社区治理研究 [J]. 黑龙江社会科学，2010(2)：125–130.

[91] 吉海丽 . 社区发展与社区人口规模合理化预测研究 [D]. 华中科技大学，2007.

[92] 杨贵庆 . 社区人口合理规模的理论假说 [J]. 城市规划，2006(12)：49–56.

[93] 中国城市规划设计研究院 . 中新天津生态城和谐社会与社区建设专题研究 [R].2008.

[94] 纪泽民 . 中新天津生态城建设与管理的多元共治模式探析：以多中心治理理论为视角 [J]. 城市发展研究，2014(4)：20–23.

[95] 中国城市规划设计研究院 . 中新天津生态城生态社区专题研究 [R]. 2008.

[96] 崔广志 . 生态之路：中新天津生态城五年探索与实践 [M]. 人民出版社，2013.

[97] 陈怡 . 北京旧城历史文化保护区居民居住环境改善研究 [D] . 北京建筑工程学院，2009.

[98] 雷振文 . 论职能转变语境下我国政府的社会管理职能 [J]. 岭南学刊，2006(5)：13–16.

[99] 陆学艺 . 关于社会建设的理论和实践 [J]. 北京工业大学学报：社会科学版，2009(1)：1–9.

[100] 中华人民共和国人力资源和社会保障部 . 社会工作者职业水平评价暂行规定 [J]. 社区，2006(16)：30–31.

[101] 毛福荣 . 中新天津生态城公屋项目与新加坡组屋对比研究 [J]. 建筑技艺，2011，Z6：88–93.

[112] 吴鲁平 . 新加坡教育产业的发展经验及其对中国的启示 [D]. 上海交通大学，2008.

[113] 中国城市规划设计研究院 . 中新天津生态城综合防灾研究 [R].2008.

后记

　　2007年，中新天津生态城开启选址落户工作。笔者有幸从此时便开始参与其中，并随后经历了前期准备阶段、全面建设及运营阶段，直至生态城建成为首个"国家绿色发展示范区"。在中新天津生态城开工建设10周年之际，出版本书，一方面是想总结中新天津生态城的既往成就和经验，与业内同行进行沟通和交流；另一方面是结合笔者后期新城工作的实践经验，对新城建设规划的心得体会进行总结。希望能够对后续新城的发展建设提供经验和借鉴，提高城市规划建设者的工作能力。恰逢中新天津生态城的老友任职上海城市交通设计院有限公司，谈起手稿内容，志同道合，希望和更多人分享生态城市的规划建设运营知识经验，随后，笔者与上海城市交通设计院有限公司的领导和技术人员组成了编委会，在原手稿的基础上开展编写修订工作，历时一年，经过内容篇目设定、初稿、修订稿、统稿和审定工作后最终完成。期间编委会成员广泛收集素材、充分讨论、开展头脑风暴，书中内容一方面充分结合笔者在产业新城的工作心得，将新城建设中普遍遇到的问题和应该提前稳定的事项进行思考和总结；另一方面，上海城市交通设计院有限公司也结合多年来城市规划、交通规划的经验，从技术层面做了充分的支撑。最终本书从规划建设、管理经营等方面提出了丰富的方案建议。

　　本书共设5章，并加入具有重要指导意义的生态新城建设知识点问答。在总结国内外生态新城发展历程的基础上，从生态新城的行政制度、实施开发制度、实施社区制度三个层面对生态新城的发展提供发展的方向建议。在以上研究基础上，结合后期新城建设过程中的实践经验，提出了规划实施的建议和关键点问答，希望可以为读者提供更加直观的参考和帮助。

　　感谢上海城市交通设计院有限公司的编委会成员，在编写过程中提供了极大帮助和诸多建议；感谢邹涛博士和我的博士生导师运迎霞教授，不断帮助我就生态新城进行理论探讨；感谢中新天津生态城的各位领导和同事对我事业的鼓励和帮助；感谢张洋为本书无私提供中新天津生态城摄影照片，支持和帮助本书顺利完成。感谢家人的一贯支持和理解，让我专心完成了此书的创作。

　　由于个人水平有限，不足之处在所难免，恳请读者批评指正。

图书在版编目（CIP）数据

生态新城规划实施制度探索与实践：以中新天津生态城
为例 / 叶炜编著 . —— 上海：同济大学出版社，2019.1
　　ISBN 978-7-5608-8132-4

　　I. ①生… II. ①叶… III. ①生态城市－城市规划－研究－
中国 IV . ① TU984.2

　　中国版本图书馆 CIP 数据核字 (2018) 第 204681 号

生态新城规划实施制度探索与实践
——以中新天津生态城为例

叶炜　编著

责任编辑　由爱华
责任校对　徐春莲
装帧设计　吴雪颖

出版发行　同济大学出版社　www.tongjipress.com.cn
　　　　　　（上海市四平路 1239 号　邮编 :200092　电话 :021-65985622)
经　　销　全国各地新华书店
印　　刷　上海雅昌艺术印刷有限公司
开　　本　889mm× 1194mm 1/16
印　　张　17.75
印　　数　1-2100
字　　数　568 000
版　　次　2019 年 1 月 第 1 版　　2019 年 1 月 第 1 次印刷
书　　号　ISBN 978-7-5608-8132-4
定　　价　188.00 元